民國建築工程期刊匯編

MINGUO JIANZHU GONGCHENG QIKAN HUIBIAN

40

《民國建築工程期刊匯編》編寫組 編

廣西師范大學出版社
GUANGXI NORMAL UNIVERSITY PRESS
·桂林·

第四十册目録

河北省工程師協會月刊

20003

中華民國二十三年十一月出版
二卷九十期合刊

河北省工程師協會月刊

于學忠題

北甯鐵路簡明行車時刻表

中華民國廿四年一月一日重訂

下行車

列車次數 / 站別 / 開到時刻	北平前門 開	豐台 開	郎坊 開	天津總站 開	天津東站 到	天津東站 開	塘沽 開	蘆台 開	唐山 到	唐山 開	古冶 開	灤縣 開	昌黎 開	北戴河 開	秦皇島 開	山海關 到	錦縣	遼寧總站
第四十一次 普通客車 中膳各等	五·四五	六·〇〇	七·四一	九·一六	九·二五	九·五五	一〇·三八	一一·四六	一二·四七	一三·二三	一三·五九	一四·二九	一五·二三	一六·一六	一六·四二	一七·〇五		
第七十一次及第七十五次 混合三等客貨慢車	六·〇〇	七·二五	一一·〇〇	一五·二三	一五·五〇	停	第七八次	自唐山起		六·二〇	八·二五	一〇·〇一	一二·三〇	一四·二八	一五·三三	一六·一〇		
第三次 特別快車 膳各等	八·四五	九·二四	一〇·三三	一一·二八	一一·三六	一一·五〇	一二·四七	一三·四五	一四·三九	一四·四三	一五·一七	一五·四九	一六·三三	一七·〇四	一七·二三	一七·四〇		
第二十三次 快車 膳各等	一二·一五	一三·四七	一五·〇六	一六·三〇	一六·三九	一六·五五	一八·〇〇	一九·〇六	二〇·〇六	二〇·一〇	二〇·四六	二一·一〇	二二·一〇	二二·四五	二三·〇七	二三·三〇		
第三〇一次 平滬直達特別快車 膳臥各等	一五·〇八	一五·二六	一六·四〇	一七·五〇	一七·五九	一八·三〇	開	往	上		海							
第五次 特別快車 膳各等	一六·一〇	一六·五七	一八·〇〇	一九·〇七	一九·二五	停												
第三〇五次 平浦直達特別快車 膳臥各等	一八·五〇	一九·二〇	二〇·二六	二一·三九	二一·四八	二二·二〇	開	往	浦		口							
第一次 平浦直達特別快車 膳臥各等	二〇·一五	二〇·四七	二二·〇六	二三·二六	二三·四五	二三·五五	一·〇一	二·〇七	三·二三	三·二六	四·〇三	四·三三	五·五九	六·四七	七·一六	七·四〇 四·一〇		一六·四〇
第四〇一次平瀋直達貨車及第七十三次客貨混合3等慢車	一二·〇〇	一三·五五	一·三四	四·二〇	四·三七	六·五二	九·四四	一二·四〇	一五·四五	停								

上行車

列車次數 / 站別 / 開到時刻	遼寧總站	錦縣	山海關 開	秦皇島 開	北戴河 開	昌黎 開	灤縣 開	古冶 開	唐山 到	唐山 開	蘆台 開	塘沽 開	天津東站 到	天津東站 開	天津總站 開	郎坊 開	豐台 開	北平前門 到
第四十二次 普通客車 中膳各等			六·〇〇	六·二五	六·五四	七·四〇	八·四五	九·四四	一〇·二三	一〇·三〇	一一·四二	一二·四六	一三·四七	一四·〇〇	一四·一四	一五·四三	一七·二二	一七·五五
第四次 特別快車 膳各等			九·四五	一〇·〇四	一〇·〇七	一〇·五八	一一·三九	一二·一八	一二·四五	一二·五五	一三·二四	一四·四八	一五·四〇	一五·五五	一六·〇八	一七·一三	一八·一五	一八·四三
第七十六次及第七十二次 混合三等客貨慢車			一〇·五二	一二·〇一	一二·五八	一四·四八	一七·五七	二〇·四〇	二一·二五	停	第七十二次	自天津起		六·〇五	六·五九	一一·四五	一五·三八	一六·五〇
第二十四次 快車 膳各等			一三·二五	一三·三五	一四·〇〇	一四·三七	一五·一三	一六·二五	一六·三三	一六·三五	一七·四二	一八·四九	一九·四〇	二〇·〇六	二〇·一一	二一·一六	二二·四四	二三·一五
第二次 瀋平特別快車 膳臥各等	一四·〇〇		二二·四〇 二三·〇〇	二三·二〇	二三·四三	〇·三三	一·三三	二·五六	三·二〇	三·二四	四·二五	五·二六	六·二四	六·二五	六·四六	八·〇五	九·一五	九·四五
第七十四次客貨混合3等慢車及第四〇二次瀋平直達貨車										四·二五	七·二四	一〇·〇九	一一·四五	一七·二〇	一八·二〇	二三·〇三	一·〇〇	二·〇五
第三〇六次 浦平直達特別快車 膳臥各等							由	浦		口	開	來	四·五〇	五·二〇	五·三〇	六·四五	七·	八·一九
第三〇二次 滬平直達特別快車 膳臥各等							由	上		海	開	來	七·〇五	七·二〇	七·四〇	八·五二	九·二四	一〇·二四
第六次 特別快車 膳各等														九·一五	九·一五	〇·二〇	一一·二三	一一·五〇

中華民國二十三年十一月出版

河北省工程師協會月刊

二卷九十期合刊

本會信約

問學必勤　任職惟忠

清廉自矢　節儉持躬

同業互助　合作分工

儘用國貨　貫徹始終

本會啟事一

按照本會簡章第十五條之規定，「仲會員初級會員及學生會員至相當時期，得函請執行委員會按章升級。」希仲會員初級會員學生會員隨時將經歷函告執委會，以便審查照章升級。

本會啟事二

本會徽章、早經製妥，每枚價洋三角，仝人中如有尚未購得者，即請備價與會務主任接洽可也。

本會啟事三

本會現製有信箋一種，印本會信約及會徽，精緻美觀，極適于用。每百張僅售洋三角，欲購用者，請與會務主任接洽。

本會啟事四

本會現備會員通信帋兩種，一係會員近況自述，務望每人詳細填寫，藉可刊印月刊「會員消息」欄內，以收互通聲氣聯絡感情之效。一係更改行止通告，亦希隨時填寄爲盼。

河北省工程師協會月刊

二卷九十期合刊目錄

論壇

整頓電氣事業之商榷

戒言

盛行一世的蒸汽原動力，現已被電力取而代之。電氣的功用，不但於各種工業上爲絕對必要，即使交通運輸以及日常生活方面，亦莫不日趨電氣化。故今後電氣事業，實爲一切生產事業的源泉，爲國家命脈所繫，爲人生不可須臾稍離。

今世各國，對於監督電氣事業，極爲重視。釐定各種法規，力謀統制。如經營許可制，電費許可制，及訂定標準電壓，統一週波數等，其目的均在獲得經濟的發電，供給價廉量豐的電氣於公衆。

欲求價廉量豐的電氣，須注意以下數種辦法：

（一）擇適宜地點，設立大規模發電廠，以集中發電容量。

(二)利用煤礦所在或水利地點及其他經濟事項，以減低發電用費。

(三)使各地電力，互可送受，以擴張其通融能力。

目下吾國電氣事業，尚在幼稚，散漫無章，各自爲政，且間有外資經營者。上述諸項，實現既難，統制問題，尤難辦到，應付之策，只好先從事整頓現有之電氣事業，使入軌道，然後統制工作，才能着手。

國人經營電氣事業，多屬失敗。考其原因，不外以下三種：

(一)缺乏技術人才。

(二)缺乏資本與援助。

(三)無經營斯業之經驗與學識。

補救之法，如就各廠一一指導援助，恐爲勢所不許。最好集中力量設一統轄機關，先以省爲單位，起于整理，然後逐漸擴允，行于全國。此省立統轄機關，姑名之爲電業銀行，其資本之籌集，可用以下諸法：

一、發行省公債。

二、强制慫恿各銀行聯合集資辦理。

三、抵押借欵。

至於此機關之內部組織可分爲兩大部。一爲營業部，其營業項目，專以通融補助收買或創辦電氣事業爲宗旨。二爲技術部，招致學識經驗均極豐富之技術人才，作調查及研究工作。

凡營業不振或設備不善之電廠，均得自動或被動向該行以抵押借款，技術部如認爲可行，供與相當之欵，同時即由銀行派員指導其經營及技術方面事務，俟營業發達，將本息償還後，銀行即將監視員撤回，如是則各廠之設備及營業，即可逐漸改良。

凡外人投資所辦者，可設法出資收買之。自行經營，設資本不足，則可以被買之電廠財產作抵押·由政府與以援助，向他銀行借欵。

至於有希望之市縣地方，得按規定辦法，經政府核定，投資創辦電廠。

如是銀行與監督官廳相輔而行，無形中將一省電氣事業，統轄於該銀行之下，得將其通盤籌畫，盡納於軌道，以合於統制及經濟之原則，數年以後，自當蔚然可觀。

（完）

學術

鐵路信號

煒若

一、緒言

鐵路在交通方面佔最重要位置，盡人皆知。終年有無數的客貨運輸，其于國家經濟上之發展，政治之控馭，教育之普及，軍事之設施，均有極密切的關係。所以行車運輸，必使作充分的發展，同時更須顧到旅客貨物之十分安全。鐵路信號的設施布置，即負着這樣使命的。

二、鐵路信號的發展

說起鐵路信號的起源，遠溯一百一十年前，世界第一鐵路在英國通車時，有人騎白馬手拿紅旗在前引導，夜間則在機車前面燃上一把巨火，小心謹慎按着時間表開行，為求安全之唯一方法。到一八四〇年才用機車頭燈。一八五〇年起始採用電報。以後各種發明，如空氣停輪機連鎖信號機車軌電流等，相繼發出。遂由人工機械時期漸入電機時期，以有今日之大觀。在單軌鐵路上，每天可以有將近百次的列車通行，不會有危險發生。純藉機電的運用，把一二百里長鐵路的行車布置，可以完全歸一人節制。甚至若司機者疏忽其職務，不能按照危險信號所示而作相當的動作時，火車可以自動停止。

三、信號設置的必備條件

火車正開行的時候，不能立刻停止，必須經過相當的時間與距離。信號的作用，就是在未到危險地点以前，用以警告司機者或工程師，使他停車以避免危險的。

但有些時候，危險只是暫時的，並非必須火車停住不可，只要告訴司機者以前途的情形，使他明瞭危險的所在，將火車速度減低，藉免停車的麻煩。這是信號的第二作用。須知不必須停而停，是浪費時間與燃料，是鐵路的損失。

四、信號的種類

鐵路信號概分旗號燈號兩種：

(一)旗號　此種在中國叫作洋旗，因為豎柱上端，裝有木質或金屬橫板，向外伸出形似橫旗的原故。又叫臂形信號，也指此板而言。昔時鐵路用人臂以為信號，現在這種裝置，猶存舊意。橫板橫平，表示前途有車通行，或他種障礙，火車遇此，必須停止。若此板下垂，則火車可依原行速度前進，勿須停止。白晝如此，夜則用透光之色鏡，紅者危險，綠者通行。

旗號有二象三象與上伸下垂之別。三象旗號在橫平下垂外，尚有傾斜四十五度的位置，夜間用橫色代之。火車經此，仍可前進，但須將速度減低。上伸與下垂意義相同，其緩進表示，則改為向上傾斜四十五度。

(二)燈號　此種晝夜均用燈光，裝有反光鏡及強有力的透視鏡，雖在日光下，從遠處也能看清。所用各色與旗號夜間者相同，也有二象三象之分。此種年來，逐漸普及。

若就信號的作用而言，普通車站，設有三種信號，(一)進站信號(二)遠距信號(三)出發信號。進站信號在車站近旁，列車行進的一端。遠距信號在進站信號後，相距約二千五百呎，所以警告司機者注意進站信號，是否許車進站。出發信號，在車站近旁列車行出的一端，所以示司機者前段有無阻碍，令此列車停候或開行。

五、區截與連鎖

(一)區截　昔時鐵路行車，純按時間表的規定。但火車速度不同，雖有時間隔離的限制，而前後兩列車的空間距離，忽遠忽近，危險仍不能免。所以為增加安全計，將鐵路分為區段，每區兩端，設固定信號，火車在該區開駛，兩端信號，必須表示危險，不許他車再入，俟火車開出該區以外，信號方許表示通行。其信號的動作，恃人工撥動，不受火車行動的直接影響者，稱人工區截制。如不用人力，火車所至，藉車軌電流使信號自動的作相當之表示者，稱火車自行區截制。

(二)連鎖　鐵路交叉或分歧及活動鐵橋等處，火車最易出險。必有連鎖信號，將所有管制信號轉轍器脫軌機等的機梃，聚于一處，互相聯鎖，其動作須按一定之次序，雖信號夫偶然粗心，而機梃堅鎖，欲轉不能，亦不致令相衝突之信號，同時出現，所以十分隱妥。因信號行使的原動力不同，分為人工聯鎖電力聯鎖水力聯鎖氣力聯鎖人工電力聯鎖電力氣力聯鎖及火車自行聯鎖數種。

六、中國信號概況

中國鐵路信號，概係下垂二象之旗號，其動作全靠人力撥動，尚沒有利用機力電力者。各路均用人工區截之路簽制，用路簽或路牌為行車的實物憑證，用信號為開車停車的標準。

每車於每站須得路簽，才能駛入該區。路簽機係完全相同的電機二具，分置區的兩端，此端必得彼端的合作，方可由機內取出。每次僅可取出一枚，取出後兩機自行閉鎖，必待將取出之路簽還置彼端機內後，方能開機再取。故一區內同時不得有兩車行使。此制有行駛簡易費用經濟的優点。但劣点亦多，略舉如左。

(一)車站間距離有定，如交通漸繁，列車增多，現制須廢除或添設車站。

(二)火車未抵前站之先，設前途發生斷軌等事，危險無法避免。

(三)如特准一區內數車開駛，則速度不同，空間距離，無法規定。

中國鐵路，信號設置比較完善的，北寧鐵路當推第一。路簽機在站長辦公室裏，居車站的正中，每列車經過，須先將列車帶來的路簽，放在機器裏，然後再換給一個新的，作為開行的憑証。這種手續，需相當時間，殊不經濟。故要加以改良，將逐漸改在車站的兩端，各設一所信號樓，辦理信號收授的手續。如此則時間上既可省去不少，並且號樓距道閘極近，一切動作，可以看的清楚，也足以避免不少的錯誤與危險，不能不說是一種進步。

車軌電流，在現代信號工程中，是一切進展的出發点。北寧路於車站近段和連鎖制方面，俱有相當採用。唐山榆關間是雙軌，信號設備，自較簡單，實在說來，當時未從改進信號上着手，而冒然修築雙軌，不能不說是一種錯誤。

其他鐵路，有些簡直說不上甚麼信號，開車停車，僅用紅綠旗指揮調動。至於連鎖信號在這些鐵路，自更無從論起。

七、結論

中國現行制度，贊護反對者均有，惟建設計畫，不但謀所以應目下的需要，並且於將來的發展，更須顧及。現時運輸量微工價低廉，無可諱言，但此種情形，是會逐漸變化改良的。與其鋪設雙軌，不如拿出一部份款來改進信號，這是鐵路當局所亟應注意的一点。

欲求鐵路事業的充分發展，不外致力於：（一）增大機車的拖力。（二）增大車輛的容量。（三）增築多軌，延長支路，擴大車場。及（四）廢汽車機車，改用電力諸事。但每種如果做起來，均需巨款。設車輛調勸不得法，則所獲的利益，往往不足抵補所受的損失。鐵路信號就是用以調動車輛者，其重要程度，在鐵路工程中，實居第一。爲將來發展起見，鐵路最高當局，至少應當作以下幾件事：

（一）確定信號設置標準。 吾國鐵路，概歸國家經營，在發展之始，就應當作通盤的計劃，確定標準，逐步推行。否則枝枝節節，各行其是，將來欲求劃一，恐有未能。

（二）設中央信號材料製造廠。 中國鐵路材料，幾乎完全購自外洋，每年漏巵，極爲可驚。關于信號者，當拿定主義，儘用國產。北寧路信號廠已有相當設備，即可用爲根據，逐漸擴充，如此則標準既經確定，製造又復劃一，前途發展，才能入正當的軌道。

（三）培養信號工程人才。 信號工程現在成一種專門的學問，必須於土木機械電機數種，都有相當的知識方可。尤其在中國，是要就原有的設備，以最經濟的方法，求改良進步，向着標準目的做去，更須有充實的學問和遠大眼光。所以關于此項人才的培養最爲迫切，需要政府鐵路學校多方面的合作，才能成功。羅致外人，爲我經營創造，固無不可，但不要忘記到了相當時期，以自已培養的人才，取而代之。（完）

河北省棉花極宜改換棉種

姚鳴山

一、序言

一國經濟之自給，關係於其國之獨立，至大且巨，稍有常識者，類能識之，我國號稱以農立國，而近來農產品反仰給於外國，如棉花之輸入其尤甚者也，其餘農產品，因不在本文範圍之內，姑置不論，棉花一項之入口，根據一九三零年海關報告共爲三百四十五萬六千餘擔，合海關兩一萬三千二百二十六萬五千餘兩，其爲數之巨至足驚人，而同年度由天津輸出棉花，根據商品檢驗局之統計爲八十八萬二千餘担約合行平銀三千萬零八十七萬餘兩，（按同年度中間市價三十五兩計算）塡補漏巵不少，由表面視之，似屬好現象，但因需給關係，於我國民經濟自給上殊爲失策，對於河北農民收益上尤屬不利，爰就管見所及，敘述如次。

二、河北省產棉區域品質及產銷情形

爲敘述方便起見，玆將河北全省產棉情形，略述如次。

河北省所產棉花，約可大別之爲兩種，曰粗絨花，曰細絨花，按河水流域分之，名爲西河，御河，及東河，北河美籽，全體產量，按民國二十年商品檢驗局檢驗包數，爲八十一萬五千餘包，約合一百二十二萬二千餘擔，再加入內地消費，其實產量，當在此數以上，玆就兩種棉花之特性，另述如次。

甲粗絨花

粗絨花，因產區河水流域之不同，分之爲御河，西河，兩種，西河花，產於大清河，滹沱河，滏陽河等三流域，俗又稱之爲上西河，中西河，下西河是也，其棉種，概係外來種，棉質剛硬，絨頭粗短，顏色雪白，操棉率特大，而彈力極強，產量居河北省產棉全體百分之六十，除供原產地農民作爲冬衣絮棉使用外，全部經由天津，輸出國外，其輸出國別，日本約占百分之八十，餘者輸之歐美各國，日本非產棉國，其大部國民，仍與中國同樣，冬季着用棉絮衣被褥座墊之絮棉，亦全部使用西河花，取其彈力強大也，日本氣候潮濕褥墊易於壓實，而西河花一經日晒，水份蒸發，即有立復原狀之功能，是故日人多愛用之，輸之歐美者，多用於棉毛交織物，取其剛硬易與羊毛混合也，其用途頗不普通，是以外人輒稱之爲特種棉花，但於棉紡織業上，固無絲毫價值，其售價高低，幾全操之日人，與一般棉價，不發生一致之關係。

御河花，產於運河流域，棉質與西河相似，而稍軟，絨頭亦較長，近來西河所產，絨頭較軟者，亦渾稱之曰御河，供作粗支棉紗原料尚可，產量約占河北省產棉全體百分之十五。

乙細絨花

細絨花，因產區河水流域，分爲東河北河，棉種概係美種，其產於西河一帶者，名之曰美籽，棉質柔細，顏色純白，絨長自三四至一，可作粗支數，及中支數棉紗之原料，產額美籽、約占河北產棉量百分之十五，東北河約占百分之十，幾全部銷於河北省各紗廠，近來漸有銷之上海各紗廠之勢，茲據天津商品檢驗局民國二十年度檢驗統計，列表於次，(單位包，百五十斤)

	產量	百分率
西御河	六〇〇•七一八	七三•六
美籽	一二六•三一九	一五•五
東北河	七•三八四	〇•九
其他	八〇•八〇〇	一〇•〇
合計	八一五•二二一	一〇〇•〇〇

三、粗絨花產銷上之不利

觀上表，可見粗絨花，在河北省產棉量上所居之地位，但其十之七八銷之海外，是以海外市場之榮枯，與粗絨花之消長有密切關係，自去年粗絨花減收，棉販盛行攙水攙籽，而棉花檢政，又極廢弛，以致中外人經營棉花出口者，率多崇受意外損失，因之粗絨花在海外之聲譽，一落千丈，銷路日蹙，市價日落，最近且作出三十四元五角之低價，較細絨花價相差才四元之多，關近年來未有之現象，其所以致此之故，受以往人爲作假之詞，尚屬一時的，果能整頓檢政，不難恢復，近自國府爲保護農產起見，於七月三日，實施提高棉花進口稅，外棉進口僅限於高級棉花，尚可攏進，其低級之印棉，多難進口，因之印度次棉，在海外甚形低廉，而我天津粗絨花，遂被取而代之，近來日本農村，見絲業衰落，有多數地方，決議廢桑田植棉花，此舉如果實現，二三年後，恃日本爲唯一推銷尾閭之粗絨花，更必難於出脫，其不陷於江南絲茶業之次也幾希，未識我河北省人士亦有所聞乎。

四，細絨花極應提倡增植

我國現有紡機錠數，據一九三零年華商紗廠聯合會調查，華商二、三二六、八七二枚，外商一、六四二、六八零枚，合計三、九六九、五五二枚，以每錠年用花兩擔計之，年需花爲七，九三九，一零四担，據同年度同會之估計，全國產棉量爲八、八零九、五六七担，其在內地消費量無從估計，但徵之同年度海關進口棉花，爲三，四五六，四九四擔，其國內產棉不足全國紗廠需用也明甚，其不足之數，高級棉花，仰給美國，普通棉花，仰給於印度，自本年七月三日，棉花進口稅增爲每百公斤徵稅五金單位，再加附稅，約合每担七元上下，則外棉進口，自極不易，而國內紗廠原棉不給如故，求過於供 宜其市價日漲也，（目下細絨花價四十九元，）回顧河北省產棉雖夥，而足供紗廠需要者，僅細絨花及粗絨花內之一部分，爲數不過四十餘萬擔，供河北省內紗廠之用，尚感不足，况有上海等廠之搜羅，是以除關稅變更外，細絨花之銷場，當無問題也，於斯而不提倡推廣，是不知利用機會矣。

五、結論

縱觀以上所論，則此後粗絨花銷場日狹，細絨花銷場愈旺，可以明矣，其市價之榮枯，不言而喻，此猶就一地方農民收益上作計較而已，試由全國經濟界上着眼，一方因細棉不足全國紗業受困，一方因海外市場變動粗棉無法出脫，其國民經濟自給上，所受之利害得失更何如乎，且也，河北所產細絨棉，頗多優於華南所產，此概由於氣候，土地使然，更足証明河北省之於改種細絨花，並無不相宜之處，果經上下一致之提倡，變種粗絨花之地，而植細絨花，則等於全國增收紡織用棉九十萬擔，縱不能立收原棉自給之效，其相去不遠矣，我河北省人，曷起而圖之。

食物與公衆衛生

雲成麟

食物之影響個人衛生。方面甚多。關乎此題之科學知識。與時俱進。舉其犖犖大者。約有四端。一曰生活素。二曰不均勢之飼養品。三曰飼養品缺乏之效果。四曰多食。此四者均屬重要。故凡醫師護士。及治飼養學者。均不可不注意及之。然而對於公衆衛生之有興味者。就此能致禍患亡危之食品。獨有五事之可言。茲特一一道及之。此即都市化學之五大要点也。

一曰動物寄生蟲。如猪牛犬馬魚之帶虫是也。各種肉肌絲中囊中挾帶之蟠虫又是也。所有寄生虫之得入人身。純繇食用被傳染之魚肉。以其未受盡烹煮。未足以殲滅未成熟之寄生虫也。此寄生虫爲對於人類罹患病之大關鍵。故首列於此。

二曰細菌。牛奶中之結核或傷寒桿菌是也。芹菜上萵苣上或牡蠣中之傷寒桿菌又是也。食物之以腸炎桿菌傳所染或中毒者亦一併附入於此。

三曰生長在食物中細菌所發生之毒素。吾人祇知在火腿或香腸之香腸桿菌有此效果。

四曰在腐化作用進行順序之際。所發生之毒。所有腐肉腐類一併包入。此類毒性化合物果然存在與否。尚屬疑問。大都食物中毒以二項之細菌與三項之毒素爲多也。

五曰因實行保存主義所置於食物中之毒。如顏色也。參加品也。有人意想不到而侵入者。

(一)寄生虫

牛肉帶虫。最爲習見。但並不甚爲危險。不過可能爲貧血病原而已。成虫居人之腸中。產卵則同糞而拋棄。牛之飲食傳染食水者。却即由是入胃。幼虫由卵中出發而入動物之腸中。由腸再進而入於肌肉之內。在此則自作囊以括之。嗣後則專待牛之被屠宰而食牛肉者矣。虫囊俗稱之曰疹子。吾人肉眼。足可窺見。如果烹調完美。則雖食此有疹子之牛肉。亦十分安然無害。

猪肉帶虫。較牛肉帶虫雖不甚普遍。然亦與之相似。惟不侵犯牛而侵犯猪而已矣。此中亦有一最要之區別。凡包藏成虫之人。可從其本人之排泄物而以卵傳染其本身。此蓋謂在其本人腸中所釋出之幼虫。即在其肌肉中自己囊括起來。一經選擇正鵠。至於要害之處。嚴重之結果。立即產生。故此寄生虫較之牛帶虫。吾人當作危險不分。農村通常任意使猪放行。得近人類排泄。易爲傳染普遍之藪結。惟猪彼此互相傳染。亦不可不知。猪肉若施有效力之烹調。儘可殺死幼虫於其痎子之內。

魚之帶虫。可招致嚴重之貧血症。多食鮮魚者及生食魚者。每易得之。此寄生虫之生活循環。實較一切其他帶虫更爲複雜。成虫居於人之腸中卵。則居於糞中。而傳染於河流海灣之水。卵在水中孵成小而善於運動之胚胎。初得機緣。即入於纖小節足動物(微塵子)「Cyclops」之體內。如果有魚將此微塵子食用之后。此項成虫即趨而走入魚之肌肉組織之中。在此則專待人食。預防之方法。係採取澈底之烹調。與汚水正當之處理。

蟠虫症。是因蟠虫所致。亦屬數見不鮮之事實。在歐洲以德意志最爲流行。是因德人嗜食香腸中生猪肉之習慣所致。幼虫埋置於肌肉之中。顯微鏡下可見其旋螺成環而上曲。包藏此虫之肉。一經食用。則虫當即釋放自由於胃中。轉而遷徙至於腸。於此則致其成熟。謹就余詳細推攷得知。每一母虫。約計產生幼虫五百個。如此多數。其勢不得不採取遷居入血之主義。追其終也。則取徑而入肌肉之中。於此則入囊而包固焉。成虫之壽命極爲有限。然而幼虫於其囊括之內。則能延生圖存。歷有年所。然后方得死所。方爲他物所吸收也。如果傳染劇烈。蟠虫症方始發見。足見人之身寄蟠虫而自覺者。實繁有徒也。在肌肉中虫之運動定隨之以嚴重之痛疼。作燒。與其他諸病狀。鄙人曾作死體解剖。親目得見一嚴重蟠虫症。其中有數百萬幼虫。完全變爲逐漸囊括而入如痎子粒大小之小袋中。切紀此症之傳染。絕不由糞質。乃祇由所食之傳染肉類而來。所以猪若喂以獸腸肉屑而有猪脂油渣者。屠獸廠中所殘餘之汚穢腐肉者。其傳染殆屬易易也。不特此也。凡鼠之居所。逼近於屠獸塲及肉鋪者。適時而傳染甚重。是故縱有肉類之檢查。然而對於此症。乃毫無效果。是故余復主張透澈之烹飪。乃在所必行。蓋蟠虫類易殺絕。祇需華氏表一百六十度之溫度。即足以應付一切也。故猪肉之烹

20023

飪。以遍處全白方可。華氏五度之冷却。施展二十日之期間。亦能盡殺其幼虫。酸醃法。鹹醃法。烟燻法。亦能殺死幼虫。但作法須貫徹完盡。萬不可含糊了事。須知作食物者一旦漫不經心。而被害者之冤枉。不知貽於胡底。然而必精必戒之作法。終屬鮮有保障。是故吾人對於火腿及醃肉。切須於入口之先。作完盡之烹飪也。

(二)細菌

細菌之分配於人身。固然有由菜蔬牡蠣之別。然而牛奶之挾帶細菌症。與水之挾帶細菌症。乃其大較也。茲特分而述之。

由一八八零至一九零七年。計共二十七年。據美國公衆衛生事務所之統計。其間牛奶挾帶傳染症共有五百起。在一九二四年。又據牛奶調查所之所報告。本年計有牛奶挾帶傳染症四十四起。大凡在大城中。每年中由牛奶而發生傳染者。總有兩三次不等。其症之最通常見者。爲傷寒。假性傷寒。結核。腥紅熱白喉。腐化性喉症。赤痢。七神。除此犖犖大者之外。仍通他種病症。大都侵犯嬰兒與少年。如足口症。馬鼻症。馬爾他熱。牛痘。與胃腸失序症等均是也。

在牛奶挾帶症中。鄙人以爲結核症爲最難管理而又最爲危險之症。此蓋因其機會頻繁而性質嚴重也。由牛奶而傳之結核分兩派別。一以牛爲來源者。一以人爲來源者。因牛之結核恒感染於其乳腺或其食道之一部。是故被傳染之牛糞恒包含結核菌。由斯以談。牛結核之傳入人身。則由肥料入奶之所致也。然牛之犯沉重症者。其奶可由帶病之乳頭直接傳染之。或由牛咳嗽時所噴出之点滴亦無所不可。結核之由人源而來者。則或因不慎而使受傳染之人而手觸牛奶。或因暴露之際。而被蠅或塵之所害也。

至此酒專言水與疾病之關係矣。夫水挾帶疾病之要者。厥在腸路。其中以傷寒。假性傷寒。赤痢。霍亂。爲最著。至於各種之寄生虫亦有由水而分佈者。統計以上全由患者腸中排泄品之生物輾轉入飲料水之所致。

大凡公衆自來水之被傳染。率以腸病暴發爲特徵。在公衆衛生文獻之中。水之挾帶傷寒疫症。紀錄最爲豐富。舉凡表面之來源深淺井與源泉傳染。莫不普被焉。每凡引用公衆衛生之學保障飲料佳良。提淨水之潔度。傷寒立減。死亡立止。均如吾人之所期許。斯乃毫無疑慮之可言也。

有一細菌。名曰大腸桿菌。簡名之曰腸桿菌。此則居於人及獸之腸中。及至成千累萬。與糞汁同時排泄而出。故其出現自然有三處之可言。一在穢水之中。二在淨水之中。三在為穢水或排泄物所沾染的土壤之中。此菌在城市街道之上及住房塵土之中。所挾帶者。實如恒河沙數。此項細菌。固然對於何項病症不發生相當責任。然而衛生家對之極關緊要。此則在實驗室中僅可証明水之變污之真憑實據。此則關於水之衛生。茲不贅論。在大地之中。此菌亦復極為豐盛。凡耕種土壤而施糞料者。凡牧場田園而收受牛馬之糞蛋者。此菌之豐盛自不待言。凡雖離村地及旅行地点固然不盡普遍。然而終亦不得謂為無有。須切記此菌只見於土壤之上層。深度一英尺以下則希見焉。

(三)香腸菌毒

據聞。在近今二十五年內。共發香腸菌毒症一百二十次。計患者有四百三十五人。而死者有二百九十人。因為加熱於隱藏此菌毒之食物。似乎似有中和毒素之效果者也。然亦有性質溫和者。或弗能認清。或未經報告。其所發生生物之原。厥為香腸桿菌。土壤中瀰漫甚廣。故此每易入於食物。是故謹慎之清潔。透澈之烹飪。是為必要。須知此項桿菌。亦能傳染罐頭肉類。香腸。或各種菜蔬。大凡本國自製罐頭。每易遭逢。此則表示加熱不足之效果也。在報告病症之中。攷得其中由工廠所製食物發現此症僅有十分之一。凡被傳染之食物。每表示敗壞之象徵。是故須倍極小心。勿食敗壞之食物也。又有一症。謂之菌毒化石症。是症傳染極猛。雖食此項被染食物少許。即蒙危殆。每因嘗味。甚至喪命者。故吾人對茲菌毒。不可慎也。

(四)食物中毒之種切

鄙人曾着一文。主張衰老二字。與食物中毒為同意。然則換言之。食物中毒。即如衰老之原因。迺不言而喻矣。但食物傳染之一名詞。乃為一種不習見之嚴重疾患。隨之以嘔吐。抽筋。瀉肚。與發燒。究其致病之原。厥攷定為腸炎桿菌。或亦為大腸傷寒組同類之生物。此項細菌。無論何種食物。均含有之。如魚如肉如菜蔬即其倫也。不特此三項中毒被傳染者此。此三項住往因受保存之故。其方法往往供給生物以機會而繁殖。於是又爲食物發生轇轕之原。况食物時常因傳遞人之被傳染。亦能被汚。蓋傳遞人即帶病菌之媒介也。動物在尚未經屠宰之先。亦可受傳染。故動物之有腐亂傷痕者。或傳染者。其肉萬不可使之入口。至於鼠類亦有濃厚傳染之嫌疑。蓋其排泄品足能傳染食品而有餘也。食物之被毒。亦與受香腸菌毒相彷彿。不能以肉之外貌以爲斷。凡有嫌疑之肉。寧棄之可也。疾患之由食物中毒以爲來原者。可以預防之。其法即是勿論何種食物。均須受透澈之烹飪。一也。此則不特殺菌已也。而其毒亦能滅絕之。保存食物清潔新鮮於冰箱。二也。倘保存食物於鹹水中。須放定其是否可以阻止菌之發生。三也。

所謂食物之分解作用者。迺包括二項而言之，一曰發酵作用。二曰腐化作用。所謂發酵作用者。實爲炭水化合物之分崩離析。而構成酒精、酸類、炭養二與其他之產生品也。腐化作用則繼之不洽人意之气味。然而此二作用者。固無一而能施毒於食物也。即實際而言之。此二作用乃利賴之以製麪包。乳油。乳餅。及其他食物之產生品。固有用而无害。屠戶售賣肉品。往往稽遲數日。俾其口味增進。其所以然之故。即是使。即是使稍微分解作用實施之後而出售也。所以在分解作用進行之頃。所有腐肉鹺與其他產生品同時發生。然而其中絕少有毒性者。故此諸品雖入口。因不足以爲害也。是故鄙人主張。所謂腐肉鹺之說。極不可靠。共有无均不可知。所可懼者。迺傳染之爲害。並非分解之爲害也。

世人往往猜疑罐頭食食物之罐頭本身最易中毒。此妄談而不可信。蓋罐頭者。以鐵片做成而鍍以錫面者也。而進如果未參加他項金類。如鉛。則於其盒內所含物品實无大害。雖然若夫火柿子。各種果品與蝦米之酸。在其中固然甚易溶化。然而亦无害也。錫則與鉛大不相同。此則不能積聚於全身之內。即便有少量由罐頭食物吸收而入人身。其驅除體外迅速。隨入隨出。乃何可懼。鄙人主張罐頭食品。乃最平安之食品者。此耳。

(五)食品保存藥品

在文明先進國家。率規定食物清潔律令。保障公民爲損壞欺詐食品之所害。舉凡飲料。味料。香竄料。色料。

無不包羅在內。今僅舉出六点。作爲違反律令之法條。則爲害者究爲何物。亦自在言外也。此在預防醫學上及衛生上均關緊要。萬不可忽。

一。無論參加何物於食物。對於其成色或力量有減退或損傷之效果者。是爲違反食物清潔法令。類乎牛奶之加水。麪粉之參加滑石粉。即其顯也。

二。無論何種食品。倘爲他物完全或其一部分之代替。亦違法也。類乎應當用蔗糖者。適以葡萄糖或糖精替代之。或當用橄欖油者。乃以棉子油代之。

三。如果從食品中。將其有價值之分劑提取其全部。或其一部。亦違法也。類乎牛奶之撇去乳油。嗣後如果此項牛奶發售時。標籤上標題撇乳油之牛乳。則不得援引此條謂爲違法。

四。如果食物。無論用何種方法。有參加。增色。研細。遮蓋。塗色。因以隱藏其傷損或破壞狀況者。均屬違法。所以如此規定者。乃爲阻止敗肉。參和藥料。若亞硫酸鹽及硝酸鉀之實施。以增進外狀之色彩也。有食物之用人造色者。此則絕對無用。而亦無甚要害。惟用之以隱藏劣敗者。不在此限。

五、如果食物包含。或加入有毒之分劑。可使食物損害健康者。皆屬違反法令之舉。此條各國正在探討之中。意見紛紜。莫衷一是。此蓋指實施加入化學保存品於食物以爲害也。所加入者。一曰蟻醛。二曰硼酸。三曰硼砂。四曰水楊酸。五曰安息香酸。與其他各品。所加入之量。通常甚爲有限。此項保存品。果否有害。意見紛岐。總而言之。作化學保守品者。概干例禁。然而加入少量安息香酸化鈉於火柿子醬。亦爲法定之所許。至於火腿醃肉之用液體煙料。亦屬特許。此項液體中有幾阿蘇醋酸等。實爲煆木火烟之殺菌品。故不特无害。反有利益。是以不干禁例也。

六。如果食物中包含。無論其全部或一部分。有污垢。分解。或腐敗之動物。或植物原質。或動物無論何處之一部分。不適於食物之用。無論爲製造者與否。或爲病獸之品。或爲死獸而非屠宰者。均屬違法。試舉例以明之。如乾燥果品之有虫者。或損毀者。可口糖或熟糖之爲鼠所噬者。牡蠣之爲穢水所治染者。均是也。凡食物之暴露於蒼蠅塵埃及不能指定之傳遞者。亦統列入此條意義之中語誤之標籤。亦屬非法。此則須必作誠實標題。所有性質。來原。分劑。盒中額量。書寫。方爲合法。

所有以上所舉食物清潔法令。除五六兩條不計外。均關於法律事項。此則專指欺詐之行爲。奸商行權。公衆暗中蒙害於不識不知之中。甚爲可懼。賢明當局。起而圖之。保障民生。而謀福利。固當如是也。望吾國賢達。亦當效法。有厚望焉。

專載

黃河中游調查報告

王華棠　劉錫彤　吳樹德

目錄

第一章　緒言

黃河為四瀆之一，自星宿海至山東利津入海，蜿蜒數千里。蘭州以上為上游，奔騰峽谷，舟楫杜絕。蘭州武陟之間為中游，寧夏河套一帶，流勢平緩，航行稱便，引渠灌溉，為利尤溥，故能土地肥沃，帆檣如織，雖偶有洪害，惟以地曠人稀，未見大災，「黃河百害，惟富一套」，及「天下黃河富寧夏」之諺，由來久矣。及由河曲入塞，為山陝間天然省界，兩岸峭巖逼束，水流悍急，難以航行。至河津陝縣，水流漸緩，舟楫復通。凡此以上，皆安瀾也。自武陟以下，是為下游，陡落平原，輾轉狂奔，氾濫時頻，河身迭變，爲患之烈，舉世無兩，歷代經濟財力之耗耗於此者，蓋不可以數計矣。

黃河之治理，係一整個問題，其上中游之確實情形，年來漸爲國人所注意。更以東北淪陷後，開發西北，刻不容緩，黃河中游之水利，自應加以擴充及整理，藉收桑楡之效，以挽狂瀾於萬一。則現時調查工作，即係開發西北之先聲，其爲重要，自不待言。此次調查寧夏至河曲一段，實全河水利精華之所在，原擬乘淺水時期，視查航運情形，不意西北消息，極不靈通，凡事先所查詢者，均未能與事實相符，致不克照原定計劃進行。旅途艱險，殊多遲滯，雖往返共需兩月，而視查黃河，爲期實僅十四日。又以適值高水時期，流勢猛急，因缺乏設備，致流量亦未克施測，雖屬無可奈何，究覺不無遺憾。茲篇所載，自知不免簡陋，倘異日得作較詳之考察研究，固所願也。

第二章　河道現狀

黃河自甘肅入寧夏境。出青銅峽後，當賀蘭山東麓，河流無多曲折，兩岸地勢，開爲一片田疇，是爲寧夏冲積平原。渠道縱橫，自秦漢以迄現在，引水灌溉，土地肥沃，爲西北奧區。橫城在黃河東岸，與寧夏相對，係重要碼頭。河面甚寬，在八〇〇公尺左右。北流經通昌堡清水堡渠口堡等處而至石嘴子。此段河底均係鬆沙，水流散漫，俗稱沙河。河面寬自四〇〇公尺至二〇〇〇公尺不等。東岸紅崖子地方一小段，有紅崖壁立，餘多沙丘，因河流時有變遷，冲刷極易。流速每秒不及一公尺。舟行平穩，無所顧慮也。

石嘴子山巖突臨河濱，平原爲之一束。黃河至此入山峽，山不甚高，石中含鐵質，又有炭礦，經土法開採，舟中可望見之。河寬一〇〇至三〇〇公尺，河底石質，俗稱石河。急湍奔流，速度每秒在一•五公尺以上，頭道坎二道坎三道坎歪脖沙等處極爲險隘，舟行經此，咸懷戒心。此段石河約四十五公里，及至河拐子又爲沙河矣。

石嘴子屬平羅縣，爲地理上之要隘。往年商務繁盛，有洋行多家，作皮毛營業，及民國十六年後均已結束，貨物在此起卸者，已不若以前之繁茂矣。

河拐子以下，水流漸緩，直至磴口，無大變化。東岸較高，西岸僅磴口附近有沙丘，餘概低平，河灘淤地已有開懇者，惟面積甚小。過磴口後東岸崖高數丈，西岸則多沙梁，迄渡口堂綿亘不絕。以下則入後套區域。

磴口原屬阿拉善旗，當黃河左岸，舟楫停泊，頗稱便利。輸出貨物如各種藥材及吉蘭泰池之鹽，輸入貨物如洋廣雜貨等，均以此爲上下碼頭。自民國十六年設治，爲寧綏間之重要關卡。

磴口以北左岸在阿拉善額魯特旗之傅家灣，爲黃河故道之口。當年河道，即今之烏加河，循狼山（即大青山）之南，跨伊克昭盟之達拉特旗杭錦旗以及烏蘭察布盟之東西中三公旗地，東西綿亘七百餘里，形如弓背，與黃河今道相距最遠處達一百公里，因所經地帶，沙山橫亘，以致淤塞斷續，早失舊觀，其下游已於道光中葉淤斷，不與今之大河相通矣。

自渡口堂以下，黃河漸轉東流，經後套諸渠口至西山嘴。此段河面寬泛，漫溢甚廣，俗稱破河，言其枝汊分歧，破碎不整也。舟楫行此，最易擱淺，馬米圖士默地兩處尤爲難行。泥沙淤積，雖正流亦時被壅塞致淺，但其水流較急，仍可於短時間內冲刷積沙，使歸原狀，此等地方，俗稱踹河，亦爲舟行所最忌者也。

臨河縣係于民國十四年設治，跨永濟渠，其貨物運輸，均由之以入黃河，官渠口即永濟渠口也。五原縣之新城即隆興長，跨義和渠，爲包西設治最早之地，商務亦繁，距黃河約四十公里，舟楫航運，可由義合渠直達五原城內。

西山嘴爲黃河故道與今河相合之處，現設稅卡，船隻至此，例須停泊。自此以東，爲三呼灣池帶，係黃河三呼河間之低灘，面積約二千方里，蓋由河水冲積而成。三呼河自西山嘴起，東行至三岔口注入黃河，長約九十公里，三呼灣一帶墾地，賴以灌溉，土質得以腴肥，而地勢西高東下，與黃河水面傾斜相同，亦得天然之利。黃河右岸多沙梁，近岸較低，愈遠愈高，殊難灌溉矣。

三岔口之對面爲昭君墳，僅此河底有石，餘則直達南海子，皆沙泥也。自西山嘴至南海子，兩岸束水歸槽，尙無氾濫情形，舟行亦甚通暢，即俗稱槽河者也。

南海子河面約七百公尺，碼頭在黃河北岸，爲河運與鐵路聯絡之点，距平綏車站甚邇。包頭城在站北數里，商買輻湊，爲西北重鎮。

南海子以下十餘公里，在平綏路蹬口車站以南，即民生渠口，華洋義振會在此設站，測量黃河水文，已有四年之紀載，黃河中游之水文紀錄，只此而已。四年來之最大流量爲二一二〇秒立方公尺，最大含沙量爲百分之四•四，以與下游相較，似渺乎其小，但其施測時間過短，未足據爲定論。再下至托克托縣之河口鎮，有大黑河注入之。

民生渠口至河口鎮間，雖係沙河而水流穩暢，兩岸村落居民，每圍村築堤以防洪水。李三河係黃河一小段分流，極便舟行。附近畜牧漸繁，林木蓊蔚，且有鹽廠多家，亦非復荒塞景象矣。

大黑河，即土爾根河，古名芒干水。源出綏遠陶林縣西南，斜貫歸綏縣南部，北納德布色黑河，西流繞哲爾德謨多山北麓，西南流經二十家子之西而南，納哲爾德河，折西流經歸化城南而西，納小黑河，復西南流至托縣之東北，納黃水河，又西南至河口鎮入黃河。全流長約一五〇公里。沿河流域資水灌溉，尚稱肥沃，其水文情形，據前人估計，含沙量約百分之二，洪水流量約三〇〇秒立方公尺，或與實在情形相差不遠也。

黃河自河口鎮南折，漸入山峽，及喇嘛灣以下，完全石河，峽谷巉深，水流逼狹，比之美國科羅拉多著名峽谷，雖深有不及而形實同。紅河自左岸注入，每當洪水時期，狂流奔騰，挾帶巨量泥沙，舟楫爲之斷絕。此外兩旁山谷間復多小支流，亦爲泥沙之來源。考紅河上源曰烏蘭木倫河，亦稱兎毛河，出山西右玉縣東三十里駱駝山下響水溝，西流經縣城北，而西納滄頭河，又北流自殺虎口之西出長城，西折經清水河縣之北，而西注黃河。此下入偏關縣境，水流湍急，河寬二〇〇公尺左右，曲折至多，河底亂石嶙峋，激水成巨浪，俗稱曰圪，以老牛灣爲著最，若在低水在時期，河底巨石畢露，舟行急流中，稍有不愼，即易罹險。關河口在河之左岸，係一大鎮，關河源出五眼井堡，西南流至是入河，亦要隘也。龍口一段，亦極驚險，惟無曲折，舟駛較易。出龍口後，山勢頓展，且顯低平，河身亦寬，水流漸穩，再經下榆樹灣，不數里即至河曲矣。

河曲縣在黃河左岸，地勢高出河面三十公尺以上，爲長城要塞之一，自河口鎮抵此，陸路約一〇〇公里，而水

綏遠臨縣民生渠口黃河水位流量及含沙量表

年	月	日	水位 (公尺)	含沙量百分數 (以重量計)	河水流量 (秒立方公尺)	含沙量 (秒立方公尺)
1930	4	8	987.30	0.16	300	0.6
		23	987.52	0.36	540	2.4
	5	30	988.01	0.53	1,020	6.7
	6	15	987.89	0.33	840	3.4
		17	987.93	0.42	960	5.0
		19	987.89	0.32	840	3.4
		21	987.85	0.33	800	3.3
		23	987.82	0.36	780	3.5
1931	8	5	988.68	0.61	1,800	13.7
		9	988.77	0.64	1,850	14.8
		11	988.70	0.81	1,760	17.8
		13	988.66	0.75	1,740	16.4
		15	988.52	0.65	1,500	12.1
		19	988.54	0.77	1,540	14.8
		22	988.38	0.90	1,400	15.7
		25	988.52	1.19	1,540	22.9
	9	2	988.84	1.28	2,120	33.9
		4	988.75	0.54	2,000	16.0
		6	988.59	0.75	1,650	15.5
		11	988.43	0.59	1,430	10.6
		14	988.40	0.48	1,410	8.5
		17	988.39	0.57	1,400	9.9
		19	988.41	0.53	1,410	9.3
		21	988.38	0.50	1,380	8.7
		24	988.35	0.51	1,350	8.6
		28	988.35	0.47	1,330	7.8

	10	1	988.32	0.54	1,300	8.8
		4	988.26	0.53	1,190	7.9
		7	988.20	0.46	1,110	6.4
		12	988.19	0.45	1,060	5.9
		15	988.09	0.39	950	4.7
		18	988.04	0.33	900	3.7
		21	988.08	0.33	920	3.8
		36	988.10	0.40	1,020	5.1
	11	1	988.09	0.28	1,000	3.5
		5	988.00	0.25	800	2.5
		8	988.01	0.26	810	2.6
1932	4	15	986.90	0.14	320	0.54
		20	986.93	0.13	340	0.5
		25	986.88	0.15	290	0.5
	5	5	986.88	0.25	290	0.9
		12	986.80	0.34	300	1.3
		25	986.56	0.38	270	1.3
	6	4	987.05	0.42	370	1.9
		11	987.06	0.53	380	2.5
		21	987.25	0.71	440	3.9
		29	987.27	0.77	460	4.4
	7	2	987.29	1.05	470	6.2
		10	987.75	1.10	740	10.2
		20	987.92	1.37	860	14.7
1932	8	1	987.63	2.13	650	17.3
		5	987.70	2.07	700	17.5
		8	987.70	4.40	700	38.5
		10	987.76	2.27	740	21.0
		13	987.32	0.63	480	3.8
		18	987.64	0.65	660	5.3
		23	987.96	0.37	900	4.1
	10	20	988.16	0.46	1,100	6.3
		23	988.42	0.45	1,400	7.8
		26	988.36	0.35	1,320	5.8
	11	4	988.02	0.27	960	5.3

五

路曲折特多，據舟人所云，當在一五〇公里以上。

寧夏河曲間各重要地点之距離及水面高度，就調查所得，列表如左。高度係用氣壓計測得，頗覺可靠。至于距離，則根據地質調查所之一百萬分之一地圖而定。亦似與實數相近也。

地名	起点距(公里)	水面高度(高出海面公尺數)	地名	起点距(公里)	水面高度(高出海面公尺數)
通昌堡	〇	一一五六、七	磴口	一七六	一一二一、〇
羅畔台	二五〇	一〇九六、三	紅牛子灣	二六四	一〇九〇、一
馬米圖波口	三二〇	一〇七二、〇	鹼湖	三六〇	一〇五〇、〇
打不蘇台	四七三	一〇三二、四	南海子	五三七	一〇二〇、六
三八樹	五七〇	一〇〇三、〇	河口鎮	六五五	九八六、二
源子油	六八七	九五六、九	河曲	七七〇	八四四、六

寧夏河曲間黃河，顯然可分兩段。河口鎮以上，水勢平穩，河面坡度平均每公里〇、二六公尺。以下則達一、二三公尺。

第三章　灌溉

黃河中游之灌溉，最主要者為寧夏河套民生渠三處，茲分述之。

一、寧夏

20036

寧夏省各渠情況一覽表

渠名	所在地	長度（里）	平均寬（尺）	平均深（尺）	預定灌溉面積（畝）潦年	常年	旱年	歷年灌溉面積（畝）1929	1930	1931	1932
漢延渠	寧夏寧朔	230	45	6	138148	138148	130000	138978	138978	138148	137043
唐徠渠	寧朔平羅	343	50	6.5	217109	217109	210000	217109	217109	217109	209357
惠農渠	寧夏平羅	262	40	5.2	116261	116261	110000	119918	117191	116261	107261
大清渠	寧朔	72	16	4.5	22643	22648	22000	22648	22648	22648	22648
昌潤渠	平羅	136	18	4.5	25000	22000	22000	25000	25000	25000	25000
秦渠	靈武	150	22	5	100500	100500	90000	100500	100500	100500	100500
漢渠	金積	150	20	5	7000	7000	6000	7000	7000	7000	7000
七星渠	中衛	140	20	5	90000	90000	80000	96000	96000	96000	96000
美利渠	中衛	120	20	5	100000	100000	90000	100000	100000	100000	100000
天水渠	寧朔	45	12	4	6000	6000	5000	6000	6000	6000	6000

寧夏建設廳新開渠道一覽表

渠名	開口及經過地点	開渠時期	長度(里)	寬度(尺)	深度(尺)	開渠需工	荒地面積(畝)	已領面積(畝)
興業渠	接唐徠渠支流南渠稍延長五十里經洪廣鎮朔二村	1930	50	14	5	9500	60,000	工程尚未完竣故無人承領
第一民生渠	由惠農渠永康閘開口經楊和河西二村	1930	25	8	4	6300	20,000	1,750
第二民生渠	由惠農渠永祥閘開口經李祥通寧通朔三村	1930	30	9	4	7200	20,000	4,400
太子渠	由原渠延長八里至荒地	1931	8	4	3	1600	1,000	750
紹昌渠	由惠農渠開口灌仇家灘地	1931	7	4	3	1500	1,000	500
紹興渠	由惠農渠開口經灌包雷二灘地	1931	7	4	3	1400	2,000	800
熊華渠	由惠農渠通義村開口於昌潤渠架飛槽經通義清水通伏三村	1931	15	6	4	4500	4,000	2,400
天宇渠	由惠農渠任春村開口經本村熟地至荒地	1932	8	5	3,5	2400	3,000	200

寧夏水渠，歷代相沿，官督民修。現統歸建廳監督，於每年冬至節後由各渠估計春工，呈廳核准後，即徵收工款，按畝勻攤，購備工料。至翌年春分，以柴草作束，堵塞渠口，阻水入渠，以便挑挖渠底，培修堤岸。立夏工竣，即行放水入渠，渠口與進水閘間有洩水閘，以備渠水過大時洩放入河之用。進水閘處有水標，派人看守，依經驗所得，由水位之高低，定灌地之多少。此外每段均有專員司支渠水閘之啟閉。田禾至少須灌三次，一為小滿時節，澆灌夏禾。二為大暑前後，澆灌秋禾。三為霜降節後，即冬灌也。每次灌溉，渠水須於規定時期到達末梢，由極末端農民具結呈廳，而後負責人民，方得御責。千百年來，守此無懈，雖係舊規，極合民俗，而其種種設施，與現代科學方法無一不相吻合，尤可驚也。

寧夏灌溉事業之發達，固由舊規沿用之得法，而天然地勢之宜，亦實非他處所能及，渠口泰半石質，維護極易，既無冲刷損潰之虞，而所灌區域，北向有天然適宜坡度，尤使水流之節制，至若河套情形，則與此正相反矣。

二、河套

河套幅員遼闊，沃野千里，數百年來，引渠灌田，獲利甚豐。其最著者，舊稱八大幹渠，惟年來亦多淤塞，茲調查其灌溉情形如左。

（一）永濟渠　即纏金渠，為八大幹渠中最大最完善之渠，渠口當黃河北流東折之衝，形勢頗順，渠長一六〇里，渠道坡度適宜，橫斷面亦較他渠為大，河水在此含沙不多，倘無淤塞之患，但遇河水漲時，渠口冲刷甚烈，其灌溉面積為二〇〇，〇〇〇畝。

（二）剛目渠　即剛濟渠，一名剛毛，又名剛夘，在永濟渠口下約六〇里。在民國十二年業已湮廢，故並無直接引水之口，河水漲時，由灘上小澗流入渠中，拖帶泥沙甚多，所經之地，沙丘密布，以致渠中流水速度甚低，淤積日甚，現其橫斷面尚不及永濟渠四分之一耳。

（三）豐濟渠　即中和渠，在剛目渠下五里。長約九〇里，其灌溉功效，為永濟渠之次。水量充足，其灌溉面積，為九〇，〇〇〇畝。

（四）沙河渠　即永和渠，由恩德成起口，在豐濟渠口下七五里，渠長約八五里。渠工修理原稱合法，四季均可引水。惟民國十九年因河水漲跌懸殊，遂致湮廢，非重行修理，引水殊屬不易也。

(五)義和渠　在沙河渠口下約二〇里。渠長九〇里，穿五原縣城。昔時頗爲良善，年來渠淤塞，水之供給，遂不足恃。其灌溉面積爲四〇〇，〇〇〇畝。

(六)通濟渠　即老郭渠。在義和渠口下五里。長一〇〇里。渠口淤塞異常，且渠道彎曲，已不甚適用。灌溉面積爲一七〇，〇〇〇畝。

(七)長勝渠　即長濟渠。在通濟渠口下二里。長一一〇里。渠口淤塞，不得暢流，原有效力已失。灌溉面積爲二三〇，〇〇〇畝

(八)塔布渠　原名塔布河，爲後套諸渠之祖衛。在長勝渠口下四里。長一〇〇里。經過地域極爲平坦，渠道幾全淤塞，已失灌溉效能，其灌溉面積爲一七〇，〇〇〇畝。

除以上八渠外，其他幹渠引黃河之水灌溉者尚多，茲更擇其重要者列表如左：

渠名	長度(華里)	灌溉面積(畝)
新皂火渠	七〇	三〇、〇〇〇
哈拉烏素渠	三〇	三〇、〇〇〇
大堂子渠	一八	五、〇〇〇
豐鎮渠	七〇	四〇、〇〇〇
魏羊渠	三〇	五、〇〇〇
烏拉河	一四〇	二〇〇、〇〇〇
上獸渠	三〇	二、〇〇〇
鄔家地渠	二五	九、〇〇〇
黃渠	四〇	三〇、〇〇〇
楊家河渠	一四〇	一〇〇、〇〇〇
德成渠	四〇	三、〇〇〇
黃土拉亥渠	一六〇	一〇〇、〇〇〇
五大股渠	二〇	六、〇〇〇
民復渠	五〇	三〇、〇五〇

河套渠道，概係創辦者本經驗所得，審察地勢而定，枝枝節節，並無整個計劃。後套地勢北高於南，西高於東，故所有幹渠均自渠口向東北行，以黃河故道之烏加河爲尾閭。該河年久失修，河身淤塞，下游已不復與黃河相通，諸渠退水因以不得通暢。更以地勢關係，渠水逆勢北流，速度至緩，逐致泥沙沈澱，渠道淤塞，終歸廢弛而後已。此外黃河河床屢有變遷，而渠口位置亦不得不隨之移徙，尤爲渠務之最大困難，此前人所以有另闢一與黃河平行新引河，以便保持渠口工程，俾資永久之主張也。

河套渠務，建設廳在五原縣設有專局管理，名曰包西各渠水利管理局。所有官民各渠，均須自組水利公社，在水利管理局監督指導之下，辦理渠務。各項渠款，分經常修渠費特別修渠費水利經費三種，即由水利公社按照種植地畝之多寡徵收之。

章程規定，雖極嚴厲，實則公社事務，爲少數士劣所把持，賄賂公行，弊端百出，以致其所報丈之灌溉畝數，概屬虛僞，在此種情形之下欲得正確統計，誠戛戛乎其難哉。

三、民生渠

綏遠雨量極爲缺少，在過去十數年中，平均年僅十二英吋，民國十七年，綏遠旱災，薩托兩縣一帶尤甚，雨量尚不及七英吋，赤地千里，災民遍野，地方團體發起開渠，以工代賑，官廳方面撥賑款，竭力扶助，至十八年春由華洋義振會接辦，繼續開挖，名民生渠，其計畫幹渠由平綏路鐙口站東南之瓦窰口起東至高家野場村，注入大黑河，長四二英里，渠口以下，渠底寬六〇英呎，堤坡一比一、五，當高水時，最大流量每秒約二，〇〇〇立方英呎。支渠均南北向，底寬一〇英呎，堤坡一比一、五，渠間距離約三英里，共十四支渠，總長一四五英里。灌溉面積約一七，〇〇〇頃。

截至民國二十年，其完成部份有幹渠及九支渠，渠口工程，幹渠進水閘一座，攔水閘二座，支渠進水閘十一座，共費洋七五〇、〇〇〇元，由綏遠省府担負三〇〇，〇〇〇元，其餘則由華洋義振會墊借，俟將來徵收水租償還，主要工程尚有五支渠，雖因工款支絀，未克完成，而放水典禮卒於是年六月舉行，遐邇騰歡，盛極一時，社會人民之所期望者蓋至深且大也。

放水典禮舉行後，已逾兩載，迄未實行灌田。渠口處黃河兩岸上下游數里均經砌石維護，頗稱堅固。惟渠底太高，除高水時期外，河水不易流入。故擬築攔水石壩，用以遏高水位，其計畫在兩岸各建高木架，懸繩作橋，以滑車載石，拋置河內，嗣經試驗不合實用，現木架猶存，石壩尚未建築。此外猶有顧慮者，即大黑河地勢較高，幹渠退水，發生困難。聞本年秋季，將正式放水灌田，不悉華洋義賑會對此數端，如何解決也。

第四章　航運

一、通航時期

黃河於立冬前後結凍，至翌年清明前後開河，俗有「立冬半月不行船」，「立冬流凌，小雪封河」，之諺。計全年開河時期約八個月，封河時期約四個月，而行船時期不過七個月餘。黃河河流遷徙無常，頗難得固定之船線，惟河套交通，仍以水運佔全數貨物百分之七十。凌汛過後，五六月間，水位最低。伏汛流量激漲，河水散漫，泛濫紛歧，似無正流之可尋。大汛以後，水位漸落，水勢亦殺，東入正槽，直至封河無大變動，故俗有「八月踹窠，冬河即不再變」，之諺，蓋謂河水於八月間大汛後即自尋窠巢矣。

二、船筏種類及航行情形

黃河上中游船隻，可分皮筏木筏七站船五站船高幫船及小划子六種。茲分述如下。

(甲)皮筏　皮筏分牛皮羊皮二種，牛皮者較爲普通，又分大小兩種。每年自甘肅東下者，約四百左右。其構造以整個牛羊皮，加以補綴整理，外塗以油，使之柔軟，吹氣使脹，浮於水中，謂之紅筒。聯百餘紅筒架以木排，乃成大筏。置貨其上，以七人駕之。合數十紅筒以成者則爲小筏，以五人駕之。如運載駝毛羊毛時，則以之裝塞紅筒中，故亦有稱爲毛筏者。大筏載重約四萬斤，小筏約三萬斤。皮筏到達目的地後，即將貨物及木排發售，而將紅筒以駱駝運回，作下次之用。

(乙)木筏　寧夏以西，如洮河導河等處，產木最盛，黃松白松，其質極佳，居民編爲木排，附載貨物于其上，順河下流。木筏大小不等，大者木料重約四萬斤。至寧夏包頭等處發售之。

（丙）七站船　船身長約十二公尺，中部寬六公尺，兩端漸窄，僅三•五公尺，船高一•五公尺，底平，較船面爲窄，船板厚約半公寸，係楊柳木質釘綴而成，構造至爲簡單，其名七站者，言船深有七板之高也。船分三艙，中艙稍短。船夫五人，一人掌舵，餘四人下水搖櫓，上水拖縴。舵長幾與船等，動轉至不靈便，載重下水可達四萬斤，上水僅四分之一。船行速度，如天氣晴美，夏秋之際，水勢較大，下水每日可行七十公里上水則不過十數公里耳。

（丁）五站船　其形式構造與七站船同，惟較小。載重不過萬斤。爲數無多，槪行短程。

（戊）高帮船　船身長在十公尺以上，中部寬約五公尺，兩端漸呈尖形，寬僅一公尺餘，底平，船高約一公尺半，兩端則翹起，載重在二萬斤以上，木質構造與以上兩種同，航行運轉較爲靈便，其舵長不過當船身之半耳。

（己）小划子　船身甚小，一人搖槳，極爲輕靈，僅供乘坐三數人，不足以載重貨，順流飄蕩，其行至速，渡口處擺渡亦多用之。

寧夏以上水路運輸幾完全恃皮筏木筏兩種，下行達包頭。七站五站高帮諸船，則行于寧夏包頭之間者爲最多，其數恒視年之衰旺而不同。下水所載以皮毛藥材糧食鹽鹼爲大宗，至包頭河口諸地，再運售于內地各省。上水則裝運洋廣雜貨，轉銷寧甘蒙新一帶。惟西北荒凉，人民生活，至爲簡單，於洋廣貨物，需要無多，故往來運輸，殊難平衡也。

黃河船筏之構造形式，首尾完全相同。其順流下行也，任其飄浮，櫓舵均置不用，中流水深流急，舟行至速，且無擱淺之虞，惟遇風起，則舟行路線，不能完全依恃水流，遂不得不藉櫓舵之力以矯正之使歸正流。但此僅于微風時可以施行，若風勢稍大，則櫓舵力有未逮，必須靠岸停泊而後可。寧夏河口鎮間，河面至寬，除石嘴子至河拐子一小段外，並無急湍，隨時隨地，均可停舟，倘無若何困難。至若河口鎮以下，河行山峽中，曲折旣多，水流又急，即晴美無風，亦須賴櫓舵以司轉折。設值春季淺水期，礁石畢露或在水面下甚淺，尤須時刻注意，以免觸石罹災。倘若中途不幸遇風，則兩岸陡巖峭壁，絕無可以停泊之所，其爲危險，可以想見。故航行此段者，不但舟子須熟悉河道特殊情形，且每次開船，尤須絕對擇天晴無風之日，庶幾一帆風順，可達下站也。

上行船隻，率多數舟或數十舟結伴同行，櫓槳絕歸無用。如遇順風，可以揚帆，由舟子操舵進行。然此僅可於河口鎮以上爲，河口鎮以下，則急流較風之力爲大，雖欲利用風力，勢有未能也。不得順風時，則由舟子拖纜拉縴，其速度視水流之緩急而異，若老牛灣一帶，拉縴者攀越懸崖，倍極艱險，每日上行不過三數里，其困難情狀，有不可以言語形容者。

三黃河行輪失敗之經過

民國七年，有商人陳潤生向滌修等發起組織甘綏輪船公司。購輪一艘，名飛龍，長六丈，寬一丈四尺，艙深四尺，載重二萬斤。僅在寧夏河口鎮間行駛兩次，即告停止，輪船旋即拆毀。考其失敗原因，有左列諸端：

一、事先並未測量，河流情況不明，致行船時障礙甚多。

二、預算所得利益，多不切實際，實行時諸多未合。

三、船係鋼製，重量過大，吃水深度空船已有二尺半，機力太小，上行不易。據土人謂其經石嘴山三道坎時，尚係由多人縴引而上者。

四、雖係官商合股，而資本太薄，失敗後不易挽救。

同年甘肅省長張廣建與馬福祥創辦公司，由上海求新廠購造淺水汽輪兩艘，將材料運至包頭南海子裝配。一曰探源，一曰泛斗。翌年試航，上行五日半，至石嘴山，及由石嘴山折回，僅二日半，抵南海子。船身長約五丈，吃水二尺半，官艙一間，可容四人，客艙可容二十人，引擎用汽油機，有馬力六十。船身鐵質，重量甚大，不堪再裝重載也。張廣建離職後，此船亦告廢棄，現在仍置南海子河岸。航行蘭州之計畫，終未能達到。聞張氏之所以辦此，係專謀甘肅公上務之便利，尚非營業牟利者，雖然，每日需汽油百餘元，消費過大，且機力微小，吃水太深，識者固早知其不能持久也。

四、改良計畫

欲謀航運之發展，當注意以下諸端：

一、整理捐稅，減輕商人擔負。

二、整治河槽，減少航行困難。

三、發展沿河實業，增加貨運數量。

四、利用汽機航輪，增加速度及貨量。

黃河船隻捐稅之徵收，政府於各關卡設有專局辦理之。因船筏種類之不同，所徵款數亦異。至若載貨過境，更按貨物種類，徵收各種雜捐，名目至極繁瑣。地外沿河駐軍藉保護航運之名，輒復故意留難，以致所有航船，除照章納捐外，尚有無數之軍警關卡，作無饜之剝削。據調查目視，西山嘴地方，有運糧商船因受軍隊勒索捐款不遂被扣，嗣經餽羊多隻，始得放行。更有木商自包頭購木材運至托縣發售者，木價一二六〇元，沿途經塞北關船捐局保衛團等多層剝削至八次之多，徵捐竟達四一〇元。在此情形之下，商人只有伏首帖耳，敢怒不敢言。此而不能改良整理，欲求發展航運，不啻背道而馳，緣木求魚也。

黃河航行發展之大障礙，厥惟逆行困難太甚。寧夏包頭間下行需七八日者，上行則需月餘之久。而包頭河曲間，其相差更不止此。職是之故，操舟為業者，莫不視上行為畏途，而船隻構造，亦遂因此日趨簡陋，僅求其能敷衍下行至目的地，絕不望其能載貨返棹也。以七站船而言，在寧夏購置，需百餘元，至包頭即降至七八十元，及抵河曲，則四五十元，亦無人過問矣。上行情形如此，至於下行船隻所感覺困難者，包頭以上，淺灘紛歧，令人生無流可循之感，河口鎮以下，暗礁特多，隨時有觸石傾覆之虞。凡此種種困難，均須設法免除，而後航運方有發展之望。是故整理河槽，實為當務之急。漫溢過寬者，施以束水工程，使有正流河槽。支汊歧出者，酌加堵塞，使河流歸一。河底礁石，亟以炸藥轟除，使不致再為航行之累。如此則以現有船隻，其上行問題，雖不克即時解決，而下行之便利，定將倍蓰於今日。至此項整理之詳細設計，則不能不待測量後方可研究規劃矣。

據寧夏建設廳之調查統計，其重要物產，列表如左：

類別	名稱	產量	輸出量	輸入量	備考
藥材	枸杞	每年三一二、〇〇〇斤	本省所產藥材幾完全運往內地銷售		

類別	品名	期間			
	甘草	每年	七二〇、〇〇〇斤		
	蓯蓉	每年	四八〇、〇〇〇斤		
礦產	煤炭	平均每日	二六、〇〇〇市斤		完全用人工開採
	天然鹼	平均每日	四、三〇〇市斤		
皮毛	羊毛	全年	七〇〇、〇〇〇斤	八三〇、〇〇〇斤	
	駝毛		三〇〇、〇〇〇斤	二一〇、〇〇〇斤	
	洋·羢		五、〇〇〇斤	三、六〇〇斤	
	牛皮		二三、〇〇〇張	一二、〇〇〇張	
	羊皮		一七〇、〇〇〇張	一二〇、〇〇〇張	
	駝皮		三、〇〇〇張	一、〇〇〇張	
農產	大米	全年	一二九、五〇〇石	三、二五〇〇石	
	穀米		三五、二〇〇石		一、二五〇石
	糜麥		五四、二〇〇石	二、四〇〇石	三、二〇〇石
	春麥		一四三、〇〇〇石	二、五〇〇石	二、五〇〇石
	莞豆		二二、〇五〇石	一、四〇〇石	
	胡麻		二五、六〇〇石	一、五二〇石	
	棉				一五〇、〇〇〇斤

麻　五七、〇〇〇斤　二四、〇〇〇斤

綏遠省之主要物產，據十九年調查結果如左表：

類別	名稱	全年產量	類別	名稱	全年產量
農產	小麥	二一六、一二三石		莜麥	三三六、九三〇石
	高粱	一八二、八五〇石		糜麥	二四六、九六九石
	黍子	九三、三七五石		淶子	四〇、〇四七石
	穀米	三九二、七三七石		雜荳	一九七、八三三石
	馬鈴薯	七二五、九九〇石		大麥	四七、八八九石
皮毛	羊毛	二一、六九一、三九〇斤		駝毛	三、二二七、〇一八斤
	羊絨	一、〇一四、三八〇斤		羊皮	七一九、四〇七張
	羔皮	三一二、〇〇〇張		狐皮	一八、七九七張
	狼皮	一四、六五三張		獺皮	四〇、〇〇〇張
	牛皮	八〇、五九〇張	藥材	防風	四〇、六二〇斤
	黃耆	一〇二、四〇〇斤		甘草	一、五一五、三〇〇斤
	蓯蓉	三二四、二〇〇斤		黨參	八、四〇〇斤
	大黃	三〇、〇〇〇斤			

綏遠礦產煤鹼石棉等均有，但用土法開採，產量至微，且無調查統計，殊不足道。

寧夏貨物輸出者幾完全恃黃河運輸，橫城石嘴子磴口均其重要碼頭，加以自甘肅出口之物產，下水航運，頗有相當數量。在平綏鐵路未完成以前，綏遠出省產物，亦賴黃河水運，由五原南海子等處下至河口鎮，轉鐵路以輸入內省，下駛舟楫，終年不斷。及平綏路成，包頭以下之黃河運輸，盡為所奪，船隻數量銳減，航運日趨衰落，有由然也。

黃河上水貨物，只係布疋雜貨，其數量有限，更以舟楫上行之艱難，致與下水貨運，殊不足以相抵，往返不能平衡，實為航運不得發達之一大原因。其救濟之道，厥惟自多方面進行，以求西北之開發。如荒田之墾闢，礦產之開採，森林之培植，毛織工業之提倡，平民教育之普及，無一不為當務之急，如此則于相當時期後，民智漸開，人口滋繁，其物質之需要大增，而黃河上水貨運之問題，自得解決。此雖不免有大言之譏，但舍此實別無捷徑可尋也。

黃河行輪，雖遭兩次失敗，然殊不足證明其事之絕不可能，特計劃之有欠精當耳。故為求增加行船之速度及載量，實有再接再厲試辦行輪之必要。茲約畧計畫其大概，船長五十英尺，吃水一英呎半，船身鋼製，機器部份擬用柴油內燃機，馬力八十，速度每小時可有八海里，價不過二萬元。最初試行，無妨專載客運，俟有成效，然後再行加大，以之載貨或用曳貨船，均無不可。

黃河行輪之阻碍，不外礁石淺灘急流數種，此均可於整理河槽時解除之。地外航道標識之裝設，引水船員之訓練，更與輪航有直接密切之關係，亦應同時舉辦，自不待言。

第五章　測量計劃

一、河道及地形測量

黃河整理計畫之規定，端賴有科學之根據，而測量工作，實為首要之圖。蓋各項河道，其地理環境，各有不同，則其治理計畫，自必因之而異。以測量所得，研究探討，而後閉門造車之譏可免，治河之百年大計以定。茲先述河道及地形測量之設計如左：

甲、測量隊之組織　黃河測量隊，以導線隊一組，水準隊一組，斷面兼地形隊四組，繪算室技術員二人，照料員一人組成之。其各分隊之組織列下：

（子）導線隊　工程師一人，担任領導導線之進行，導線角度之觀測，星象之觀測及測量起點經緯度之測定。副工程師一人，担任導線長距測量之監查及紀載，兼繪導線經過地方之草圖，以及助理導線進行之一切。測夫十一名，小工三名，分任選點，拉鍊，持標桿，負經緯儀，打樁，記標樁，担樁等工作。

(丑)水準隊 工程師一人，担任正平。副工程師一人，担任對平。測夫七名，小工二名，分任持水準尺，負水準儀，選水準點等工作。

(寅)斷面兼地形隊 每組設副工程師一人，担任領導該項測量之進行，以經緯儀測定各地形點之位置，及其高度，繪製地形同高線，整理地形圖。工程員一人，担任點繪，及助理一切該項測量之工作。測夫五名，小工二名，分任持地形尺，量水深，負經緯儀圖板等工作。

(卯)繪算室 副工程師及工程員各一人，擔任導線經緯坐標之計算，繪製地形圖格，校對地形圖，及辦理屬於技術上之各項事務。

(辰)照料員 辦理全隊不屬於技術之各項事務，對外之接洽，及保管公款，登記賬目等事。

(巳)如全隊人員，對於測量技術，完全精熟，則隊長一職，可由導線工程師兼任，否則須另由工程師一人專任，俾便指揮及監察，以利工作之進行。

按以上所列，如隊長係專任，則工程師共三人，副工程師七人，工程員五人，照料員一人，測夫三十八人，小工十三人。此外尚須護兵五人，繪算室公役一人，信差一人或二人，測夫厨役六人及船夫四人。

乙、測量方法

(子)經緯度之測定 如測區附近，已有精確之大地測量，則其地經緯度之數值，可由以前所留之樁誌上得之。否則測量起点之經緯度，須自行測定。緯度可直接由觀星而得。經度則可以無線電比較時間法測得之。

(丑)導線測量 寧夏河曲間之黃河測量，共長約八千公里，其兩岸地帶，正待開發，導線爲測量主幹，須有相當之準確，始有永久之價值，寧夏托縣間，地勢平坦，導線測量較三角測量，非但經濟，尤易精確，托縣以下，山岳重疊，則可參酌地方情形，兩法互用之。

導線角度之觀測，以精潤之經緯儀，用復疊法行之。

內外兩角，各正轉往復六次，共為三十四次，然以施以校正，使內外兩角，合為三百六十度之整數。

導線長距之測量，以長五十公尺之鋼尺兩付，由幹練之測夫六人，組成兩組，各不相倚而為之。鋼尺長度，因溫度之高低而漲縮，須隨時考定改正之。

導線之樁橛，除以圓頂木樁標誌導線角点外，由導線導点起，每隔二百公尺，訂立扁木橛一個，而記其長距於其上。每隔一公里，以方頂木樁標誌其地點，另置扁橛于其側，以誌長距之數。為地形隊測量起點之用。

導線測量之起點終點及每隔約十公里處，於導線之角點，設立永久測站，以混凝土製成，以鋼棍標誌之。其點之經緯度及高度，均須特別紀載，以為將來治河施工及他項測量之基礎。

導線之起點及每隔三十公里以內，須觀測星象一次，以定導線之方位角，此項觀測務須準確，任何密近北極之星辰，其在五等明度以內者，均須測及。

上項導線測量方法，如用完好精準之經緯儀，其平繼劃度，可讀至十秒，而工作人員，技術亦佳，則其精確之率，可超過尋常第二第三等三角網之測量，其誤差不至超越五萬分之一，時間及工款之經濟，更可遠勝之。

(寅)水準測量　水準測量，須起點於可靠之水準點，以免日後改正地形高度工作之繁難。如測量以包頭為起點，則平綏路水準點，可資利用。為免除舊有水準點高度之錯誤，須另作水準線，連絡至少舊有水準點兩個以上，而比較其數值之誤差。

正平與對平，各沿導線之方向，進行施測。每隔三公里以內，須設一具有永久性之水準點。兩平進行，須互不相倚，但於設置水準點時，應比較其數值，使其誤差不得超過規定之限度。

(卯)河斷面及兩岸地形之測量　此兩項測量工作，合併辦理，較為經濟。所有地形點之地位及高度，均以經緯儀測得之。野外備有圖板、隨時繪製地形圖。另備輕便小舟一隻，以便試探水深之用。

(辰)繪算工作　以導線各點之角度：計算其方位角，加以子午線輻輳之改正，然後以多面錐形投射法計算導線各點之大地經緯線坐標。而後將導線之位置，繪於地形圖紙格上，以備地形測量隊之應用。寧夏托縣間沿河地形，比較簡單，地形圖比例尺，可用一萬分之一，托縣至河曲，沿河概係山嶺，地形複雜，比例尺可用五千分之一。前者每幅之面積，東西佔經度五分，南北佔緯度二分三十秒。後者東西二度三十秒，南北一分十五秒。

丙，測量區域及分段

寧夏包頭間，河槽寬處約一・五公里，狹處約五百公尺，茲假定以一公里為河槽均寬度，河身斷面及兩岸地形，各測至距河岸一公里止，則測量區域之寬，平均約三公里。又包頭以西，有三呼河，為黃河之重要分支，頗便行舟，亦應列入測區，其河槽之寬，約一百公尺，斷面及兩岸地形，共測一公里即可。

為採用平綫路水準點高度及工作便利起見，測量應以包頭為起點。以包頭至臨河為第一段，長約二五〇公里。以臨河至寧夏為第二段，長約二九〇公里。以包頭至河口鎮為三段，長約一二〇公里。以河口鎮至河曲為第四段，長約一二〇公里。其第四段內，兩岸山勢陡峻，河身受峽逼束，寬僅二百至四百公尺，河底復多礁石，水流湍急，舟行至險，測量此段至感困難，兩岸地形以測至臨岸之山腰為止，共寬約在一公里左右。

丁，測量需用時日之估計

在第一第二第三段內，每日每地形隊可測河道斷面二個，兼測地形三方公里，每星期全隊可測河道斷面四十八個，地形七十二方公里。斷面間之距離，為五百公尺。導線及水準線，每星期除觀星一次，設置永久測站兩處外，約測二十五公里，洽敷地形隊之應用。每月因風雨休止，野外工作有效時日為四個星期。每月成績，導線及水準各為一百公里，地形為二百八十八方公里，斷面為一百九十二個。按以上各數，因河身之曲折，河道測量，每月可完成九十公里。

第一段約需三個月，其三呼河分流，約需半月。第二段約需三個半月。第三段約需一個半月。三段共需約八個半月，可以測竣。

第四段工作，當極困難，地形圖比例尺，定為五千分之一，斷面間之距離，定為二百五十公尺。每日每地形隊可測斷面兩個，地形半方公里。每星期全隊可測斷面四十八個，地形十二方公里，沿河測量可測十二公里，導線水準線進行自極緩滯，每星期亦只可測十餘公里，僅敷地形工作之應用，每月成績，導線水準線，各約五十公里，地形四十八方公里，斷面一百九十二個。按此速率，則此段測量，約需三個月，可以完成。

綜上四段，野外測量時日，約共需十二個月。但測區冬日嚴寒，最低溫度，達攝氏表零下四十餘度，在此寒季，野外工作，殊不可能。茲擬每年由三月初至十月底為野外測量時季，十一月初至翌年二月底為室內繪圖時季。所有墨繪，縮圖，校對等事，皆以本隊技術人員為之。按此估計，則全部測量及繪圖，共需二十個月，可以蕆事。

戊，測量用款之估計

(子)經常費

一、工程師三人，每人月薪三百元。 共洋九百元

二、副工程師七人，每人月薪一百八十元。 共洋一千二百六十元

三、工程師五人，每人月薪一百元。 共洋五百元

四、照料員一人，月薪一百元。 共洋一百元

五、以上十六人，出勤費每人每月六十元。 共洋九百六十元

六、測夫三十八人，平均每人工資十六元。 共洋六百〇八元

七、測夫三十八人，出勤費每人六元。 共洋二百二十八元

八、護兵五人，每人工資十三元。 共洋六十五元

九、護兵五人，出勤費每人六元。 共洋三十元

十、信差及公役共三人，每人工資十四元。 共洋四十二元

十一、信差及公役三人，出勤費每人六元。 共洋十八元

十二、小工十三人，工資每人十三元。 共洋一百六十九元

十三、測夫廚役六人，每人工資十二元。 共洋七十二元

十四、船夫四名，每人工資十三元。 共洋五十二元

十五、測量遷移及運轉費 共洋三百五十元

十六、測量宿費 共洋一百元
十七、消耗品 共洋六十元
十八、郵電 共洋十元
十九、雜支 共洋五十元
二十、醫藥 共洋二十元

總計二十項計每月經常費洋五千五百九十四元正

但在冬季野外工作停止時期，每月經費，可以節儉之處甚多，如第五七九十一十四十五諸項，均可免除，計可省去一千六百三十八元，則每月僅費三千九百五十六元之數。

(丑)特別費

黃河中游測量，除尋常儀器及用具外，須有特別設備。如包西一帶，人煙稀少，宿室無法覓得。黃河船隻，笨重不便駕駛，用以測河身斷面，耗時極多，且無碇錨，中流不能停舟，更不便施測水深。黃河淺水時期，洲灘甚多，尤需輕便小舟，以人力推曳，方能適用。以故住宿帳棚及測船，必須特備。其估價如下。

一、測船四隻 共洋二百四十元

二、帳棚二十具 共洋一千元

兩項共洋一千二百四十元

(寅)出發往返旅費

旅費之多寡，視起訖地點之距離及交通情形而定。在未確定辦法以前，其數殊難估計，茲假定以天津至包頭爲出發路程，河曲至天津爲歸程，則全隊往返旅費約共需三千元。

(卯)全部用款之總數

一、十二個月野外工作 共需六七、一二八元
二、八個月室內繪圖工作 共需三一、六四八元
三、特別費 一、二四〇元
四、旅費 三、〇〇〇元
總計 一〇三、〇一六元

第四段河口鎭河曲間之測量，實施不易，已如上述。惟若利用航空測量，藉飛機之能力，在空中施測，無地形之限制，雖此懸崖大澤，不難迅速完成。且晉北亦需測量，而地勢多山，與此正同，若能同時舉行航空測量，以期解決陸路交通與水運之聯絡問題，則其成效與經濟，當不

可與普通測量同日而語。現中央對此，已有相當設備與經驗，如何可以於此處實現，端賴當局之努力進行耳。

二、水文測量

河道及地形二者，雖已施測，仍不足以決治導河流之策也。必於水量之多寡，河流之性狀，亦加以深切之考察，以期獲得水利工程上最關切要之資料。水文測量之主要目的即在此。惟此種資料之搜集，深受時間之支配。舉凡雨量流量水位等，非賴長時間之繼續觀測，莫知其消長變遷之情形，時間愈久，價值愈大，欲求速效，既為時間所不許，而過去之所無者，亦絕無追求彌補之可能。黃河中上游在過去時期，注意者少，所需水文測量，概付闕如，現則整治疏導，既具決心，則此項工作，確係不容再緩，庶幾經相當時期，尚可得若干治河之基本材料，否則因循遷延，其貽誤將來，恐有不可勝言者矣。

甲，水文站之工作事項　水文站工作範圍大致可分為記載雨量及實測流量。惟水位之漲落，直接關係流量之增減，含沙之多寡，所以影響河床之變遷，均為治河之主要資料，亦須作連續之觀測，及精確之試驗。此外如氣像概況，亦足為研究助之，每於水文站作簡單之觀測焉。

乙，水文站之地點　水文站之所在，須擇沿河主要地點，河床穩定之處。觀測既須便利，而其成績對於治河計畫尤須具重要之價值。黃河中游，絕塞荒涼，人煙稀少，河流情形且不規則，茲經詳加選擇，於此次視查之黃河中游，亟應首先設立水文站者，得以下四處：

（子）青銅峽　地在寧夏省城上游約百五十里，兩面皆山。寧夏諸渠之口，均在此附近，利用天然地勢，引流灌溉，其利至溥，經營渠工者，對於此處，極為重視。故設置水文站，實有絕對之必要，其與寧夏灌溉事業，有極密切之關係也。

（丑）石嘴子　是地為黃河要隘，漢蒙貿易之點，當寧夏諸渠之尾閭。黃河過此，即入山峽北行。故河床穩定，極便施測。再北入河套，又有灌溉之利。是以石嘴子地方，應有水文站之設焉。

（寅）河口鎮　黃河自石嘴子以下，經河套而至包頭，雖距離甚長，惟無支流注入。沿岸無大村鎮，水文站之設置，在勢實有未能。且其河流汎漫，沙積至多，求一河床較爲固定之地，殊不易得。幸包頭稍東之鐙口地方，值民生渠口之所在，華洋義振會設有測站，已有三年以上之紀錄。再東河口鎮，爲托縣之大鎮，適當大黑河入黃之處，流量增加，關係至鉅，故水文測量，必不可少。

（卯）保德　自河口鎮以下，黃河行山峽中，水流峻急，舟行可達保德縣。再下則以冒險太甚，舟楫益少。此段容納支流，以紅河爲最著，流量及含沙量，均有顯著之陡漲，舟子類能道之。水文測量，實爲必要。河曲與保德，形勢相似，惟後者設站，較爲適宜耳。

丙，雨量站之地點　雨水爲河流之源，其降落之量，隨時隨地各異。須於一河之流域，擇若干地點，作適宜之分佈，而實測紀載之。河套區域除於上述各水文站兼測雨量外，尤當於寧夏磴口臨河五原包頭五處僅設雨量站。簡而易行，絕無困難之可言。此外若歸綏民生渠口三聖宮等地力，業有紀載（三聖宮雨量站係天主教堂所設），只須按時搜集研究可爾。

丁，水文站之組織　每水文站置觀測員一人，測夫三人，船夫一人，於必要時，得臨時雇用短工。至於雨量站，則托付地方建設機關代爲辦理，按月酌予若干津貼可也。

戊，水文站應備之工具

一、經緯儀
二、流速計及浮標
三、水準尺及地形尺
四、施測流量應用之輕便小船
五、鉛錘及鐵繩
六、雨量計
七、蒸發皿
八、時計及溫度表
九、汲水瓶，量容積之玻璃瓶，及戥子
十、水標
十一、各項記載表格及圖表格紙
十二、各項文具

己，費用之估計

（子）開辦費

一、經緯儀一架　六百元

二、流速計一架　二百元
三、測船一隻　五十元
四、其他測量工具　一百二十元
五、出發旅費（平均數）　一百五十元
六、設置水標及其他設置費　四十元

共計一千一百六十元。如設水文站四處，共需四千六百四十元。

雨量站僅需雨量計一具，價六元。如設五處，共需三十元。連同水文站四處，總共開辦費四千六百七十元。

（丑）經常費

一、觀測員薪俸　一百八十元
二、測夫三人每人工資二十元　共洋六十元
三、船夫工資　十五元
四、賃房費　五元
五、郵電　五元
六、消耗　十五
七、雜費　十元

共計二百九十元。如設水文站四處，全年共需一萬三千九百二十元。

雨量站每月僅需津貼五元，五處共需二十五元。連同水文站四處，每年經常費總共一萬四千二百二十元。

第六章　地質概略

本區域自寧夏而北，經綏遠至陝晉，包有黃河流域。綏遠一帶，向稱河套，土質頗美，惟黃河所經，多沖積層分佈所在，地層暴露者少，地質頗為簡單，無可敘述。如擴大範圍，併河套附近之山嶺統括在內，地質情形，關係顯然。故西自賀蘭山，北經大青山，東至呂梁山，繞河套之高原山地，均取為本區域之一部。分為地層系統，地質構造，及地文三部述之，言簡幅短，不過略示梗概而已。

一、地層系統

桑乾系　本系為本區最古地層，屬太古代，分佈亦廣。岩石以片麻岩為主，雲母片岩，大理岩，亦常目擊；並有火成岩侵入體。片麻岩可分為酸性基性兩種，色性黑白粗細不同，雲母片岩與酸性片麻岩，夾雜而生。大理岩中，常夾石棉。本系發育於本區北部大青山一帶。

震旦系　在桑乾之上，而成不整合之接觸，爲元古代之地層。岩石以灰岩爲主，兼有灰質頁岩。灰岩色黑，常含燧石，成薄層，或結核，爲震旦系灰岩之特徵。有時含方解石細脈，而無燧石，但質仍不純潔，所以別於無化石之奧陶紀灰岩也。分佈於寧夏北部，及綏遠大青山一帶。

寒武紀灰岩層　在本區北部元古代震旦系地層之上，無下古生代地層，而在南部，則有寒武奧陶紀灰岩，與其下之地層成不整合之接觸。寒武紀地層以砂岩灰岩爲主。可分爲上下兩部，下部爲紅色砂岩，夾頁岩，與中國北部之饅頭頁岩相當；上部爲鮞狀礫灰岩，相間成層，礫狀灰岩較多，常含三葉蟲化石。分佈於綏遠清水河一帶。黃河以東，亦常見之。

奧陶紀灰岩層　常在寒武紀灰岩之上，大致兩相整合，岩石以灰岩爲主，質多純潔，可燒石灰，層厚，常含頭足類化石甚夥。在黃河沿岸分佈較廣，露頭常與寒武紀灰岩不易分劃清晰，每併爲一層，而稱寒武奧陶紀灰岩。在本區北部尙未發見舊古生代地層，或未嘗發育也。

石炭二疊紀煤系　在本區南部，可分爲太原系及山西系，在北部常名爲拴馬樁煤系，或位於震旦系地層之上，或在奧陶紀灰岩之上。太原系大致爲頁岩，砂岩，夾灰岩及煤層。山西系以白色砂岩，色及黑色頁岩爲多，夾煤層，拴馬樁煤系：下部大致爲灰色砂岩，灰綠色砂質頁岩，灰黑色泥質頁岩，及石英砂岩．中夾煤系；上部爲灰白色石英粗砂岩，不夾煤層。近煤層之頁岩內，常含植物化石頗多。全層厚度有時達二百五六十公尺。分佈於南部沿黃河兩岸，北部大青山一帶，及寧夏西境北境。

二疊紀地層　在石炭二疊紀煤系之上，常有砂岩頁岩層，屬於二疊紀。岩石多爲黃色及淺綠色，名之爲黃色岩系。在本區北部，或併於石炭二疊紀，及二疊三疊紀地層之中；在南部常可分出，另成一層，分佈於黃河兩岸，厚約一百分尺。

二疊三疊紀地層　在石炭二疊紀或二疊紀地層之上，常有砂岩頁岩，爲古生代及中生代之過渡地層，統名爲二疊三疊紀地層。在北部大青山一帶，名爲隴拉齊砂岩頁岩系，下部以紅色砂岩頁岩爲多，中夾礫岩；上部以岩爲多，中夾紅色砂岩。在南部常名紅砂岩層，下部多紅色頁岩，夾淺綠色砂岩；上部以紅色砂岩爲主，夾紅色頁岩。全層厚度，由二百公尺至一千公尺。分佈於黃河沿岸及大青山中。

侏羅紀煤系　在北部亦名爲石拐煤系，在山西境內常名爲上煤系，所以別於石炭二疊紀下煤系。岩石大部爲綠色紅色黑色頁岩，砂岩，及礫岩，中夾煤層。有時含灰岩數層，中有魚類化石。頁岩內含植物化石頗多。全層厚約四百公尺，在北部分佈於清水河一帶，在南部暴露甚廣，沿黃河西岸，再南跨黃河而生，直至陝西境內。

黃砂層　在較古地岩之上，岩石以黃白色細砂爲主，中有片麻岩礫石層，膠結堅固者成砂岩及礫岩。厚由二十公尺至四十公尺，分佈於北部包頭一帶。在他處常有白砂層，曾採得上新世之化石。此層或與之相當。

礫石層　平鋪於黃砂層之上，粗鬆佈散，多礫石，常與砂土混雜。礫石大都爲石英岩，灰岩，片麻岩，膠着不固，成層不顯。厚薄隨地而異，厚者約十公尺，有時在五十公尺以上。分佈於北部包頭五原之間。

黃土層　在較古地層之上，谷小坡常有黃土，有時與礫石層不易劃分，而在其上，亦含礫石。黃土有直立劈開，而礫石平鋪成層，厚度不一律。

沖積層　爲最新之地層，凡谷坡砂礫低地淤土均屬之。多爲灰白色，有時呈棕色黑色。厚度不等，常在五公尺至二十公尺之間。砂礫分佈所暨，概成磽地，不利種植。淤土多分佈於黃河兩岸，恒爲沃壤，成河套一帶重要農田區域也。

二、地質構造

地質構造，大致言之，可分爲二種：因橫力之推擠，使地層褶曲錯裂，謂之褶皺；循垂力之方向，使地層升降斷折，謂之斷層。本區域山嶺平原，多與斷層有生成關係，，而褶皺更爲發育。茲略述之，以示與今日地形之關係。

褶皺　褶皺影響所及地層，可分爲兩組：一爲太古代之地層，二爲震旦紀至侏羅紀之地層。太古代地層，褶皺頗多，略成東西或東北西南方向之向斜層，背斜層。地層傾斜陡峻，褶皺擠壓緊閉，大青山內，現像顯著。震旦紀至侏羅紀地層，褶皺劇烈，常成錯斷，最顯著之區域，亦在大青山。背斜向斜，逆掩斷層，屢見不鮮。大致言之，在本區域西部，地層層向，大致南北，或梢偏東北西南，傾斜向東或向西，常成背斜層，或向斜層。在本區域北部，層向延長，大致東西，褶皺劇烈。在本區域東部，層向大致南北，或稍偏東北西南，及西北東南，傾斜向西，或稍偏西北西南。總觀之，河套一帶地層，略成一大向斜層，北部高山隆起，地層斷折，阿爾多斯區域，位於向斜層之中部也。

斷層　本區域斷層亦常目擊，顯著爲歸綏包頭一帶之斷層，爲正斷層。地形變遷甚驟，顯爲斷層所成。起於歸綏平原之北者爲大青山，峯巒峭壁，不可攀登，即斷層之仰側。斷層東西延長，西起包頭，東至歸綏，計長二百餘里。錯動西部較大，愈東愈小，次爲烏拉山斷層，北爲烏拉山，由太古代地層組成，爲斷層之仰側。斷層東西延長約二百八十里，錯動頗大。再次爲色爾騰山狼山一帶斷層，安北五原平原之北，山嶺突起，爲有斷層之證。仰側爲由太古代至侏羅紀地層，俯側爲沖積層。斷層大致向西北東南延長，錯動頗大，斷層以北，均爲山嶺，南多平原，即河套一帶之區域也。

三、地文

本區域北部西部東部均繞山嶺，黃河所經多爲平原，崛起於北部者爲大青山，烏拉山，狼山，東南行爲陰山山脈。向南地勢陡降，即河套一帶之區域。

高原　蒙古高原面積甚廣，在本區域者爲歸綏以北山地，穹然高起，勢若平台，高出海面在一千公尺以上。惟近河套一帶，爲高原之南端，剝蝕特甚，多成峻嶺。

山嶺　陰山山脈之一部爲大青山脈，崛起於本區之北，山嶺連綿，隨地異稱，大青山脈，峯巒疊，山勢峻險，最高之峯，高出海面在二千公尺以上。烏拉山脈，勢亦嵯峨，東接大青山，西沒於原野，峯巔高出海面約二千公尺。狼山山脈，嶄巖峭壁，俯臨平原，山峯高者在一千五百公尺以上。色爾騰脈，接連狼山，山勢聳立，峯巔在一千八百公尺以上。本區域西部寧夏以西，爲賀蘭山脈，大致向西南東北延長，山勢高聳，高峯可達數千公尺。本區域東部山嶺，爲太行山脈西出之閭尾，有呂梁蘆芽等山，高出海面亦在二千公尺以上，西至黃河，勢漸低微。

河流　本區域河流，以黃河為主幹。自甘肅北來，經寧夏，納賀蘭山脈之水，迤而東流，有大青山脈之水來會，至托克托，折而南流，納呂梁山脈之水，黃河蜿蜒曲流成半環，所經區域，即所稱之河套。

盆地　最重要者為黃河盆地，自歸綏以西沿黃河，迄於五原，地勢平坦，長約八百里，寬約十里至一百六十里，高出海面一千二三百公尺。南迤鄂爾多斯平原，北界大青山，烏拉山，色爾騰山，狼山，高於盆地者約六七百公尺。黃河盆地皆為近代冲積層所成，土質肥沃，河流交錯，為墾植重要之區。初視之，盆地層似黃河侵蝕所成之寬谷，然細察其與山嶺之關係，皆以東西斷層間之盆地成斷層之俯側，黃河生成，殆在地層陷落以後也。

地文期　本區域因地形之不同，地文期大概可分為五期，為北台期，唐縣期，汾河期，清水期，板橋期。北台期之侵蝕地面為一大原，凡現在之高山頂悉屬之。以前地面大致平坦，惟起伏之狀頗為顯著，組成此侵蝕平原之岩層，為由太古代至侏羅紀之地層。蓋自下白堊紀之地殼運動發生後及第三紀之初期。唐縣期歷中新世，為壯年時代陸地造成之時期。所謂壯年期之陸地，即谷平坦寬廣之谿谷，與起伏蜿蜒之低山而成者。烏拉山北坡之梯地，高於河床六七十公尺，就礫石存在之情形，可見其沉積之際所佔地面必廣，而現在之河床其時尚未造成。汾河期歷上新世之末期，或更新世之初期，被侵蝕之情形似唐縣期，惟當時之地形仍谷廣河寬，成一壯年中期之形狀。清水期自汾河期以後，本區域地面再行隆起，侵蝕復活。汾河期地面被當時河流沿故道侵削而下。在大青山最為發育，在溝渠內時有黃土分佈，生成時期為更新世。板橋期自更新世以迄於今，本區域地面略受扭曲之影響，故河流之侵蝕復活，造成陡而淺者之河谷，即最近之地形也。

第七章　結論

溉灌為水利功用之最著者，在黃河中游已有其悠久之歷史。值此國衰民窮之際，巨額資款，未易猝求，為事半功倍計，正宜就原有事業，擴充整理，以資憑藉而圖發展。寧夏方面，已有良規，建設當局，更多努力，前途擴展，正未可量，河套方面，冲積甚厚，引渠灌溉，即成沃壤。徒以缺乏整個計畫，致成效未能顯著，輒復聽其荒廢，風沙飛揚，瞬成漠邱。現當局爲治本之計，移兵屯墾，並已組織測量隊，實測河套全境，以爲整頓計畫之張本，是與切中肯要之舉。包頭托縣間又係冲積平原，民生渠縱貫其間，關係民生至重，惜以計畫未臻完善，巨欵幾等虛擲，當局亟當切實設法以圖補救。此外其他沿河灌溉，隨在多有，亦應竭力提倡，俾得水無虛糜，地盡其利，則所以增加國家富源者，將不可勝計矣。

開發西北，交通實居首要。現包寧間雖盛倡修築公路，而時局多故，難策行旅之安全，耗費過大，亦違經濟之原則，至於包寧鐵路，在短期間內更無實現之可能，故黃河航運，仍有其存在之價值與發展之必要。包頭以上，固無論矣，即包頭以下，又何莫不然。年來河套方面，農產極豐，徒以無處銷售，竟致穀糧積久腐爛，用代薪火，至爲可惜。如能利用水運，移河套之糧，救晉陝之災，其爲功德，曷可勝言。前者於整頓航運，言之綦詳，當局應知所注意矣。

晉綏當局，現正從事修築同蒲鐵路，將來擬以支路通河曲，俾與黃河水運相接，規畫甚爲遠大。惟托縣河曲間水運既難整理，則如將鐵路通至托縣，當可省去航運極大困難。是項計畫。如何方能獲得最大之經濟，須待詳細比較研究而定，而其先決問題，則測量工作是已。

水力發電亦爲水利要項之一。寧夏河口鎮間坡度極小，兩岸平原，自無可能。河口以下，似可利用。但此項事業，需欵至巨，且附近無大工業可以用電，誠恐得不償失，固無妨從緩也。

森林培植，與治河不無關係，惟需時甚久，收效極緩，且非大規模舉辦不爲功，如爲經濟所許，自可加以注意，否則俟之異日可爾。

黃河中游，水在地中行，無堤防之設，雖偶有洪水，而氾濫荒原，亦復無人注意。現擬整理河槽者，只所以爲舟楫闢可航之路，並非如下游之防災者也。雖然西北開發已具決心，此後蒸蒸日上，可以預言，他日繁茂，亦正無異於中原，而其重視黃河，更將什倍於今日。則現時綢繆，自極所宜，水文雨量諸站，有即刻設置之必要，地形及河道測量，亦應同時並舉，以備應用，否則是項紀載永付闕如，雖有巨款，何能施工。此有關國家命脈之水利事業，甚望不爲國人所忽視也。（完）

中國第一水工試驗所籌備經過

按水工設計，往者率僅依據學理與過去之實際經驗，故進步未速，費省效宏之精當辦法，須經再三實際建設之逐步改進，方克確定，彼時實無異以數千百萬之各個工程為試驗之所資，有乖經濟之道，既彰且著，孰如將水勢冲刷沉澱之原因，河身曲屈坡度之關係，與夫理想中堤防墻壩之設置，均先以模型詳加試驗，以精確之結果，洞悉其實在效用之質量。故凡重要及新穎計畫之完成，最好先行試驗，藉免理想未週，實施以後，效果未如所期，致工款不免有虛耗之虞，歐西各國，近數十年來，均認水工試驗，為輔助研求精當水工設計最經濟最確實之方法，爭相設立水工試驗所，以資解決，尤以德國為最多。惟我國則尚付闕如。

民國十七年九月本會成立之初，李主席儀祉及李委員書田因昔時曾經親歷德國各大水工試驗所，深信為解決各項水工建築之如何方克極度適宜，有籌設水工試驗所之必要。爰於十七年九月二十六日本會舉行第一次委員大會時，因荷政府曾允退還吾國庚子賠款專作研究黃河之用，經決議建議至建設委員會，以荷蘭賠款籌設河工試驗場，同時於十七年度預算書臨時費項下，開列設立水功試驗場經費八萬元，亦提經第一次委員大會議決通過。初時以建議既未能辦到，而臨時費預算復未經核准，無法進行，至十九年一月，本會前項預算及臨時費，始均由前中央財政委員會核准，並由建設委員會據咨財政部催撥。本會徐委員世大乃赶即擬具創設規模較鉅之水工試驗所計畫，其中關於房屋之建築，設備之節略，均經規擬就緒，並繪製圖案，估需工款十五萬元，其不敷之數，擬與國立北平研究院及國立北洋工學院各學術機關商的補助，並提經十九年一月十二日本會第七次委員大會議決，交常務委員會擬定詳細計畫。嗣即着手進行，未幾因軍事關係，本會經費，拮据異常，該項詳細計畫，亦遂遲其完成，嗣本會因李君賦都留德有年，對於水工試驗，尤具試驗，特遴派為本會正工程師兼司進行水工試驗所之詳細計畫。

厥後軍事雖告終了，而中央財力未復，對於本會設立水工試驗所之臨時費八萬元，迄未撥發，而本會設計各項水利工程，每有需於試驗之處，不得已，乃擬採李正工程師賦都之建議，就會內隙地，設一臨時水工試驗所，規模較小，所費無多，籌集自較容易，隨亦將計畫書及圖案分別擬具完備，經十九年十一月三日本會第八次委員大會議決，從速籌辦臨時水工試驗所，並仍與學術機關接洽合作，俾興建原計畫之水工試驗所。是時因本會李委員書田曾於十八年促河北省立工業學院添設水利工程學系（嗣該院添設市政及水利工程學系）之關係，往返洽商合辦，旋准該院正式函請合辦，雙方議定辦法。於二十年一月九日本會第六十七次常會議決，本會與河北省立工業學院，合辦華北水工試驗所，各負開辦設備費之一半，除由該學院撥給空地為所址，及由該院陸續撥存一萬五千元外，並由本會於每次領到經費中，儲存十分之一，作為專款，暫以陸續儲至一萬五千元為度，不敷之數另行籌集。嗣即將雙方陸續撥發款交由本會與該院共同推定之華北水工試驗所工款負管委員會委員彭委員長濟群李委員書田魏院長元光三君負責保管，作為將來建築及設備之用，同時對於詳細規畫之設計，積極進行，是時設立臨時水工試驗所之議遂寢。

迨計畫書經李正工程師賦都擬定後，估計第一期房屋建築費及初步設備費，共需洋八萬五千元，而本會與河北省立工業學院所集工款，尚不及半數，乃於二十年四月暨二十一年六月，兩次與該院會銜函請中華教育文化基金董事會，要求補助，均未邀准，不敷之款遂不得不另行設法矣。

至二十二年春，擬即以所存工款，先行興建基本部分，俾早日應用，再一面籌措不足之數，以期逐漸完成。但其時河北省立工業學院，擬添建圖書館，地址不敷，函商變更水工試驗所地基，經函復如不妨礙將來水工試驗所之建築，自可贊同。嗣該院圖書館修造完竣，佔用前為水工試驗所指定地基一段，致不敷將來擴展之用，經本會迭次與該院往返磋商，乃改訂在該院西北隅建築水工試驗所，當派員前往測量，比原基地尚長，更較合宜。然因基地之變更，致原計畫亦須連同修改，復以該項計畫，原為本會正工程師李賦都所設計，時該員正代表冀魯豫三省政府在德國明星水工試驗所協助德水工試驗專家恩格爾教授試驗治黃方法，特函囑其就近與恩格爾教授及漢諾勿工程大學方修斯教授等研究華北水工試驗所計畫，以期盡美盡善，所有圖案，均經寄交該員參考，同時並就所儲工款利息項下，撥洋二千元，為該員旅德研究計畫之補助費。

至二十二年八月，李正工程師賦都自德歸國，華北水工試驗所計畫，經德國專家審查，認為允當。是年九月十五日，本會舉行第十八次大會，遂將修正水工試驗所計畫，提出討論，經決議分別最需要工程，按期進行。同時以黃河水利委員會李委員儀祉，贊同合作，並允撥款三萬元，促其實現，本會當以黃河水利委員會復經加入，將來倘擬與導淮委員會接洽撥款協助，及徵求其他水利建設與學術機關合作，勢須組織一董事會，付以處決所務推進方針籌措與保管經費，及擴充試驗設施之全權，俾易與各合作機關聯絡而便進行，且負水工試驗研究之人，亦宜有固定保障，庶得長期專心試驗與研究，不至受各合作機關長官更迭之影響，經先期徵得河北省立工業學院之同意，擬具組織華北水工試驗所董事會案，並附董事章程草案，於是日決議，修正通過，華北水工試驗所之名稱遂修正為中國第一水工試驗所。

中國第一水工試驗所董事會章程

第一條　內政部華北水利委員會為協力辦理中國第一水工試驗所起見特邀同各合作機關組設中國第一水工試驗所董事會

第二條　本會會址設於天津

第三條　本會之職權如左

一，保管試驗所之一切房地及設備

二，審定試驗所之試驗計畫

三，審定試驗所之擴充計畫及設置試驗段計畫

四，任免試驗所之重要職員

五，審核試驗所之預決算

六，保管與經理試驗所之基金

七，審定並刊行試驗研究結果

第四條　中國第一水工試驗所各合作機關之長官或各合

作機關之代表爲本會之當然董事

第五條 本會除當然董事外設董事九人第一屆由華北水利委員會大會就國內水利專家中選聘之內任期三年者三人任期二年者三人任期一年者三人以抽籤定之嗣後每年由當然董事共同推薦六人提交本會票選三人連選得連任

第六條 本會設董事長一人副董事長一人會計秘書各一人第一屆由華北水利委員會大會就董事中選聘之嗣後由各董事互推之任期一年連選得連任

第七條 本會董事均爲名譽職

第八條 本會每年於七月內舉行年會一次遇必要時董事長得隨時召集臨時會議

第九條 本會以董事過半數之出席爲法定人數以出席董事多數之同意爲表決

第十條 本章程如有未盡事宜得由本會修正函送各合作機關並呈送內政部備案

第十一條 本章程經華北水利委員會大會通過後施行並分別函呈各合作機關及內政部備案

旋即根據中國第一水工試驗所董事會章程，以合作機關長官黃河水利委員會李委員長儀祉，河北省立工業學院魏院長元光，及華北水利委員會彭委員長濟羣爲當然董事，票選國內水利專家九人爲董事，抽定任期，並選聘董事會職員如次。

任期 三年 董事 須 愷 王季緒 許心武

任期 二年 董事 陳湍恩 張自立 徐世大

任期 一年 董事 張含英 李書田 陳懋解

董 事 長 李儀祉

副董事長兼會計 李書田

秘 書 徐世大

當經本會照錄中國第一水工試驗所水事董會章程，暨選定之董事職員姓名，函送各合作機關查照，並專案呈奉內政部令准備案，所有董事會之董事職員，亦由本會依照決議照章函聘。嗣董事會即於是年十月一日組織成立，在水工試驗所未完成以前，暫假本會內辦公。前華北水工試驗所工款保管委員會，迄是時共經管本會及河北省立工業學院撥存款項及利息共三萬三千八百零六元四角，是年秋，本

20064

會復以二十一年度經費結餘之一部分一萬三千八百九十六元九角七分，撥充水工試驗所工欵，共計四萬七千七百零三元三角七分，一併於董事會成立後，移交接管。旋國立北洋工學院亦加入為合作機關之一。

董事會成立後，水工試驗所經常費，暫定為每月一千元，自二十二年十月份起，由本會及黃河水利委員會月各撥三百五十元，河北省立工業學院月撥二百元，國立北洋工學院月撥一百元。其用途亦經二十二年度十月十日董事會第一次會議決議，除每月支送籌備專員李賦都君薪俸外，餘款在水工試驗所建築完成以前，可隨時選購參考書籍，與有關期刊，及最低限度辦公必需之用品，與支付辦公必需之用費；在試驗所完成時，積存之經常費可作為備購辦公必需之桌椅櫥櫃及重要用具等。該籌備專員李賦都原為華北水工試驗所籌備專員，在本會及河北省立工業學院支薪，即於是月起，改由董事會支給，提經本會二十二年十一月十七日第九十六次常會通過，並呈奉內政部令准備案。

董事會成立以來之工作，一方為積極進行詳細計畫，一方為徵求合作機關，以謀工款之增益。關於前者，業由該會籌備專員李賦都擬具完竣，因合作機關既多，規模較大，故全部估計，共需洋三十七萬元，但可分期建設。關於後者，亦經該會分向各水利建設機關徵求合作，請認撥工欵，促成水工試驗所之早日實現，計淮兩會一院一局先後正式函復加入，並各認撥工欵之一部，計國立北洋工學院認撥五千元，太湖流域水利委員會認撥二千元，建設委員會模範灌溉管理局認撥一千元，導淮委員會認撥英庚款兩萬元，以為購料之用，連同原存之四萬七千七百零三元三角七分，及黃河水利委員會認撥之三萬元，共計已集有十一萬元之譜，惟不敷尚鉅。

故董事會於二十二年十二月十九日第二次會議，對於不敷工欵，應如何籌足，曾提出討論，當經決議，請張董事自立，向浙江省建設廳接洽，並通知籌備專員李賦都，將初步建設經費縮減，以十一萬元為限。其關於試驗所計劃進行，及招請富有工程學識之工程公司承建一案，亦經議決，由駐津各董事負責辦理。嗣李專員即將初步建設經費，遵照縮減，董事會乃決定先就已籌工欵，進行初步建設，當即積極籌備，規定初步工程建築範圍，擬定施工細則，招標章程合同暨標單等。於二十三年五月一日登報招商承包，於同月二十日在董事會當衆開標。所有監視開標及審標事宜均由該會駐津各董事辦理。計投標者共八家，結果以施克孚公司所投標價十一萬八千五百五十九元為最低，即決定以施克孚公司為中標人，與之訂立正式合同。

惟水工試驗所工款雖經董事會籌有十一萬餘元之譜，然除導淮委員會擔認以英庚款二萬元，在英購置機器外，現款及認撥工款共祇九萬餘元，計不敷約三萬元。經河北省立工業學院魏董事明初於審標會議中，慨認再增撥一萬元，餘數當由本會並由水工試驗所董事會商請其他合作機關酌增撥足用。

現水工試驗所初步建設工程訂於六月一日奠基開工，預計本年秋季即可竣，開始試驗。

綜上係中國第一水工試驗所籌備經過情形，本會爰撮要撰為是編，用誌不忘。所有該試驗所嗣後設計試驗研究之結果，當由該所董事會陸續編刊，公諸社會焉。

會務報告

第十九次執委會議

時間　廿三年九月十九日下午七時

地點　法租界豐澤園

出席委員　呂金藻　高鏡瑩　雲成麟　王華棠　劉家駿　宋瑞瑩　魏元光（劉家駿代）

張潤田

主席　呂金藻

一、開會

二、決議事項

（一）第一屆年會原定九月二十三日舉行，茲查該日適值夏曆中秋節，延至九月三十日在天津市立師範學校舉行。

(二)初級會員韓琦仲會員耿秉璋函請升級，經審查與會章相符，應即照辦。

(三)審查新會員資格，通過錢寶與爲仲會員，劉德利　舒文凱　李丕濟　方愷爲初級會員。

三、散會。

第二屆年會紀事

本會第二屆年會經呂金藻王華棠張蘭格三委員積極籌備，其通函如後。

敬啓者，本會第二屆年會，業經執行委員會議決準於九月三十日在津舉行，所有本會應行致力事項，諸待商決，　諸君提案，能早擬送本會固佳，否則請先示知題旨，以便列入議程，預備研討，慨自九一八後，我河北省在地理上已處特殊位置，凡百事業，莫不大受影響，改良，補救，未容或緩，本會會員，志在建設，尤屬責無旁貸，此屆年會，務祈　惠然蒞止，各抒讜論，俾資發展，無任歡迎，如承挈眷同來，相與參觀津市重要建設事業，當必更饒興趣，此啟。

九月三十日上午適值大雨，惟到會者仍踴躍，計有以下二十人。

張伯苓　魏元光　王華棠　閻樹楠　揭曾佑　徐連成　李吟秋　呂金藻　高鏡瑩　孫相霑

宋瑞瑩　閻書通　杜聯凱　徐邦榮　顧　敏　張蘭格　雲成麟　劉子周　孫松年　史靖寰

（王昭章代）　林成秀（呂金藻代）　李書田（王華棠代）

九時半在市立師範學校會議室開會，由主任委員呂金藻主席，致開會詞後，名譽會員張伯苓先生講演，大意如左。

本人被選爲本會名譽會員，得與此桑梓建設之技術團體，發生關係，至覺光榮。本會之成立，並非有封建思想，並非主張排外。實因國難期間，河北省已處於邊防地位，本省人應當組織起來，多負責任，在建設上求充實地方，鞏固國防。本會此種精神，實與本人主張相合，極覺快慰。中國人現在第一大毛病在自私，本會負責諸君，均本省工程界先進，能犧牲時間與精神，聯合同志，爲社會謀建設，奬掖後進，爲青年謀出路，此種合作不自私的精神，即是救中國之唯一秘訣。日前北平政委會黃委員長返平，現在積極進行者，不但辦理華北外交，戰區整理，並且要注意建設，本會即負此建設之使命，責任至爲重大，前途至爲光明。云云。

嗣即舉行會務會議，由會務主任王華棠會計主任張蘭格報告其會計報告，任主席指定閻書通杜聯凱二君負責審查。繼討論以下提案。

（一）修改會章，添機關會員，以期與各學校機關或公司作密切之合作，藉謀會務之發展案

20069

。

(二)呈請當局在各縣設縣工程師，以資提倡地方建設事宜，此項工程師以選用本省籍工程人才爲原則案。

(三)呈請省府督飭主管廳局，對於黃河堵築決口善後工程，嚴加注意，並積極修築護堤工程，以免再度決口，而致黃河奪道北流案。

(四)呈省府請飭井陘礦務局，將近年來之營業狀況及進行方針，詳細宣布，以釋羣疑案。

(五)分電北平政委會河北省府及鐵道部，積極興築滄石路案。

(六)呈請北平政委會及河北省府，對于戰區各項問題，早日解決，並提倡各種建設事業，以蘇民困而固國防案。

(七)函華北水利委員會對於平東水災區域，從速研究治理方案，及早實施案。

以上諸案，均經通過，交由執行委員會分別辦理。

本會執行委員現應改選三分之一，以前發出之選舉票，迄日昨止，收回七十八張。茲經主席指定閻書通閻樹楠杜聯凱顧敏四君當塲開票，結果如左：

王華棠 六十三票　李書田 六十二票

呂金藻 五十三票　劉振華 三十七票

劉家駿　三十四票

以上五人得票最多，當選。十二時半閉會，旋赴大華飯店聚餐，下午十二時方散。

會務總報告

民國廿三年九月三十日

本會自民國廿一年九一八成立，瞬經兩載，同人等受會員付託之重，本既定方針，積極進行，幸賴各方贊助，得以日臻發達，茲値第二屆年會之期，謹將會務經過狀況，擇其重要者，編敍如次，幸垂察焉。

（一）會員：本會成立，雖僅兩年，會員人數，增加至速。現時名譽會員十人，會友五人，會員一四五人，仲會員六三人，初級會員一四三人，學生會員一二人，共計三七八人。

（二）開會：兩年以來，除成立大會，及第一屆年會外，共舉行執行委員會議十九次，隨時討論會務進行事宜。會員聚餐九次，藉資聯歡，每次由會員或會外名人講演，會員對此最感興趣。

（三）會所：本會本擬妥覓會址，以便籌置圖書及各種設備，惟以經濟不甚充裕，未克如願

20071

。嗣擬與北洋大學畢業同學會合辦，迄今仍在籌畫中。在會址未定以前，暫假義租界華北水利委員會內辦公。

（四）月刊：本刊編輯，內容充實，所選材料，務求切合實用，兩載以來，極得各方之佳評。近更實行分工合作，分出各種專號，俾得益臻精審。本刊印刷費賴廣告費收入，以資挹注，惟爲數無多，仍須由會費中撥款補助，遂致有時不得不出兩月合刊，藉事調劑。

（五）信約：本會信約，業經第十六次執委會議規定如左：問學必勤，任職惟忠。清廉自矢，節儉持躬。同業互助，合作分工。儘用國貨，貫徹始終。

（六）會徽：本會會徽式樣，經執行委員會審定後于本年三月間製妥，係銀質，按每枚三角分售會員，以資佩帶。

（七）會證：本會會證，現在甫經製就，規定在年度開始時繳納會費後由會務主任簽署發給，有效時間爲一年。

（八）職業介紹：本會設有職業介紹委員會，凡本會同人欲謀相當工作，或某機關欲聘適當技術人員者，本委員會均可代爲登揭廣告，以事介紹或徵求。前天津市政府及華北水

20072

利委員會徵聘人員時，本會代爲辦理，均獲相當效果。

（九）土地整理之研究。 現國民政府，對于全國土地整理，頗具決心。本會鑒于此種工作之綦重，及工程師所負責任之重大，特組織土地整理研究委員會，專門研究將來實施測量問題。俟有結果，即在本會月刊發表，並貢獻當局，以備採擇。

（十）工程徵文。 本會爲提倡工程教育獎勵後進起見，特於今夏向國內大學獨立學院，或專科以上學校內冀籍之工科學生舉行徵文。題目爲「復興河北農村建設方案」。結果河北省工業學院學生張振典君中選，獨獲獎金三十元。其論文將在月刊發表

（十一）河北省工廠情形之調查。 本省新式工業，雖有三十餘年之歷史，而現時能存立之工廠，實極寥寥，且多在風雨飄搖之中。本會擬定格式，切實調查，以便知其眞像，向當局建議救濟之策，調查所得，均在本會月刊陸續發表。

（十二）河北省經濟資源之調查。 經濟資源之調查與統計，爲企業者之南針，確屬不容漠視。本會有鑒于此，已着手此項工作，將來彙編成册，供獻社會，不僅裨益經濟之發展，即本會同人工作之前途，亦利賴之。

（十三）促辦本省水利。 河北省境永定大清等河，爲患最烈，而政府迄未能指撥鉅欵，舉辦治本工程。本會于去年六月間電行政院內政部及河北省政府，請以棉麥借欵之一部，辦

20073

理此項事業，雖未邀允准，然已喚起當局深切之注意。今年春間，本會對于黃河之堵築決口工程及培修金堤工程，亦曾電陳當局，促其俯察輿情，限期辦理。前月更以政府決將海關附加稅延長，辦理永定河海河工程，關係桑梓民生至重，分電當局表示意見，務期治本工程于本秋起始。

（十四）**注意培養初級建設人才**。 河北省初級建設人才，極感缺乏。本會曾于去年八月，函請河北省教育廳劃撥經費，設立農工科高級中學各一所，授以有關農工建設各項課程，，養成普通建設行政人才。該時廳方以省欵支絀，未能照辦。現已時逾一載，當局對于職業教育，似有新覺悟決加注意，本會仍當本原來主張，與之繼續接洽，俾得早日實現。

（十五）**會員近況之調查**。 本會會員因職務關係而變更住址者，隨時均有。本會對此雖倍極注意，一經報告，無不即予改正，但寄送刊物，因住址不明退回者爲數仍多。除本會決定每年將會員錄增訂刊印一次外，更印就會員通訊紙兩種，一係近況自述，一係更改住址通告，望會員能隨時填寫，通知本會以便在月刊上刊佈更正，藉得聯絡感情，互通聲氣。

（十六）**整頓縣建設局之建議**。 河北省建設事業，未能有長足之進展，其主要原因，當係縣建設局長之不能勝任。本會擬向當局建議，謀根本改造之方，設縣建設工程師，以大學工科畢業生充任之。此項辦法，將先于年會中提出討論，以昭愼重，俟通過後，再向當局建議施行。

(十七)諮詢委員會之籌設　本會為補助公衆解決工程上之疑難問題起見，擬設一諮詢委員會。現已推定負責人員草擬詳細具體辦法，不久當可實現。

(十八)井陘礦局實況之詢究　井陘煤礦，蘊藏富厚，煤質純良，惟近年來之營業狀況，社會莫明眞像，以致傳說紛紜，無從臆測。本會以該礦之成敗，關係實業前途特重，擬與河北礦冶學會聯呈省府，請飭該局將近年來之營業狀況及進行方針，詳細宣布俾明眞像而釋群疑。目下方在接洽進行辦理中。

(十九)經濟狀況　本會經濟，全賴會員會費之收入，會員人數雖時有增加，而繳納會費者實佔少數，會中開支因會務進展，日見擴大，故望會員能踴躍繳費，以期收支兩項，至少可以相抵。兩年來經常收支概況，另表刊布，以供參閱。

執行委員會報告

會計報告

由民國二十一年十一月一日至二十三年九月二十八日止二年收付款項列後

收歘項下

一、收會費	洋壹千零九十一元九角三分
一、收廣告費	洋四百十八元三角七分
一、收徽章費	洋二十四元九角五分
一、收售月刊	洋拾七元二角二分
一、收雜　入	洋二元正
一、收會務處	洋四十七元二角八分
一、收獎學金	洋四十元正
一、收通成公司墊歘	洋三百十一元三角一分

以上共收洋一千九百五十二元九角五分

付歘項下

一、付印刷費	洋一千二百七十四元三角六分
一、付文具費	洋四十五元四角六分

20076

一、付郵電費　洋一百十五元六角八分

一、付津貼薪工　洋一百二十元正

一、付會務處郵票　洋拾元正

一、付編輯部　洋三十五元二角八分

一、付購徽章費　洋六十元正

一、付張振典獎學金　洋三十元正

一、付各報館及登廣告費　洋七十元零零六分

一、付會務處　洋八元正

一、付雜費　洋一百九十四元九角九分

以上共付洋一千八百六十三元七角三分

收付相抵結存洋八十八元二角二分

計會務處二十七元四角五分

計編輯部存五十一元七角六分

計會計處（郵票）洋九元零一分

收通成公司墊款洋三百十一元三角一分

除三處存欵相抵不敷洋二百二十三元零九分

河北省工程師協會簡章

二十三年九月三十日第二屆年會修正

第一條　本會定名爲河北省工程師協會

第二條　本會以聯絡工程專家闡揚工程學術發達本省建設事業爲宗旨

第三條　本會設總會於本省省會所在地遇必要時得設分會于本省其他各大城市

第四條　會務

一、集會通信刊佈會員消息以聯絡情誼

二、設立圖書館搜儲有關技術之書報圖型以便利研究

三、刊行著述以發揚學術傳佈新著

四、設各種委員會以策工程之進步而謀本省建設事業之發展及技術制度之劃一

第五條　本會設執行委員會處理一切會務委員十五人於年會前由全體會員票選之任期三年每年改選三分之一

第六條　執行委員會設主席委員一人委員兼會務主任一人委員兼會計主任一人委員兼編輯主任一人由委員中互選之

第七條　本會會員分爲會員仲會員初級會員學生會員名譽會員會友及機關會員七種

第八條　會員　凡土木建築機械電機礦冶紡織應用化學及其他專門工程學科工程師籍隸河北年滿三十歲確在國內外大學獨立學院或專科以上學校工程系畢業有八年以上實地經驗曾担負工程師責任三年以上者或名望素著成績昭彰之工程師已有十二年以上之實地經驗曾担負工程師責任四年以上者經本會會員或仲會員二人以上之介紹並得本會執行委員會審查認可均得爲會員其充專科以上學校工程專科教員者得照

以上之資格由執行委員會酌定

第九條　仲會員　如第八條所載各科工程師籍隸河北年滿二十五歲確在國內外大學獨立學院或專科以上學校工程系畢業有四年以上之實地經驗曾担負工程師責任一年以上者或具相當之工程學識已有八年以上之經驗曾充擔負責任之工程師二年以上者經本會會員或仲會員二人以上之介紹並得本會執行委員會審查認可均得為仲會員其充專科以上學校工程專科教員者得比照以上資格由執行委員會酌定

第十條　初級會員　凡籍隸河北年滿二十歲曾在國內外大學獨立學院或專科以上學校工程系畢業者或由中學以上之學校出身而有四年以上之工程實習者經本會會員或仲會員二人以上之介紹並得本會執行委員會通過認可均得為初級會員

第十一條　學生會員　凡籍隸河北現在國內外大學獨立學院或專科以上學校工程系本科肄業者經本會會員或仲會員二人以上之介紹並得本會執行委員會通過認可均得為學生會員

第十二條　名譽會員　凡工程界領袖其學問精神為人景仰而能贊助本會進行者由會員或仲會員十人以上之提議經執行委員會全體通過得為本會名譽會員

第十三條　會友　凡在河北省內服務之工程師或非工程師而其科學事業足以協助本會者由會員或仲會員三人以上之提議經執行委員會通過得為本會會友

第十四條　機關會員　凡在河北省境內之機關學校公司或團體經本會會員或仲會員二人以上之介紹並得本會執行委員會通過認可均得為機關會員

第十五條　仲會員初級會員及學生會員至相當時期得函請執行委員會按章升級

第十六條　會員與仲會員有選舉權與被選舉權初級會員有選舉權

第十七條　入會費　會員四元仲會員三元初級會員二元學生會員一元會友三元機關會員二十元須於入會時繳清

第十八條　常年會費　會員四元仲會員三元初級會員二元學生會員一元會友三元機關會員二十元會員如一次繳足四十元者得永久不收年費

第十九條　本會每年舉行年會一次其會期由執行委員會定之

第二十條　本會辦事細則另訂之

第二十一條　本簡章如有未盡事宜得由年會議決修改之

第二十二條　本簡章由本會大會通過後實行

文件擇要

(一)行政院駐平政務整委會快郵代電（明字第一八〇號　九月二十五日）

天津河北省工程師協會鑒。案查前據該會儉代電，請繼續籌款辦理永定河工程一案，當經令行河北省政府核議具復，並於齊日代電復知各在案。茲據該省府呈復稱已令據建設廳整理海河善後工程處會呈稱，查整理海河未竟工程，永定河官廳水庫工程金門閘南岸放淤工程與培固永定河堵口工程及修理廣濬橫滾水壩工程。前經鈞府會同內政部呈准行政院，以津海關值百抽五稅收項下附征百分之八之收入，除收足財政部發行之疏濬河北省海河工程短期公債基金外，再予延長六年，為辦理上列各項工程之用。並指定由本廳處及華北水利委員會三機關分別辦理。現正由本廳處會同商借款項，籌備進行，並擬提前舉辦官廳水庫工程。如為事實所限，亦將上下游同時並舉，一俟借有的款，自當趕為興作，俾早觀成。等情。前來，除指令外，特電知照。行政院駐平政務整理委員會徑秘印。

(二)呈北平政整會及河北省府為陳述整理戰區意見仰乞採擇施行由

竊以我冀省襟帶豫魯，控引晉秦，為全國首要之區，當華北咽喉之地，自昔即佔軍事上重要位置。慨自東北淪陷，撤去屏藩，長城戰端，洞開門戶，遂使堂奧禁地，一變而為國防上第一道戰綫，強敵壓境，虎視鷹瞵，大好山河，幾非我有。嗣以塘沽協定，息弭干戈，於一定條件之下，遂有「弭兵區域」之設，哀我黎元，慘遭兵燹，顛沛流離，如燕處於半火之堂，魚游於將沸之鼎，茲幸甫解倒懸，暫安反側，慟定思痛，正宜稍蘇喘息，以期恢復舊觀。惟是兩年以還，匪患猖獗，毒氛彌漫浪，人則遍於市井，花會則滿於城鄉，天災人禍，紛至沓來，建設毫無，經濟破產，我災區人民，呻吟於水深火熱之中者，仍如疇昔。本會服務社會，桑梓情重，毖後懲前，不寒而慄，謹於本年九月三十日，在津舉行第二屆年會之際，於通過正式議案之外，凜匹夫有責之義，掬千慮一得之愚，僉以戰亂之餘。民生凋敝，尤宜慎選地方行政人員，以期刷新政治，而免外交糾紛，尤宜充實保安團警，澈底肅清匪患，以安閭閻，復查華北大勢，外患方興未艾，而國防雖遽佈置，計惟有安內以攘外，以建設代國防，是則於改革地方政治之外，尤宜積極提倡農林，以裕民生，修築公路，以便交通，疏通薊玉寶寧等處水道，以除浸潦，而興水利，獎勵農民附業，實行銷費合作，以充實農村之經濟力量，此外對於灤東一帶各項交涉未了問題，尤有早日解決之必要，以免夜長夢多，旁生枝節，據此諸義，本會爰經全體議決，分別呈請採擇施行，紀錄在案，事關華北安危，及國防大計，除分呈河北省政府鑒察外，所有本會議決呈請對於戰區各項問題，早日解決，並提倡各種建設事業各緣由，理合具文呈請鈞

北平政委會

會
府
鑒核俯賜採擇施行，實為公便。

（三）行政院駐平政務整委會批（定字第三四六號）

呈悉，所陳各節，誠為目前要圖，自宜酌核設施，以慰民望，除令行河北政府參酌情形辦理具復外，仰即知照。此批。

20081

(四)河北省政府批(第一六四六號)

呈悉。仰候分行各主管廳，及灤榆薊密兩專員採擇可也。此批。

(五)河北省政府呈請督飭井陘礦務局將近年營業狀況詳細呈報宣布俾明眞像而釋羣疑祈鑒核施行由

竊惟孔門論政，足食爲先。故欲期轉弱爲強，除全國上下殫精竭力開發實業增加生產外，別無良策。第凡事非錢莫舉，資源未易猝求。則當此民窮財匱之時，實惟有就舊有已成之事業，切實經營整理，俾得日新月盛，以資憑藉而謀發展。查吾河北省有之井陘煤礦，蘊藏富厚，煤質純良。據熟悉礦業情形者言，如該礦經理得宜，年可獲利數十萬元，以之撥充經濟建設資金，再加以官廳之倡導，人民之努力，則河北省之實業，當不難蒸蒸日上。惟該礦近年來之營業狀況，社會多莫明眞象，傳說紛紜，人各一詞，無從臆測。本會以提倡啓發本省資源，促進經濟建設爲宗旨。會員恐本省專門技術人才，均認該礦爲本省惟一之資源，其成敗關係將來實業盛衰之運命，期望實爲特切。該礦改爲省有，則省政府負有監督進行之責，擬請

鈞府令飭該局，將近年來之營業狀況，以及進行計畫，詳細呈報宣布，俾明眞象而釋羣疑，如該局有一所諮詢，本會亦可負責代爲策畫以資補助。理合具文呈請伏乞

鑒核施行，並批示祇遵。

(六)河北省政府批(第一四九九號)

呈悉，查本府河北月刊本年五六七三份，曾登載該礦二十一年概況，特將月刊檢發閱覽，至最近營業狀況，俟該礦務局詳細呈報，自當刊佈。此批。

公開講演

本會原擬自年會之日起舉行公開講演週，其演講人員及題目。均曾大致規定。嗣以時間及地点，諸多困難，不得不稍

事變更，爲改隨時遇機舉行。十二月間講演兩次，均在東馬路青年會大禮堂，一爲十月五日，王華棠君講「開發西北，」一爲十月十一日，雲成麟君講「食物與公衆衛生。」

歡宴水利專家大會

十月十八日至二十日黃河水利委員會及華北水利委員會均在天津舉行大會，到會者均水利專家及建設領袖。本會於十九日晚六時半在登瀛樓與中國水利工程學會天津分會聯合歡宴兩委員會委員及代表，藉盡地主之誼。計到會者如左。

陸近禮　鄭肇經　齊　璧　周普熙　陳懋解　王應榆　謝志安　曹瑞芝　王柏臣　羅勿四

譚述言　蔡亮工　李儀祉　須　愷　許豪士　張伯苓　史清賓（王昭章代）雲成麟　吳樹德

呂金藻　王華棠　宋瑞瑩　李書田　高鏡瑩　陳昌齡　王　鎔　董貽安　徐世大　駱曾慶

劉　燕　舒文凱　耿瑞芝　劉介塵　張金鱗　張蘭格　姚文林　徐邦榮　劉蒓祺　蔡邦霖

劉家駿　張潤田　李吟秋　閻書通

餐後李書田君代表兩會致歡迎詞，李儀祉君致答詞。八時半盡歡而散。

第二十次執委會議

時間　二十三年十月二十六日下午七時

地點　法租界老北安利

出席委員　呂金藻　高鏡瑩　劉家駿　李吟秋　宋瑞瑩　王華棠　張蘭格　李書田　雲成麟

魏元光（劉家駿代）

主席　呂金藻

一、開會

二、決議事項

（一）執行委員業經年會改選，應另行互選各主任，結果如次。

主任委員　呂金藻

會務主任　王華棠

編輯主任　李吟秋

會計主任　張蘭格

（二）組設以下六種委員會，以利會務之進行。並推舉各委員會主席如次。

職業介紹委員會　李書田

工程諮詢委員會　閻書通

會程委員會　王華棠（會務主任為當然主席）

出版委員會　李吟秋（編輯主任為當然主席）

財政委員會　張蘭格（會計主任為當然主席）

會員委員會　　高鏡瑩

每委員會設委員五人。由各主席物色人選，於下次執委會議時提出之。以後執委會議時，各委員會委員均應列席。

（三）審查新會員資格。通過王毓鋭于桂馨劉寶善爲會員。周景唐徐運城，爲初級會員。

（四）將兩年來所收會員會費及月刊廣告費加以清理，報告下次執委員會議。

（五）通過會證式樣，自本年度起，會員繳費後卽行發給。

（六）據井陘縣棉石渠籌備處主任馬作霖函請本會估計測量費用，事關水利建設，應卽盡力幫忙。估計函復。

三、散會。

20085

會員消息

(一)梁錦萱

通信處：山西太原同蒲路南段工程局

職業名稱：正工程司兼工務科長

(二)張慶灃

通信處：太原首義街二十八號

(1)我之近況：我現下投太原西北機車廠，和同蒲路工程局，找一工作，但是該廠甚至於一個薪金八元的製圖員，還得強有力的介紹，路局方面，無有用人之權，指由閻錫山主任部下之築路指揮部任用，尤其是惹人注意的山西十年計劃，口口聲聲的極端採用技術人員，可是除去幾個能勝大任的幹練人才外，只許山西人有投効的機會，所以我這學識落後的人，更無法進行一切，只可等待幾個親友們，竭力幫忙，或者有一綫曙光，大勢不易。

(三)王欽章

通信處：天津河北磊公祠新民棉織公司

(1)我之近況：於今年二月間因華新紗廠改組去職，刻在新民棉織公司住閒，本擬組織織廠，奈因市面欠佳，新廠不易，未敢冒險成立，謀事苦無機會。

(2)對於總會之希望及建議：希望總會在可能範圍內給會員一種新的學識，隨時徵求各會員特別經驗，公諸大家，以備參考，總要使各會員對會有相當之認識與希望。

(四)魏壽崑

通信處：S.K.Wei,
Institut Für Furben und Textilchemie,
Dresden A,24, Bergstr, 66c, Germany,

(1)我之近況：我來德已逾三年，在國內習鑛冶，來德後讀色染化學，第一年肄讀於柏林工大，第二年轉此間特第斯頓工大，國內北洋學位蒙學校完全承認，已於去秋完成，特許工程師論文，經教授評閱，認成績在最優之上，去冬起始工學博士研究工作，明夏希能結束，在德一方面注意人造染料之製造，一方面注意其應用技術，而對於煤膏(Coal tar)副產物工業由爲注意，蓋該工業乃人造染料，炸藥，及香料並藥料三工業之基礎，其工廠昇平時代製染料香料以營利，遇有戰事，則可專製炸藥及毒氣，乃國防上不可缺少之重工業也。

(2)希總會幫忙者：國內有副產物煉焦爐者只井陘一處，前閱鑛冶雜誌載有朱行中先生一文，關於該鑛石家莊煉焦廠有所記述，惟不甚詳盡，願請總會對於該廠作一詳細調查，舉凡沿革，工作情形，組織，營業狀況，出品銷路，及成色，並將來發展計畫等等，均願得知其詳，該副產物煉製等機器未審係來自德國否？現聞中央研究院有注意井陘副產物擬製藍靛之說。

(五)王恒源

通信處：河南六河溝煤礦

(1)我之近況：廿二年一月離井陘正豐煤礦改任察哈爾省建設廳技正，廿三年七月改任河南六河溝煤礦礦師。

(六)李瑞芸

通信處：江西玉山浙贛鐵路玉南段工務第一分段

職業名稱：第一段段長

(1)我之近況：自杭江鐵路改組爲浙贛鐵路後，即被調爲玉南段第一測量總隊第一分隊長，率領員工共六十餘人，測量玉山至上饒一段路綫，四十公里一個半月測竣，業於七月一日成立工段，被改派爲工務第一分段長，管理玉山至沙溪一段路綫工程進行事宜，路基橋梁俱各開工，預計明年三月間可以舖軌。

(2)對於總會之希望及建議：1.本會成立以來，會務頗爲發達，會員已達三百餘人，其中不乏工程界鉅子，鄙意各級會員，宜本個人學識經驗著述切實有用之文，刊諸本會月刊，不特可供工程界參考，且可爲新進工程家之指導，則本月刊之價值益重。

2，會員錄通訊處似宜再從詳調查改正之。

（七）胡源深

通信處：平漢路邯鄲車站怡豐公司

職業名稱：經理

（1）我之近況：如常，現擬創辦一小煤礦，俟有成績，再爲奉告。

（2）對於總會之希望及建議：希望月刊登載前所調查之河北省各種工業，各地小工業，（或云農戶副業）如南欒清豐兩縣草帽辮，高陽一帶織布，永年南和一帶煤窯，尤宜注意調查登載，蓋處今日之政治經濟狀況下，欲圖大規模企業，恐爲至難，改良，促進，小工業，最爲緊要，收效似微，實根本辦法也。

又十六次執委會第五項有提議整頓井陘煤礦，欲與河北省礦冶會聯絡，該會現由馬君伍道負責辦理，馬住北平王府倉香家園九號，特此通知。

（八）門厚栽

通信處：天津西頭鈴鐺閣街魏家胡同內三座號胡同五號

職業名稱：德孚洋行化驗室化驗員

（1）我之近況：我早已有志研究色染事業，不過這問題太重大太複雜，所以把志願縮小來說，只就將色染工程以科學方法如何進步改良這一項去作。今夏七月間謀得德孚洋行化驗員一職，固然可以漸漸的習得色染方法的經驗，但是對於各種色染上所用的助劑的化學性質及其對於色染上所發生的效能與原理，還沒有一種書籍雜誌用之以作研究之途徑。

（2）對於總會之希望及建議：一學術會之是否有價值，在其內部之能否充實，全會員是否對會務注意與協助，吾會雖僅成立將二週年，但賴諸執委努力振扶，實感欣佩，惟會中各種會務鄙人以爲尚須努力者如下（1）月刊當充實內容，多徵稿件，內中似多偏於機械，土木，採冶文字，可徵關於化工，染，織等文字以期普遍（2）各種會務，希在可能範圍內能實現者爲幸

(九)張子舟

通信處：易縣城內縣立女子小學校

職業名稱：會計兼庶務

(1)我之近況：受經濟之壓迫窮苦至矣，雖服務學界，每月所得十二元，不足以養妻子，何能上事父母，日夜不安。

(2)對於總會之希望及建議：希望貴會日進發展，給同仁等設法謀出路。

(十)張蘭格

(1)我之近況：我現任天津通成公司副經理。担任此職已有四年，本人的生活尚稱安適。子女有半打，雖均在幼齡，膝前歡笑，樂且融融。但每顧目下普通社會狀況，不但文化生活毫無提高，物質生活，亦因列強採用集團經濟加緊侵略，日趨艱窮。平民無知者，失業人數究有多少，不值得我們高級社會去注意(?)。現在失業的恐惶逐漸逼到高級社會人們頭上來了。我的朋友多位，雖受高等教育，仍在失業。照此僅顧自已，胡亂過下去，將來我們子女恐亦難逃失業之苦。所以我本人的近况雖尚不惡而我的意志，無日不在憂慮中。

(2)對於總會之希望及建議：有上述的原因，我對總會的希望，就是要把總會確實做成一個總會眞正會員結合的會，不是十餘人的會。先由眞實團結，漸向集團經濟路上走去。我們會員數百人，俱是技術專家，如肯肩起責任，共圖改進我們河北省的集團經濟，我覺的前途很有光明的希望。那麼第一步先勸會員盡量利用通信篇幅，發揮己見，以便大家做起意志上的聯絡。

(十一)尹榮琨

通信處：山西山陰縣岱岳鎮桑乾河務局

(1)我之近況：自今年六月奉山西省政府委為桑乾河河務局局長，到差以後，內部組織力求健全，技術人才竭力搜羅，上下精神一致，辦事尚稱順手，局設晉北，空氣清潔，無謂酬應，一概謝絕，能專心服務，不受外界影響，個人尚覺滿意，並可告慰同人。

(2)對於總會之希望及建議：吾會成立僅三數年，會員已有數百人之多，足見諸執委辦事熱心會務發達，惟本會月刊內容，現雖琳瑯滿目，仍當繼續努力以求盡善盡美，尤希望會員諸君將服務機關實施計畫登諸月刊，以供參考，敝人不敏，亦將繼諸同志之後，盡力供給材料，以資充實。

(十二)趙鴻佐

通信處：山西趙城縣同蒲路南段工務第七分段

職業名稱：帮工程司

(1)我之近況：佐自去年六月中來晉後，埋首工作，頗感興趣，由太原，而榆次，而介休至今年四月以至趙城，足跡所至，觀感一新，舉凡各地之風俗，人物，古蹟，名勝，飽覽無餘，工餘之暇，輒乎外來之報章雜誌，藉增見聞，尤頤邦人君子，錫我新聞。

(2)對於總會之希望及建議：佐希望本會對於河北之省路集中力量圖謀發展，觀於近年來豫皖湘鄂贛五省之突飛猛晉，不禁至落伍之感，按河北省路早經發達，惟以督飭無人，經費不豐，是以長途坎坷，盡是泥淖凹凸之區，車行其上無異縱身荒地，本會如能建議省當局極力發展，是所望焉。

(十三)孔昭陞

通信處：天津新開河西天津師範學校

職業名稱：化學教員

(1)我之近況：前曾在津組織新生化裝品有限公司，適逢李景林與國民軍之役，為期只一年而休業，十七年工瀋陽服務，九一八被逐回省，在家目覩經濟之困難，自營工業實屬難能，於是作此執教生涯以謀生。

(2)對於總會之希望及建議：希望設法使各會員日趨熟習，則感情自易融洽，而無彼此之分，互協互助當收事倍之果。如此上令下從為所當為，成效或見速也。赴農有密切關係，竊以為應更進一層與農家聯合起來，是建設新河北省的惟一要務，至於聯合的方法與以後各種建設步驟，進行的程序，有詳細討論的必要，茲不陳敍，管見所及，謹此呈之，能否合於事實，可否作為議案，諸君見的高明，望不辱賜教。

(十四)王　鑫

通信處：天津總站外河北省工業試驗所

20091

(1)我之近況：近數月來，公私忙迫，因爲化驗分析之件較多，同事有所陞遷，對外要維持平常速度，同時總想作點 Photo Research Work 之預備，無疑的是很忙了，此外家中關着病人，早晚還得張羅購藥，意外的支出特多，弄成窮困交加，個人原系神精質，但近年反到遊觀樂觀了，本人別無所好，唯一嗜好即是攝影。

(2)對於總會之希望及建議：會員資格限制甚嚴，此爲會之聲譽所關，不得不然，不過對初級會員之權利義務似乎限制太過，試想照會章初級會員連介紹會員之資格全無，敢問除投票以外，初級會員還有何事可作，深盼加以改善。

(十五)鄭紹臯

通信處：山東棗莊中興煤礦機務處

(1)我之近況：溯自留學日本歸來，即從事於技術事業，今服務於山東棗莊中興煤礦仍司機務，邇來因鑒世界趨勢，青年學子非俱相當技術難謀職業，余雖不敏，願將所學授諸後起，故決然兼任中興煤礦中興職業中學製圖教員，是即我之近況也。

(2)對於總會之希望及建議：我總會會員人數日見增加，大有蒸蒸日上之勢，出版刊物材料亦均豐富，堪稱河北省工程界團體樞紐，惟希望能與全國工程師學會聯爲一起，或改稱全國工程師學會河北省協會，則規模尤大也，略供蒭言，尚希採擇。

(十六)解德鄰

通信處：河北省建設廳測量處(北平西城)

(1)我之近況：今春病起，體力日增，對於日常工作，頗感相當興趣，因於公餘之暇，仍致力測繪之學。現擬于本省五萬分之一地形測量，通盤計劃，編成節略，呈請主管官廳設法進行，以期及早完成，而供要需，但丁此財政支絀之會，未卜能否如願以償耳。

(2)對於總會之希望及建議：希望總會充實力量，團結堅強，消極方面，對於會員個人有充分之保障，免除其失業之恐慌，積極方面，則於任何技術機關或團體，凡進行公共業務之力有弗逮時，總會即能予以相當之助益，使其克底於成，務期全省工程事業，成爲整個之系統焉。

（十七）蘇饗萬

通信處：高陽縣仝和工廠

（1）我之近況？近在廠中自營每日無非忙于雜務，久感市場競爭之烈，價格漲落不穩之苦，若非謀製造之新奇，勢必難以圖存，觀之國內毛呢市場幾盡爲舶來品所侵佔，以我國出產羊毛之多，而尤須養給于洋貨，誠爲奇恥大辱，敝廠近擬織造毛呢織物，一則可稍挽利權之外溢，二則可藉以提倡本國毛業使得自給自足，然而正苦于原料之來源，又非養給舶來不可，國內雖有一二紡毛廠，惜盡紡粗毛，尙無紡細毛者，此誠爲染織業者之最大困難也，願吾會友諸君注意於毛呢發達，細毛紡織，誠爲不可稍緩之途也。

（2）對於總會之希望及建議：本會對于會員固所極力吸收，尤其對于在工廠實際工作者，更當使會友諸君竭力介紹，以期將全省實業界打作一團，本會爲其樞紐。

（3）其他：關于本會月刊，登載資料可將約有識有學之人專爲著述，或譯著國外資料，以光輝本刊，他如化學，機械，電氣，紡織，等亦當廣爲徵求刊載，以求本刊之廣汎而豐厚。

（十八）李韻晟

通信處：蚌埠洛河鎮淮南煤礦局

職業名稱：助理工程師

（十九）張恩第

通信處：新河車站美孚行油棧

職業名稱：經理兼工程師

（二十）譚　琦

通信處：平綏路包頭站機務第七段

職業名稱：車輛主任

（二十一）左夢星

通信處：平漢路漢口江岸工務段

職業名稱：工務監工

（二十二）于以基

通信處：唐山北寧工廠

職業名稱：金工所副主任

（二十三）、　軒

通信處：石家莊實業廳工廠監察員辦公處

職業名稱：工廠檢查員

(二十四)胡錫讓

通信處：安徽巢縣淮南煤礦礦路工程處

職業名稱：助理工程師

(二十五)齊成基

通信處：湖南衡陽耒河口株韶工程局第六總段第三分段

職業名稱：工程助理員

(二十六)王琴廣

通信處：太原同蒲路南段工程局

職業名稱：工務員

(二十七)辛瀛洲

通信處：山西桑乾河河務局

職業名稱：科長

(二十八)張紹曾

通信處：天津英租界十號路同樂里九號

(二十九)王貽琛

通信處：大沽造船所

(三十)劉　㬎

通信處：天津英租界中街亞細亞火油公司

(三十一)解承堪

通信處：上海楊樹浦龍江路上海圖書學校

(三十二)張滋慶

通信處：天津城西賀家樓後十四號

(三十三)李士廉

通信處：陝西大荔縣涇洛工程局

20094

工程消息

黃河水利委員會三屆大會

黃河水利委員會第三次大會，於十月十八日上午九時假省府會議廳舉行，計到委員長李儀祉，副委員長王應榆，秘書長張含英，委員許心武（蔡亮工代），陳泮嶺，李培基，孔祥榕（許鴻逵代）陳汝珍，李書田，須愷，鄭肇經，劉定瀛，段澤青，張鴻烈（曾瑞芝代）林成秀，張翰愚（謝志安代）雷寶華（李書田代），馮騤（周晉照代），沈百先（顧世楫代），劉貽燕（齊群代），華北水利委員會（徐世大代），導淮委員會（須愷代），山東省河務局長張連甲（趙祿仁代），河南省河務局長陳汝珍，缺席委員忱怡，余雛銘，李迺芬，許顯時由委會長李儀祉主席會議兩日，提案四十餘件，前將該情形略誌如下：

○……主席報告……○

今天是本會第三次大會開會的第一日，除了遠地的委員，因着交通不便，或公務冗忙，其本人不能出席，或亦未派代表外，其餘各處的委員代表都到了，我們這次開會雖是例會，而意義則甚重要，一方面檢討過去的工作，一方面立定未來的計劃，除此以外，尤值得兄弟歡欣者，即本會現又新添了六位委員，學識經驗都是很豐富的，一定可以給本會一極大的幫助，所以我今天代表本會以十二分的熱誠歡迎，我們自三月間開過第二次大會以後，所有議決案都已經執行了，不過有的因為涉於經濟問題，雖已執行，而未達到目的，這也是在中國國庫艱難，及地方財政竭蹶的時期所不能免的，能夠達到目的，固然是我們衷心所願，就是一時辦不到，我們也不必過於灰心，今年最大的事情，就是防汛，關於這一層，本會早就注意到了，所以二次大會以後，本會即一再向中央請求防汛專款，惜分文未曾撥到，惟有盡力之所能，接通豫冀魯沿河電話，使報汛便利，知所預防，並又擬定三省善後工程計劃，分發各省河務機關，一面派員分赴三省視察，本人又親在下游黃河看了一次，隨後於汛期將至之時，又派員分往各省河務局協助防汛，及至河北長垣決口之後，本會又加派人員前往協助，這雖于物質方面，莫有多大的幫助，然而就本會現力而言，可以說在人事方面，盡其所能了，至于數月以來本會其他的工作，已經分別列入總務處，工務處的工作報告中，請各位加以檢討，本屆大會中重要提案甚多，其尤要者，則為黃河修防如何自治，河防職責如何專屬，防凌辦法如何周密，均請各專家詳予討論，俾本會有所遵循，再現在關於水利，有一個很重要的問題，就是中央將統一水利行政，這個問題是我們極端贊成的，也是近幾年我們所提倡的，自中央籌備以後，本人曾向中央陳述過意見，其他水利界同仁也發表了不少的意見，並將其意見呈報中央，各方面的意見，都散見於報章，此處勿庸再說，所以我們很希望中央這樣辦，而尤希望中央能夠採納各方面的意見，俾各水利機關事業循序猛進云。

各方提案

(一)委員長提議，聯接三省河工電話經費超過預算，請予追認案，(二)委員長提議，擬具黃河修防自治辦法大綱，敬希公決案，(三)委員長提議，黃河下游凌汛應如何周密設防請公決案，(四)委員長提議，工務處簽呈擬具陝晉間黃河測驗預算，並分担經費辦法請公決案，(五)工務處提議，擬請陝晉兩省政府及隴路局平均分担測量韓潼間河道經費各一萬五千元，以俾早日計劃整理航運，保障灘地農田案(六)工務處提議，擬請設立防制沖刷試驗區案，(七)工務處提議，擬請設立一等測候所案，(八)工務處提議，陝甘兩省坡地應將種植農作物改為種樹案，(九)工務處提議，山東，河北兩省河務局應設林務人員，專司黃河兩岸造林案，(十)工務處提議，擬請本會呈請中央，明令規定甘青寧陝綏五省為保安林區案，(十一)工務處提議，擬就英庚款材料部份購置工用物料及測量儀器案，(十二)工務處提議，擬請堵塞串溝，以免再罹水患案，(十三)陳委員汝珍提議，擬請沿堤加築土壩，以堵串溝而利河防案，(十四)陳委員汝珍提議，請築西壩頭至大車集間大堤案，(十五)陳委員汝珍提議沿老灘建築堤壩固定河槽案，(十六)張委員含英提議，擬請改進沁洛各河溉灌方法，並設法推行案，(十七)張委員含英提議，擬請擇定黃河適當地段，試用改良護岸方法案，(十八)張委員含英提議，如何確定本會河防責任案，(十九)李委員培基提議，擬請先擇相當地點試行放淤，以消河患而興水利案，(二十)李委員培基提議，擬請實行束溜攻沙，使中泓歸槽，以免衝決堤防案，(二十一)李委員培基提議，擬請修築蘭封故道口滚水壩，以便放淤，而資洩水案，(二十二)沈委員百先提議，擬請本會咨請河南省政府，將該省疏浚惠濟河，及裝置柳園口虹吸管等工程詳細計劃書及圖表，分送本會及其他有關係機關，共同研究討論後，再行繼續施工，以策安全案，(二十三)段委員澤青提議，擬請沿提實施造林案，(二十四)段委員澤青提議，擬請疏浚河口積沙，以暢尾閭，並於沿河各縣置護堤專員，以重責任，而嚴定獎懲案，(二十五)林委員成秀提議，於沿河堤根灘地，多栽柳條，以資保護堤根，並備及時割取，編製籬笆，以禦沖刷，而固堤防案，(二十六)張委員靜愚提議，擬請本會派員勘查沁河上游水庫地址，以便計劃與建築案，(二十七)張委員靜愚提議，擬由本會函請鐵道部，於改建或修理平漢鐵路黃河鐵橋時，應將計劃與本會及河南省政府，共同商酌，以期交通河防，兼籌并顧案，(二十八)馮委員曦提議，擬請撥測量綏遠黃河暨烏加河經費案，(二十九)馮委員曦提議，請工務處速擬治河根本計劃，積極辦理，以收速效案，(三十)馮委員曦提議，本會第四次大會擬請在綏遠省舉行案，(三十一)雷委員寶華提議，擬請呈行政院通令沿黃河各省縣，實行河道土地獨立制，以蘇民困，藉裕治黃經費案，(三十二)委員長提，河南河務局長陳汝珍建議，擬請蘇皖兩省每年各協助豫省黃河南岸防汛費四萬元，請公決案，(三十三)工務處提議，擬請於本會設立黃河流域土質試驗室，以利治導而惠農田案，(三十四)陳委員汝珍提

20097

議，擬請於黃河兩岸大堤安設號石案，(三十五)工務處提議，擬於豫冀兩省酌修土壩，以護河灘，而利河防案，(三十六)，雷委員寶華提議，擬請用本會擬訂黃河各渡管理章則，並責由各水文站就近管理案，(三十七)，李委員書田提議，擬請派員勘察北洛涇渭汾洛沁上游可建攔洪水庫地址，俾資進行設計建築，並與甘、陝、晉、豫諸省早日會同恢復滯洪洫制，以節沖刷，而免淤墊案，(三十八)，李委員書田提議，擬請於豫，冀間黃河北岸接築大堤，連同冀，魯間民埝，分別劃歸所在省河務局管轄，以資銜接而專修防責成案，(三十九)，李委員書田提議，擬請咨商豫、冀、魯三省統一河防管理，並呈請中央授本會督防特權案，(四十)，林委員成秀提議，擬請從速實施統一管理黃河，俾弭水災，新公決案，(四十一)，余委員鼎銘提議，請於寧夏青桐峽口設水文站，研究黃河水文及各渠灌溉水量，以謀改善及擴充水利案，(四十二)，李委員書田提議，擬請早日規定本會應在中國第一水工試驗所，首先試驗研究之問題，俾先期準備模型儀器，並擬具試驗經費預算案。

分組審查

第一組、屬於行政類、第四、五、十一、十八、二十二、二十四、二十七、二十八、三十一、四十四、三十六、三十九、四十等十三案屬之、審查委員李培基、李書田、陸近禮、段澤青、張含英、陳泮嶺、齊璧、周晉熙、顧鴻熙，由李培基召集、第二組、關於設計、測量、工程類、第三、六、七、十五、十六、十七、十九、二十、二十六、二十一、二十九、三十三、三十四、三十七、四十一、四十二、四十五等十七案屬之、審查委員須愷、鄭肇經、劉定庵、陸近禮、徐世大、蔡振、曹瑞芝、顧世楫、許鴻逵，由徐世大召集、第三組、關於河防、林墾類、第二、八、九、十、十二、十三、十四、二十三、二十五、三十二、三十五、三十八、四十三等十三案屬之、審查委員林成秀、劉定庵、陳泮嶺、李書田、張含英、陳汝珍、謝志安、趙錄仁，由林成秀召集。

審查意見

第一組，(四)擬將預算中所列開封總辦公費月需二百元，免予列入，餘照原擬辦法由大會函商陝晉兩省政府辦理，(五)測量範圍，擬改為由禹門至潼關，餘照原擬辦法，由大會分函陝晉兩省政府及隴海路局，商洽辦理，（十一）援照導淮委員會備用英庚款成例，請財政部擔保，餘照案通過，（十八三十九四十）三案合併審查，擬具辦法，（照案改正），仍請大會公決，（二十二四十四）兩案合併審查，查導洛入賈魯河，原議未經成立，而虹吸引黃入惠濟河，原爲沖洗開封城內汚水，其水量甚微，決不致危害下游，茲爲明瞭該項計畫起見，由本會查案函請河南省政府，即將計畫分送本會，及導淮委員會，與全國經濟委員會，但爲釋疑起見，擬請照案通過，（二十四）（一）疏濬河口積沙，擬交工務處參考，（二）設置護堤專員，由本會按照本年成例，於汛期派遣工程師沿河查勘，（二十七）擬請照案通過，（二十八）擬由本會函全國經濟委員會說明烏加河有關河套之水利，至爲重要，請照本案所列測量費如數補助，（三十一）擬由本會調查研究，如屬易於施行，並擬具詳細辦法，提請下屆大會討論，（三十六）由本會函請各省政府，擬訂管理規則，交建設廳辦理，第二組，（六）防止沖刷試驗區，擬請准予設立，詳細計畫及實行辦法，請交工務處擬訂，呈委員長核准施行，（七）擬請准予設立一等測候所一處，惟地點似以西安爲宜，並建議中央研究院氣象研究所，磋商合作，（十五）查此案與黃河全部治導計畫有關，擬請交工務處詳細研究規劃，（十六）擬請通過，（十七）擇定黃河適當地點，試用改良護岸方法，確爲急需，惟應將中外各種護岸方法，參酌當地情形，分別試驗，（十九）查治河放淤，山東省政府業已舉辦，似可先行利用試驗，以資規劃，（二十）查固定河槽及刷沙辦法，正由恩格斯教授在德國舉行試驗，此案似可俟試驗得有結果後，合併研究，（二十一）交工務處研究（二十六二十七）合併審查，擬請通過，（二十九）擬請交工務處迅即通盤計劃，（三十三）擬請通過，（三十四）請准予照辦，至號石式樣及尺寸，請交工務處修正，（四十二）擬請通過，地點交工務處勘定，（四十三）擬請通過，并交工務處辦理，（四十五）擬請交工務處研究，本案放淤辦法，對於河道本身之影響，并俟就山東已辦各區試驗研究後，再行通盤規劃，工務處報告，擬請大會接受，導渭工程處報告，擬請大會接受，第三組，（一）本案關係河防前途，至爲重要，如能實行，收效甚鉅，擬由本會分函三省省政府，徵求意見，再行呈請中央核辦，（八）查本案關係西北民生經濟，最爲密切，擬由本會函請全國經濟委員會，主持辦理，（九）（十）查冀魯兩省對於沿河造林事宜，均已注意進行，如能各派專家主持，則將來造林工作，更能順利進展，本案擬由本會分函冀魯兩省政府查照辦理，（2）原交辦法第一項各設林務技正一人，下添「或林務專員一人」，（十）本案辦法條文，擬修正如次，第五六兩條，合併爲一條，「體積」改爲「面積」，擬請照修正通過，（三）本案擬由本會先行派員調查原有防凌成法，妥擬完善計畫，通令三省河務局參照施行，（十二）查本案與第二次大會第三十五案，用意相同，仍擬參照前案，再飭三省河務局切實遵行，（十三三十五）本案關係河防至爲重要，擬由本會分令三省河防局，就各地情形妥擬計畫，逐步進行，（十四三十八）兩案合併審查，本案河南西壩頭至河北大車集工程，擬由本會妥擬計劃，並估計工款數目，請冀豫兩省酌予籌集，其不足之數，呈中央補助，至狀密城至高集口一段，擬俟前段工程完竣後，再行繼續進行，（二十五）本案擬由本會擇定地點，先行試驗，如成績卓著，再行推廣，（三十二）本案擬請照案通過，（四十三）本案擬以陝州流量八千秒立方公尺之水位爲準，呈請中央就所在省之中央稅收機關，直接撥付防汛，以應急需。

議決各案

（第一案）聯接三省河工電話經費超過預算，請予追認案，決議，通過追認，（第二）案，本會第四次大會擬請在綏遠舉行案，（原提案第三十號，）決議，通過，明年四月底舉行，（三）擬具陝晉間黃河測驗預算並分担經費辦法請公決案，（提案第四號）決議，照審查意見通過，（審查意見前，）（四）擬請陝晉兩省政府及隴海鐵路局，平均分担測量韓潼間河道經費各一萬五千元，以便早日計劃整理航運，保障灘地農田案，（提案第五號），決議，照審查意見通過，（五）擬就英庚款材料部份，購置工用物料及測量儀器案（提案第十一號）決議，借用英庚款，由本會商請財政部担保，餘照原案通過，（六）如何確定本會河防責任，敬請公決案，（提案第十八號），擬請咨商豫冀魯三省統一河防管理，並呈請中央授本會以督防特權案，（提案第三十九號）擬請從速實施統一管理黃河，俾弭水災，請公決案（提案第四十號）以上三案合併討論，決議，（1）由本會咨商豫冀魯三省政府河防事宜，由本會直接辦理，並呈請中央核定，（2）現在三省所擔任之河務經常臨時修防搶險等費，悉照舊由三省省庫支付，按時撥交本會，依照預算支配應用，並由本會呈請中央指定的款，補助河防經費，（3）本會得全權指揮沿河各縣縣長，及駐防軍警遇急緊時，本會並得便宜處理，（4）呈請中央明定沿河縣長及河防人員之責任，及獎懲條例，（七）擬請本會咨商河南省政府，將該省疏浚惠濟河，及裝置柳園口虹吸管等工程，詳細計劃書及圖表，分送本會及其他有關係機關，共同研究討論後，再行繼續施工，以策安全案，（提案第二十二號）請咨河南省政府迅將引黃引洛入淮詳細計劃送交本會，與導淮委員會會核再定進止案，（提案第四十四號）以上兩案合併討論，決議，由本會查案，函請河南省政府，迅將該項計劃，分送有關各機關查考，（八）擬請疏浚河口積沙，以暢尾閭，並於沿河各縣設護堤專員以重責任，而嚴定獎懲案，（提案第二十四號）決議，照審查意見通過，（九）擬由本會函請鐵道部於改建或修理平漢鐵路黃河橋時，應將計劃與本會及河南省府共同商酌，以期交通河防，兼籌並顧案，（提案第二十七號）決議，照審查意見通過，（十）請撥測量綏遠黃河及烏加河經費（提案第二十八號）決議，照審查意見通過，（十一）擬請呈請行政院通令沿黃河各省縣實行河道土地獨立制，以蘇民困，藉裕治黃經費案，（提案第三十一號）決議，照審查意見通過，（十二）擬請由本會擬訂黃河各渡管理章則，並責由各水站就近管理案，（提案第三十六號）決議，由本會函請各省府擬訂管理規則，交主管機關辦理，（十三）擬請設立防制冲刷試驗區案，（提案第六號）決議，照審查意見通過，（十四）擬請設立一等測候所案，（提案第七號）決議，就適中地點設立二等測候所一處，由本會與中央研究院氣象研究所，及所在地方機關商洽合作，（十五）沿老灘建築堤埧，固定河槽案，（提案第十五號）決議，照審查意見通過，（十六）擬請擇定黃河適當地段試用改良護岸方法案，（提案第十七號）決議，照審查意見通過，（十七）擬請改進沁洛河灌溉方法案，（提案第十六號）決議通過，並函請河南省建設廳將所有關於沁河材料送會參考，（十八）擬請先擇相當地段試行放淤，以消弭河患，而興水利案，（提案第十九號）決議，查沿河放淤，山東省政府業已舉辦，可由工務處派員實地勘查試驗，以資規劃，（十九）擬請實行束溜攻沙，使中泓歸槽，以免衝決堤防案，（提案第二十號）決議，照審查意見通過，（二十）擬請修築蘭封故道口滾水壩，以便放淤，而資洩水案，（提案第二十一號）決議，照審查意見通過，（二十一）擬請本會派員勘查沁河上游水庫地址，以便計劃興建築，（提案第二十六號，擬請派員勘查北洛，涇、渭、汾、洛、沁上游，可建攔洪水庫地址，俾資進行設計建築，並與甘陝晉豫諸省，早日會同恢復溝洫制，以節冲刷，而免淤墊案，（提案第三十七號），合併審查案，決議通過，並由工務處擬具溝洫計畫，咨請各省推行，（二十二）擬請工務處速擬治河根本計畫，積極辦理，以收速效案，（提案第二十九號）決議，照審查意見通過，（二十三）擬請於本會設立黃河流域土質試驗室，以利治導，而惠農田案，（提案第三十三號）決議，通過，（二十四）擬請於黃河兩岸大堤安設號石案，（提案第三十四號）決議，照審查意見通過，（二十五）請於寧夏青桐峽口設水文站，研究黃河水文及各渠灌溉水量，以謀改善及擴充水利案（提案第四十一號）決議設立，（二十六）擬請早日規定本會應在中國第一水工試驗所，首先試驗研究之問題，俾先期準備模型，並擬具試驗費用預算案，（提案第二十四號）決議，照審查意見通過，（二十七）提議治理黃河，首先在沿河兩岸舉辦虹吸灌溉工程案（提案第四十五號）決議，照審查意見通過，與第十八條併辦，（二十八）擬具黃河修防自給辦法大綱敬希公決案，（提案第二號）擬請沿堤實施造林案，（提案第二十三號）合併討論案，決議，照審查意見通過，（二十九）陝甘兩省坡地應將種植農作物，改為種樹案，（提案第八號）決議，交工務處研究沿河坡地造林辦法，（三十）山東河北兩省河務局，應設林務人員，專司黃河兩岸造林案（提案第九號）決議，照審查意見通過，（三十一）擬請本會呈請中央，明令規定甘青寧陝綏五省為保安林區案（提案第十號）決議，原則通過，交工務處擬具詳細辦法，（三十二）擬請蘇皖兩省每年各協助豫省黃河南岸防汛費四萬元。請公決案（提案第三十二號）決議，由本會咨商蘇皖兩省政府辦理，（三十三）黃河下游凌汛，應如何周密設防，請公決案（提案第三號）決議，由本會先行派員調查原有防禦汛凌成法，並擬完善計劃，分別函令各省主席管河務機關參照施行，（三十四）擬請堵塞串溝，以免再罹水患案，（提案第十二號）決議，照審查意見通過，（三十五）擬請沿堤加築土垻，以堵串溝而利河防案，（提案第十三號）擬於豫冀兩省酌修土垻，以護河灘，而利河防案，（提案第三十五號）合併審查案，決議，照審查意見通過，（三十六）請築西垻頭至大車集大堤案，（提案第十四號）擬請於豫冀間黃河北岸，接築大堤，連同冀魯間民堤，分別劃歸所在省河務局管轄，以資銜接，而專修防責成案，（提案第三十八號）合併審查案，決議，照審查意見通過，（三十七）於沿河堤根灘地，多栽柳條，以資保護堤根，並備及時割取編製籐笆，以禦沖刷，而固堤防案，（提案第二十五號）決議，照審查意見通過，（三十八）擬請援照揚子江定案，請中央預定撥款，補助防汛案，（提案第四十三號）決議，照審查意見通過，（三十九）本會總務處，公務處及導淮工程處工作報告審查案決議，接受。

臨時動議

（一）晉代表瑞芝提議，擬請派員查勘沿河各於治本計劃之堤岸及河槽，以資研究案，決議通過，（二）陳委員汴嶺，李委員培基提議，擬請本會將民工防汛辦法，酌量變更，俾便施行，而固河防案，決議通過，由本會斟酌實際情形，修正原辦法條文，公布施行。

津市特一區水廠落成

津市特一區自來水廠，自十月一日開始放水，市府並於四日晨十時舉行開幕典禮，各界參加者計到于學忠，林成秀，史靖寰，周炳琳，及省市屬各廳處局長，駐俄大使顏惠慶，北洋大學校長李書田，華北水利會常委徐世大等工程人員以及津市各國領事，中外士紳等三百餘人，會場即設於水廠前之空地，由市長王韜主席，並致辭，略謂，本市為通商大埠，公用事業竟多操諸外人之手，今自來水廠之設，實為建設上之創舉，查自來水為人民日用不可少者，關係市民健康異常重大，前特一區所用之水，向歸諸英工部局，在于主席兼任市長時，特着手估計與築水廠，本人到任，賡續前議，設計進行，今日完成，實爲全區人民之福，但歸根原始，實應感激于主席，本廠放水後，經試驗結果，原色質過濾後，不變絲毫，尤爲津市獨步云，繼于學忠致訓辭，略謂，津特一區自來水廠短期內即可應用，良滋深幸，水廠放水後，敝人，第一，對促進吾人完成此廠之英工部局表示感謝，第二，市府同人，辛苦從事，尤足令人滿意，第三，希望各界對於水廠隨時批評指導，俾臻於盡善之境云，旋由廠長李吟秋報告籌備經過，嗣來賓呂金藻，李書田等分別演說，對內部之構造完善，及治理之精神頗爲贊揚，最後由于主席至機器房，行啟閘典禮，電機撥動，水即於機器動轉聲中開始流通，全體來賓并由于王引導參觀各部一週，合攝一影，略用茶點，十二時禮成散會。按特一區自建自來水工程，自去歲十一月間，以十萬八千元，由東方鐵廠承包，計打水井兩口，並建水庫兩座，每座水庫可蓄水二十萬加侖，於八小時內裝滿，此項工程刻已大體完竣，水井兩口，一深七百英尺另一非深五百英尺每四十五分鐘可供給水量兩萬加侖，成績甚佳，水廠內分工務，事務兩股，市府發表廠長由技正李吟秋充任。並兼工務股主任，王文光充事務股主任，市府以此項工程落成，實開津市建設之先軏，此後將在特三區繼續自建水廠，並賡續推廣云。

華北水利委員會最近工作

舉行二十二次大會

【本市消息】華北水利委員會，於十月二十日晨九時，假該會會議廳，舉行第二十二次大會，出席委員李儀祉、林成秀、徐世大、魏鑑、王季緒、陳懋解、陳湛恩、陸近禮、張伯苓、楊豹靈、張鴻烈、（曹瑞芝代）張維藩、（譚述言代）張靜愚、（謝志安代）請假委員彭濟群、朱廣才、、由李儀祉主席，報告後，決議如下。（一）請開察省萬全縣洋河大渠，作爲本會模範灌溉區案，（張委員維藩提）決議，先由會派員查勘，然後派隊測量，計費估計，再按所需工款，設法籌措，（二）擬由本會設法調查研究本水利區各地之灌溉水效率，列表公布，以便計劃灌溉工程時，有所根據案，（張委員靜愚提）決議，先就崔興沽及鼂壽兩灌漑區試驗漸次擴充，(三)請在河南黃河北岸沁河口以東，籌辦虹吸灌漑工程，增加豫北農產收入，並利用排出清水，接濟衛河水源，暢通華北航運案，(張委員鴻烈提)決議，送請黃河水利委員會及河南建設廳，就近會同查勘。(四)技術長提議衞運河下游灌漑工程計畫大綱，請討論公決案，決議，原則通過，先交技術長從詳設計後，送請河北省農田水利委員會撥款實施，至十二時許閉會。

治理永定

關於永定河治本計劃之實施問題，華北水利委員會數度商議，已決定如期開工，所需工款，中央准暫向銀界借款八十萬元，內中除六十萬元爲整理海河工程之用外，餘撥交治理永定河，候決定將來海關附加稅能發公債或續向銀界借用時，隨時撥付，故工款可不成問題水利委員會以永定河治本初步工程爲修築官廳水庫，惟該地處於察哈爾境，崇山茂嶺，行路維艱，於工務之進行上，殊多阻礙，爰擬先修道路一處，以便運材料等物，已在察境擇定兩路線，一自懷來車站起，一自土木堡車站起，均通至官廳，惟此兩段路線，究以何段爲宜，須先加以測量，始能決定，該會爰派正工程師耿瑞芝爲測量隊隊長，偕同副工程師盧德瑜，陳宗憲，工程員石志廣等，率帶夫役十餘人，於十月中旬出發，前往施測，但其所測地方，係屬懷來縣轄境，故該會幷函察省府，請飭懷來縣府及當地駐防軍警，妥爲保護，以利進行云。

濬治小清河之利益

濬治小清河工程，爲魯省水利上之偉大建設，所費不過五六百萬元，每年山東可獲利益一千萬元，工竣之後，三千噸以下海輪，可直達羊角溝，六百噸汽船直達黃台橋，二百噸駁船直達濟南城及北商埠，不但與沿海各口岸航運互通，即對海外貿易亦得莫大之補助，將來與運河，黃河聯運，在濟南附近之黃台橋向北開引河，以船閘與黃河溝通，則駁船可溯黃河而上，經過河北，直抵河南，陝州，又運河，淮河整理之後，黃河內之駁船，復可入運，直達揚子江，故小清河之位置，實居華北航運之要津，建設廳近將小清河工程竣工後，可獲利益，加以估計，擬呈送經委會，茲誌如次。

（一）鹽稅增收，羊角溝之出產，以鹽為大宗，商務繁盛時，每歲約出九百號，（每號五百包，每包四百二十斤，）每號稅捐一萬元，每年約九百萬元，自海運不通，內河運輸遲滯，收入銳減，僅及半數，其減收原因，雖不祇一端，要以航運不暢為最，小清河工程竣工後，此項增入，最低限度，亦可恢復以前收入，即每年四百五十萬元。

（二）海關稅收，昔海口未淤，進口載貨大帆船，均由東海分關收稅，每年約二十五萬元，將來輪船出入，收入當更增加，即以一倍言之，每年亦增加二十五萬元。

（三）碼頭收入，碼頭費之估計，係根據全河全年之運輸量及碼頭費率，假定每閘每日開十次，每次上下行六百噸輪船四隻，計全年河運輸量為八百七十萬噸，將來運輸貨物，多為食鹽、木料、穀類、海產、鐵器、麪粉、棉紙等物，根據青島碼頭費率，上項貨物之平均數為每噸五角，茲按青島碼頭費率半數征收計算，每噸收碼頭費洋二角五分，全年共收洋二百一十九萬元。

（四）倉庫收入，按全河全年運輸量之半數，租用倉庫，每十日期每百斤收保管費洋七厘（根據青島倉庫保管費平均數）計算，全年可收洋約五十萬元。

（五）河工維持費，根據小清河現在船運平均情形，十噸船隻，自羊角溝至濟南運費洋四十元，約合每公里公噸洋二分，將來六百噸船隻，載貨運費，應為二千四百元，即按二千元計算，並照運費百分之五征收河工維持費，每日行船四十隻，每日可收四千元，全年可收一百四十六萬元。

（六）水電收入，沿河滾水壩建築完成以後，可利用水力以發電，計全河滾莊閘、五柳閘、孟莊閘、劉莊閘、曹王閘、及佛王閘等六處，共可發電八百七十瓩，茲僅按每日十二小時售電，每年共可發電量約三百八十萬瓩小時，按每小時售洋一角計算，每年共收入洋三十八萬元，總計上列六項利益，一、二兩項屬國庫收入，每年為四百二十五萬元，三、四、五、六等四項，屬省庫收入，每年共為四百五十三萬元，兩項共為八百七十八萬元。

（七）其他利益此外無形之利益，雖難以數目字表明，然工竣之後，海口暢通，海外所來輪船，幾日之泊於青島，烟台，天津各港者，今可抵羊角溝，內地黃河流域各省土產，舊日之須由青島，烟台等處出口者，今亦可由羊角溝輸出，故不但沿海各岸，得以聯絡海運，即對海外貿易，輸入輸出，均得莫大之利益，將來運河，黃河與小清河聯運以後，北自京津，南抵江淮，西迄山陝，均得有水運之聯絡，是則小清河之通航，不獨爲黃北航運之要津，其影響於全國交通，亦至深且鉅，而小清河及黃河運河沿岸物產殷富，通航以後，皆可賴以交易，其農工商業之發達，灌溉事業之勃興，更可指日斷待矣。

魯疏濬北運河經過

山東北運河，不通航行，迄今已三十三年，河道淤塞，交通梗阻，公私交病，自津浦路成，北運更無人過問，以致舊日蓄洩機關，如涵洞，閘壩，任其頹圮，若不亟謀浚治，沿河水災，勢必愈演愈烈，魯建設廳兩年來屢次派員勘測，擬定疏濬計劃，今年四月間，呈准省政府通令沿河臨清等七縣征夫施工，並設臨時總工程處於聊城，監督濬修，現經三個月之工作，全河一千四百萬公方土工，大體告竣，本年伏汛已大收排洪之效，惟閘壩涵洞及引水入河等工程，尚未興工，茲誌該疏治計劃，施工經過及貨物運輸等情如次。

疏濬計劃

北運河之疏濬，原爲消納運西坡水，及恢復黃河臨清間航運，故工程計劃，即依此旨擬定，聊城以南底降五萬分之一，以北十萬分之一河底寬十二公尺，岸坡按一比二，河底高差爲一〇八公尺，統計土工爲一千四百萬公方，若能在徒駭馬頰及周公河口各建減水閘一處，以事操縱，則全河儲蓄水二公尺，即不成問題，（足使二等對槽船隻，載重一百噸，交互而行）至黃河運河之連貫交通，與夫供給全河蒸發滲透水量，則必須三河接頭處築新閘，（或裝置運貨機）於臨清安設抽水機。

施工經過

此次征夫治運，悉按以往挑河辦法，按地畝調集民夫，計分全河臨清、清平、堂邑，博平、聊城，陽穀，東阿等七段，每段派督工員一人，就地指導，並設臨時工程處於聊城，指揮一切，在開工之始，先測量，繼則洒撒灰線，插林分工，然後由縣工程事務所委任鄉區鎮長，担任督監工人，分「組織，鄉鎮結合，不數日間全河竟到工民夫二十餘萬人，努力工作，至七月十五日，全河土工大體完竣。

○……貨物運輸……○　臨清、清平、館陶等縣，為本省產棉重要區域，每年出產淨花數量，以臨清一縣論，即有一千七百萬斤（清平、堂邑，館陶，約兩千萬斤）他如清平之花生與梨，聊城，陽穀之黑棗，又為主要農作附產物，貨物之出口，約計百分之八十運至濟南，百分之二十運往天津，按照已往車運脚價，每百斤所需運費約大洋一元，僅以棉花一項計算，每年統計運費，不下四十萬元，其他出口主要附產及各種雜糧運費，據調查亦不下此數，且回頭馬車多載洋廣雜貨，其運費亦與原運價等，是北運河流域之進出口貨物，每年運費當在一百六十餘萬元左右，按照航運運例，每公里公噸四釐運價合計，北運河通航後，每年沿河各縣進出口貨物，可省運費百餘萬元。

晉省水利

晉省興辦水利計劃，十年建設計劃中曾有專案規定，惟具體辦法及進行程序，尚待規劃，經省當局再三籌備，大體決定，先成立各河務局，使負專責，不至遲事延緩，現除汾河與桑乾兩河河務局，業在省垣及山陰縣分別正式成立，開始工作外，其餘滹沱，文峪兩河河務局，亦在籌設中。計本省現有水利縣份，約為八十餘縣，共有水渠一千八百餘道，長一萬一千四百七十餘里，可灌田四百五十四萬八千餘畝，十年建設計劃水利專案內規定，增加渠水地三百八十五萬畝為必要成量，七百七十萬畝為期成量，按年分配，逐漸增加新渠，引水灌溉，苟能如期完成，則全省得有水田一千二百餘萬畝，對於農事上自可有莫大之補助，且河道淤塞既少，水渠貫通，不特旱災可以預防，即水患亦當能減少，　汾河，桑乾兩河，業由山西全省水利工程委員會會同各該河河務局，派專門工程司分別視察完畢，關於汾河之治河工作，測量與調查將同時舉辦，於地形，河道，水文，雨量，河槽坡度，土質，吸水量，灌溉時期，水利分配，及附近農作物之品類，產量等，先加詳確測量調查，並對民間向來習慣及經驗，盡量採擇，然後研究設計水庫，河槽，堤堰及壩閘等工程，其次造林事業，亦屬必要，河源，山坡，堤堰內外，均宜普遍培植，使減少土排沖刷，而清河流，治理方法擬分段進行，由寧武至距離本省城城北六十里之關村為第一段，第二段由關村至靈石，第三段由靈石至入黃河之交口，三段之中惟第三段靈石以南，兩岸地勢頗高，河身深入內地，故近年來汾河到處泛濫，為害甚烈，獨此一段，較為平穩，但水在地平面以下，汲取實難，引水灌田時，大感棘手，現雖有抽水站三處，事實上殊難分配，將來擬增設十五六處，以廣應用，何處宜於設置，待測量完竣後，即可確定，測量與調查工作，擬本年內開始辦理，各段派測量與調查各一隊，就前述各種工程，詳加討究，擬具精確計劃，自明年冬季起，逐年於冬春兩季，利用農隙及雨量缺少時期，實施工程，關於桑乾河方面，據本月九日該河河務局長尹榮琨來省報告，大體暫分工作為測量擬辦兩項，測量工作。(一)流通測量，在該縣安榮村設流量站一處，每日觀測水位二次，作含沙試驗一次，每兩日作流量測量一次。(二)雨量測量，暫以該局粗製標準雨量器試驗，以公厘計算，冬日雪量，俟溶水後為之，(三)氣溫測量，暫用普通寒暑表測量之。(四)蒸發量測量，每日將水面加至標準高度，以所加之水量，定蒸發量。(五)風向測量，以風向計視風之所自來及去向，每日觀察二次，擬辦工作，(一)測繪桑乾河，灰河、運河縱橫斷面圖。(二)測繪廣裕、富山、王成、廣濟、民生等公司渠口地形，及幹渠縱橫斷面圖。(三)估計改進以上各公司之渠道工程，(四)籌設大同、寧武水文站，馬邑、吉莊、渾河流量站。(五)調查沿河地質坡度情形，此項工作擬於本年內舉辦，並希於明春農作播種前完成云。

中國酒精製造廠

實業部籌劃兩年餘之中國酒精製造廠，初擬官方獨資創辦，嗣以國庫竭蹶，經費一時無法籌措，因改官商合辦，由該部與華僑鉅商黃江泉共同集資一百五十萬元，依照合同第一條規定官股佔百分之十，由商股借撥，官方應得紅利亦仍按照資本總額百分之十計算，雙方合同於去歲年底簽訂，並在浦東白蓮涇姜家橋附近黃浦灘江邊覓定基地，佔面積一百五十一畝，廠屋高八十二尺，造價五千餘萬元，有水塔一座及存儲酒精之五大酒池，造價共三十餘萬元，綜計全部建築費造八十餘萬元，於本年三月開工修建，現除廠屋部分正積極赶修及裝置鍋爐外，餘如烟囪（高一百二十呎。）、水塔、存儲酒精之五大酒池，均已先後完成，並為便利貨輪停泊起卸起見，在江邊另建碼頭，長四百三十餘呎，亦正鳩工興建，最遲十一月中旬可望全部竣工，同時即開工製造，預計每日出酒精二萬七千三百公斤，約合六千加侖，一年後擬增至一萬二千加侖，庶能普及全國消費，使供求相應，收入方面如按照每日出酒精六千加侖每加侖售價一元計算，一年可得二百餘萬元，又酒精一年收入約一萬餘元，除原料及各項開支外，可獲淨利八十餘萬左右，廠內所需一切機械，係向英國定購，製造原料因目前國內價格較高，乃不得不採用外貨，計首批共購八千噸，亦已啟運來華，二批原料决向山東河南等省採購，蓋上列二省向產高粱甚豐，極合釀造之用，而財部為提倡國有工業及挽回漏卮起見，特許免徵一切進出廠稅，將來該廠出品其售價較諸舶來品可減低十分之四云。

京蕪鐵路動工

京蕪鐵路為江南鐵路公司計劃溝通五省交通京詔路線之第一段，路線經兩次測勘，業於上月梢開始動工，全路計分四段進行，（一）由蕪湖江邊（蕪乍總站）至大橋，（二）大橋至當塗，（三）當塗至銅井鎮，（四）銅井至南京明故宮總車站，頃據該路工程處林君見告，第一段由蕪至大橋鎮，沿線所經民田，業已估價收買竣緒，隨即進行土方工事，第一段工程段長為廖得瑄，連日在大橋一帶督工，所有工人由上海裕慶公司承包，衆在一千八九百人，現已運到八九百人在路工作，故進行甚速，且京蕪間除當塗河橋工較大外，並無其他山川阻隔，沿線民田經收買後，僅需施以平土工事，預期在陰曆年底可完成，全部工程費定為五百萬元，再該公司同時進行之蕪乍路，今以乍浦改為要塞，乃改定至皖南孫家埠為止，為便利施工計，宣城附近之大河業造一便橋，路工約於一月後可達孫埠，蕪孫通車後，是否暫告一段落，抑繼續興建，再俟京蕪鐵路營業狀況而定，蓋京蕪路為京詔線第一段，同時蕪孫路亦為京詔線之第二段，其第三段為由孫至福建延平，中間以山嶺懸隔，無論經由江山至延，或越仙霞嶺至延，工程極皆艱巨，勢須動用巨大資本，方克舉辦，惟一至延平後，所餘之延詔（安）段，以地勢平坦，運輸較繁，即可迎刃而解云。

編輯後記

編者

▲中國電氣事業，此時尚不能認爲發達。就全國電政資產而論，不過七千三百七十餘萬元，並且負債甚巨，截至民國二十一年六月止，外債竟達一萬三千一百餘萬元，內債亦有三百九十餘萬元，總共竟有一萬萬三千四百餘萬元。近來侈談建設，而所得成債如此，實在不容樂觀。推其原因，技術人事兩方面都有很大缺陷，自非痛加反省與整頓不可。本期戒言先生提出一種方案。希望電業工程同志，參加這種討論。

▲本會會員王華棠劉錫彤諸先生，去年夏季赴黃河中游視查水利歸來後，編有詳細報告。現專載本刊，雖不免明日黃花，但仍係重要參考資料。其中最值注意者，即民生渠工程耗費百萬巨欵，現已確証等於虛擲，給一般民衆一個最惡的印像，因而對工程事業，根本懷疑，於建設前途，發生很壞的影響。全國經濟委員會打算加以補救，本年夏間在薩拉齊設民生渠工

務所，重新測量規畫，從事整理，因規模太大，何時方可成功，尚非目下所能料及。吾國行政當局及工程界經過此次嚴重教訓，希望以後不再作這樣盲目建設。

▲姚鳴山先生改良棉種一文，提出救濟農村一個具體辦法，必如此才能提高生產增加富力。

▲本期會務報告內有本會成立兩年以來工作的總結算，請會員及讀者注意。

中華民國二十三年十二月出版
二卷十一十二期合刊

河北省工程師協會月刊

于學忠題

北甯鐵路簡明行車時刻表

中華民國廿四年一月一日重訂

下行車

列車次數	北平前門開	豐台開	郎坊開	天津總站開	天津東站到	天津東站開	塘沽開	蘆台開	唐山到	唐山開	古冶開	灤縣開	昌黎開	北戴河開	秦皇島開	山海關到	錦縣	遼甯總站
第四十一次 普通客車 中膳各等	五●四五	六●〇〇	七●四〇	九●一六	九●二五	九●三五	一〇●二八	一一●四六	一二●四七	一二●五三	一三●三九	一四●二九	一五●三三	一六●一六	一六●四二	一七●〇五		
第七十一次及第七十五次 混合三等慢客貨車	六●〇〇	七●一五	一一●〇〇	一三●三三	一三●五〇	停	第七八次	自唐山起		六●二〇	八●三五	一〇●〇一	一二●三〇	一四●三五	一五●三五	一六●一〇		
第三次 特別快車 膳各等	八●四五	九●〇四	一〇●二二	一一●二八	一一●三六	一一●五〇	一二●四七	一三●四五	一四●三九	一四●四三	一五●一〇	一五●四九	一六●二二	一七●〇四	一七●二三	一七●四〇		
第二十三次 快車 膳各等	一三●一五	一三●四一	一五●〇三	一六●三〇	一六●三九	一六●五五	一八●〇〇	一九●〇六	二〇●〇六	二〇●一〇	二〇●四六	二一●一〇	二二●一〇	二二●四五	二三●〇六	二三●三〇		
第三〇一次 平滬直達特別快車 膳臥各等	一五●〇五	一五●二六	一六●四〇	一七●五〇	一七●五九	一八●三〇	開	往	上		海							
第五次 特別快車 膳各等	一六●一〇	一六●二七	一八●〇〇	一九●〇七	一九●二五	停												
第三〇五次 平浦直達特別快車 膳臥各等	一八●五〇	一九●二〇	二〇●二六	二一●三九	二一●四八	二二●二〇	開	往	浦		口							
第一次 平瀋直達特別快車 膳臥各等	二〇●一五	二〇●三四	二二●〇八	二三●一六	二三●二五	二三●三五	一●〇一	二●〇七	三●〇二	三●一〇	四●〇三	四●五三	五●五九	六●四七	七●一六	七●四〇 四●一〇		一六●四〇
第四〇一次平瀋直達貨車及第七十三次客貨混合三等慢車	二二●〇〇	二二●三五	一●二四	四●二〇	四●三七	六●五二	九●四〇	一二●四〇	一五●四五	停								

上行車

列車次數	遼甯總站	錦縣	山海關開	秦皇島開	北戴河開	昌黎開	灤縣開	古冶開	唐山到	唐山開	蘆台開	塘沽開	天津東站到	天津東站開	天津總站開	郎坊開	豐台開	北平前門到
第四十二次 普通客車 中膳各等			六●〇〇	六●三〇	六●五四	七●四〇	八●四四	九●四〇	一〇●二三	一〇●三〇	一一●四二	一二●四六	一三●四六	一四●〇〇	一四●一四	一五●四三	一七●二二	一七●五五
第四次 特別快車 膳各等			九●四五	一〇●〇四	一〇●二四	一〇●五八	一一●三九	一二●一八	一二●四五	一二●五〇	一三●四四	一四●四五	一五●四〇	一五●五五	一六●〇五	一七●一三	一八●一五	一八●四三
第七十六次及第七十二次 混合三等客貨慢車			一〇●五〇	一一●〇一	一二●二六	一四●四八	一七●五一	二〇●四二	二一●〇五	停	第七十二次	自天津起		六●〇五	六●一九	一一●四五	一五●三八	一六●五〇
第二十四次 快車 膳各等			一三●一五	一三●三五	一四●〇〇	一四●三七	一五●一三	一六●〇二	一六●三三	一六●三五	一七●四一	一八●四四	一九●四四	二〇●〇〇	二〇●一二	二一●二六	二二●四〇	二三●一五
第二次 瀋平特別快車 膳臥各等	一四●〇五		二二●〇〇 二二●四〇	二三●一〇	二三●四一	〇●三三	一●三三	二●二六	三●〇五	三●一四	四●二五	五●二六	六●二五	六●三五	六●四六	七●五五	九●二五	九●四五
第七十四次客貨混合三等慢車及第四〇二次瀋平直達貨車										四●二五	七●三四	一〇●〇九	一一●四五	一七●三〇	一八●二〇	二三●〇三	一●〇〇	二●〇五
第三〇六次 浦平直達特別快車 膳臥各等							由	浦	口		開	來	四●五〇	五●二〇	五●三〇	六●四四	七●四九	八●一九
第三〇二次 滬平直達特別快車 膳臥各等							由	上	海		開	來	七●〇五	七●三〇	七●四四	八●五二	九●五四	一〇●二四
第六次 特別快車 膳各等														九●一五	九●二五	一〇●三〇	一一●三三	一一●五〇

中華民國二十三年十二月出版

河北省工程師協會月刊

二卷十一十二期合刊

本會信約

問學必勤　任職惟忠

清廉自矢　節儉持躬

同業互助　合作分工

儘用國貨　貫徹始終

本會啟事一

按照本會簡章第十五條之規定，「仲會員初級會員及學生會員至相當時期，得函請執行委員會按章升級。」希仲會員初級會員學生會員隨時將經歷函告執委會，以便審查照章升級。

本會啟事二

本會徽章，早經製妥，每枚價洋三角，仝人中如有尚未購得者，即請備價與會務主任接洽可也。

本會啟事三

本會現製有信箋一種，印本會信約及會徽，精緻美觀，極適于用。每百張僅售洋三角，欲購用者，請與會務主任接洽。

本會啟事四

本會現備會員通信帋兩種，一係會員近況自述，務望每人詳細填寫，藉可刊印月刊「會員消息」欄內，以收互通聲氣聯絡感情之效。一係更改行止通告，亦希隨時填寄爲盼。

河北省工程師協會月刊

二卷十一十二期目錄

民國二十三年十二月出版

論壇

物質建設與心理建設之連鎖

朱延平

(一)中國物質建設落後之程度

中國物質建設，比較歐美各國落後，此人所共知者也。即使急起直追，非埋頭苦幹，經過相當時間，不能與歐美並駕齊驅也。所以 總理說：中國建設，非迎頭趕上去不可。不過，迎頭趕上去，固然須迎頭趕上去，而各種事業，各有其歷史，各有其應備之基礎，而非如海市蜃樓，一時可以幻成。日本物質建設，事事追蹤歐美。計自明治於西歷一千八百六十七年即位以後，積極改革，迄今已六十七年，始得與各國，齊驅並駕，逐鹿世界。反顧我國，則果何如。論國防，以最需要之飛機論之，我國固不能遠方歐美，即比之日本，亦屬瞠乎其後，軍用飛機，日本現有一千六百三十九架，而我國僅有三百架，至於製造方面，更等於零，自不必說。中國以農立國，而據二十一年統計，洋米進口，值一萬萬一千九百餘萬關平兩。棉業進口，值一萬萬一千八百餘萬關平兩。棉貨進口，值七千二百餘萬關平兩。即英日在我國各埠所設之紗廠，其出品量數，有六十六萬七千餘包之多，爲我國全國紗廠出產百分之四十，至於布之疋數，達一千零五十萬餘疋，超出我國全國出產約一百餘萬疋。至於航運，無論遠洋航運通日通歐通美通澳之線，我國無一船隻，即內河沿海之航運，亦以外籍爲多，如英如日如美如意以及其他各國，共有航船三百八十七隻，淨噸數三十七萬一千九百零六噸。而我國則僅有一百二十九隻，淨噸數十三萬八千五百九十六噸，尚不及外籍之半，而僅及三分之一强。其他一切一切，尚遠不逮此者，難縷指數也。

(二)中國物質建設落後之原因—缺乏心理建設

查招商局自開辦至今，已六十三年，去明治即位才數年，與日本郵船會社之成立，不相前後，而何以日本郵船會社之航運，遍於全球，歐美亞澳各大港埠，幾皆無不有其輪船之踪跡。而招商局則直至現在才有輪船二十四隻，淨噸數三萬四千七百九十二噸，而且負債累累，幾經整頓，而猶未大見起色，是果何故哉，則以一般民衆之心理，習故蹈常，而未有所刷新也。查中國歷史，自古以來，至於前清，政界之積弊，已成積重難反之勢，全國之官，中外上下，其數何止數萬，而其薪俸均不足以自養，而惟以陋規等等，爲其生活之資，所謂作弊者，爲其公開之秘密。曾文正公爲前淸中興名臣，持躬理事，均無可議，而觀其家書，其在北京時之生活費，固多靠京外官吏之[illegible]炭敬也。至於知縣，固有所謂養廉者，爲數既微，既由藩庫領不出，而上憲推荐之刑名錢穀，既不能却，而又須自請。一任之後，滿載而歸，其積聚果何由而來，此情上憲知之，政府知之，固視其爲當然而恬然不以爲怪。爲官既然，凡與官相連之事，蓋莫不然。李文忠公創辦北洋海軍，局面一若不小也者，而按之實際，虛縻特甚，據聞於與日本開戰之時，由庫取出之械彈，皆窳敗不能使用，一敗塗地，夫豈偶然。故數十年來，往往多一物質建設之事，即多一敝藪之事，積習相沿，羣視中飽回扣揩油爲當然之事。夫一樹之栽培，必須經過五個年頭，其根鬚始得揷入地中相當之深，而滋養不息。一個人之養育，必須滿足十二歲，其體魄始有相當之康健。今無論舉辦何事，而起始即不免於中飽回扣揩油等等，其何能滋榮繁盛哉。總理實行革命四十年，於提倡實業建設之外，尤斤斤於心理建設，有以哉。

(三)心理建設由於物質建設之眞憑實據

中國物質建設落後，既如上述，果無法以追蹤歐美，並駕東洋乎。民衆心理如此之墮落，果無法以改進之乎。曰唯唯否否。人患無追蹤歐美並駕東洋之志耳，患無改進之決心耳，果其有之，其法固近在咫尺，俯拾卽是。管子有言，衣食足而後知榮辱，倉廩實而後知禮節。孟子有言，富歲子弟多賴，凶歲子弟多暴，非天之降才爾殊也，其所以陷溺其心者然也。故答齊宣王之問，以「五畝之宅，樹之以桑。鷄豚狗彘之畜，無失其時。百畝之田，勿奪其時。老者衣帛食肉，黎民不飢不寒」爲王道之基。其答梁惠王之問亦以此。足見其所蓄於心者深矣。現在國弱民困，羣以農村破產爲憂，而亟圖農民建設，豈不以此。國家每年入超，數逾數萬萬元，欲救之者，羣以多生產多製造爲言，亦豈不以此。中國數千年來，累有治亂，說之者，謂由於休養生息，人民繁殖，至土地生產不足生養之時，飢寒者多，挺而走險，故成亂世。迨至世亂稍久，人民死亡者多，土地生產足用，又復安定而成治世。總理說：歷史以社會爲中心，社會以民生爲中心，豈不然哉。經傳所載，類此者尙多，如言「民爲邦本，本固邦寧」，如言「百姓不足，君孰與足」等等，殆難更僕數也。豈惟百姓與民，情勢如此，所謂統制階級，智識階級，亦何獨不然。古人有養士之說，士而不養，人喻其有如縱百萬虎狼於山林，故中國用人，有所謂使貪使詐者，有所謂水淸養不住大魚者，認人有一節之長，可以錄用，不惜其中飽回扣揩油以供其將來之費用者比比也。使中國不與歐美各國接觸，此種養士之法，長此終古可也。無奈歐美各國，另有其養士之法，其法之周密合理，遠逾於中國之法，遂至中國相形見絀，國勢不振，至於此極，而尙未有已也。共產主義，不發生於德國乎，而何以德國不見其實行，而實行之者，反爲俄國，則以德國有其適當之法以制止之也。制止之法爲何，非砍殺，非拘捕，非放逐，而爲全國各界員工，皆爲其立有保障之法。又爲預儲其養老金，使於年邁退職之後，仍可資以生活。又爲其難免有夭折之事，創有保險之法。使全國上下，概無失業患飢患寒之虞。不與孟子所言之王道，殊途同歸乎？其國家事業之蒸蒸日上，非偶然也。今且無論外國，即各國流風餘韻波及中國之法如海關如郵政如鹽務者，其法之良善，固較其他機關爲優越也。此而猶不能學，更何論乎外國。計其爲法，至爲易簡，用人由於考試，任用之後，有法保障之，非有大過，不加罷黜。只要努力工作，奉公守法，薪可增而級可進，年爲儲蓄養老之金，迨至退職，仍復不虞缺乏。此其所以弊少而風清也。即有一二不肖之徒，敢於舞弊，而以自愛者多，從之者少，發見而斥去之極易也。故非極愚或爲情勢所迫者，決不出此。在前清之時，鹽稅收入，不過二千萬金，自改革後，今則歲入逾萬萬金矣，增加稅額，固爲其原因之一，而弊較前少，亦爲主要原因也。反觀其他機關，則果何如，一長官之遷調，附屬之職員，隨之落職。偶有潔身自好之士，不隨同爲中飽回扣揩油之事，人且斥之爲書生，而亦無以自保。此種情勢，不思有以改善之，在經營工商業者，不至破產不止　在政界固無以使其有進步也。要而言之，欲國家之安定，必先安定民衆之生活，欲政治事業之有進步，必先安定員工之生活。蓋非生活安定，心理莫由安定，亦即心理建設，必有待於物質建設也。孔子有言，「乾以易知，坤以簡能」，又言，「易簡而天下之理得矣」。人而不欲國富兵强則已，果其欲之，不先由此易簡之處下手，無有是處。（完）

中國近三十年來對外貿易情況表（單位海關百萬兩。據海關報告。）

年度	進口	出口	入超
民國前十年	三一五	二一四	一〇一
前五年	四一六	二六四	一五二
民國元年	四七三	三七〇	一〇三
六年	五四九	四六二	八七
十一年	九四五	六五四	二九一
十六年	一、〇一二	九一八	九四
十七年	一、一九五	九九一	二〇四
十八年	一、二六五	一、〇一五	二五〇
十九年	一、三〇九	八九四	四一四
二十年	一、四三三	九〇九	五二四
二十一年	一、〇四九	四九二	五五六

觀上表，三十年間入超之數，至爲駭人！民國二十一年進口爲十萬萬兩，出口不及五萬萬兩，而入超在五萬萬兩以上，入超之額比出口總額還大，又何怪中國工業停滯，農村崩潰，民生憔悴！如此下去，則民衆生活尚且不能顧及，而物質建設更何從談起。故爲救亡圖存計，當先明白病源之所在，先從心理建設起來。（生）

學術

中國衛生工程之建設

陶葆楷

引言

我國生命統計事業，尚在初創時代，故出生率及死亡率，均不能有精確的計算。據內政部衞生署及各都市衞生機關之估計，平均每年每千人中死亡約三十人，與印度的死亡率相彷彿，較歐美先進國約多三倍。近代優生學者都主張生育節制，使人口的品質可以改善，同時講求公衆衞生，讓這些優秀份子可以多爲國家社會服務。我國則洽得其反，出生率與死亡率均高，民窮財盡，更談不到民族的進化。

節制生育問題，不在本文範圍以內，許多學者都有文章討論過。死亡率的減低，衞生工程師却負了極重大的責任。試觀南京市在民國十九年，傷寒及類傷寒發生次數占全市法定傳染病發生總數百分之三十，其死亡人數，占全市法定傳染病死亡總數百分之四十五。如把赤痢及霍亂亦算在內，死亡人數占百分之六十八。南京在民國十九年，尚無自來水之設備，糞便的處理至今還沒有適當的解決，所以傷寒霍亂等症盛行；治標的方法，打預防針，隔離，療治等等，這類醫士的工作，自有其不可埋滅的價值，但根本的補救，在改良環境衞生，那是衞生工程師義不容辭的責任。支加哥在一八九一年，每十萬人中有一百七十三人死於傷寒，後經給水及下水工程各方面的改進，至一九二七年，每十萬人中死於該病者尚不及一人，可見從事衞生工程的人，對於人類的供獻，是很大的。

中國近年來生產落後，農村破產，國家政治一切不上軌道，衛生建設，更瞠乎其後。前南京政府特設衛生部，各大市多設衛生局，專司衛生計劃及實施事宜，嗣因減政節費，衛生部改稱衛生署隸屬於內政部；各市衛生局，亦相繼取消，僅在市府機關內，附設衛生股，或設衛生事務所，其工作範圍，亦儘量縮小。究其故，蓋以中國今日，亟宜提倡生產事業，公共衛生及衛生工程，非目前必需，是以原有之規模，反摧毀之。殊不知改善環境衛生，即是增加全民族生產能力。中華平民教育促進會，在定縣創辦實驗區，以我國國民之缺點，在愚窮弱私四字，因劃分其工作為四大部份，對付「愚」有文字教育，對付「窮」有生計教育，對付「弱」有衛生教育，對付「私」有公民教育。中國的人口，百分之八十以上是在農村裏，所以談到衛生工程，不是僅在大都市創辦自來水，建造新式廁所，還要到鄉村裏去改良農民的環境衛生。

現在我國各地衛生工程的活動，範圍不大，可從都市及鄉村兩方面討論。都市衛生，比較上進行稍覺努力，而鄉村裏則向無人過問，我國不欲生存則已，不欲復興農村則已，此三萬五千萬農民之生活問題，不可不三致意也。

都市衛生

都市衛生，包括給水，下水，垃圾，蒼蠅，食物等問題。職務之執行，各市制度不同，大抵自來水多屬商辦，由市政府或公用局監督，亦有市營者，如南京自來水屬工務局辦理。排污工程多歸工務局，但垃圾之處置，在上海由衛生局執行；在南京則溝渠屬工務局，垃圾糞便及街道之掃除洒水屬清潔總隊，水井消毒及滅蠅等工作屬諸衛生事務所，此三機關均直轄於市政府。北平市政府有衛生處，並設衛生事務所，天津則以衛生事務室直轄於市政府。各種複雜不同之組織，皆足以減低工作之效率。上海公共租界以下水，垃圾及掃街，洒水歸工務部，自來水公司為商辦，辦理比較完善。作者頃赴各地參觀歸來，爰就各項衛生工程問題，擇要討論。

（一）給水工程　吾國開辦自來水，以光緒五年；李鴻章在旅順埋引泉水，供駐防海軍用為最早。後三年，英人在上海開辦上海自來水公司，迨後法租界自辦水廠，國人亦在滬組織內地自來水公司。於是天津青島廣州漢口北京等處，均相繼設立水廠，上海並辦閘北水電廠。自國民政府建都南京以來，給水工程之進行，尤爲積極。新水廠之已成者有廈門杭州及南京等處；惜均以經費支絀，未能充分發展，但其有裨民生，已不淺矣。

上海——上海有四水廠：(一)上海自來水公司，(二)法商自來水公司，(三)內地自來水公司(四)閘北水電廠。上海自來水公司，開辦最早，供給公共租界用水。前清末年，公共租界工部局築北四川路，想擴充租界，更藉自來水爲利器，凡華界居民之用租界自來水者，必須繳納租界巡捕捐，編訂租界門牌。閘北人士乃於宣統二年，創辦閘北水電公司，以抵制租界之侵略。法租界修築徐家匯路，亦以自來水爲徵捐之交換條件。給水設備而爲越界侵略之利器，亦可慨已。

上海自來水公司規模最大，設備亦最完善。水取自黃浦江，渾濁度平均約二五○，經過沉澱之後，渾濁度減至二五。每日用水量平均爲四二，○○○，○○○英加侖，每人每日用水合五二英加侖。租界居民，百分之九十爲華人，足見上海之繁華浪費，遠非他地可比。江水先經混凝沉澱，次爲沙濾，最後加氯以殺菌。礬用乾送法(Dry feed)，水從混礬間流至沉澱池，池凡二，各深十四呎。沙濾池分慢濾快濾兩種，慢濾池最初爲一八八一年所造，現共有三十五只，總面積五七○，一八○方呎，每方呎平均每小時濾水二．五英加侖，每隔半月洗砂一次。快濾池爲後來添建，共有八只，每只每二十四小時濾水三，○○○，○○○英加侖，每方呎每小時濾水一○○英加侖。連同慢濾池，出水總量爲每日五八，○○○，○○○英加侖。加氯分二次，首次在沉澱池之後；二次在沙濾之後，以剩餘氯之百萬分之○．一○—○．一五爲標準，殺菌效率爲九九%。出水壓力，根據該公司在一九二八年與上海工部局所訂合同，在離江西路公司水塔時，至少須有八○呎，凡在租界內及租界以外之越界築路，西至憶定盤路，北至虹口公園各地點，水在路平之壓力，若無特別原因，至少應有五○呎，其他越界築路各地，至少亦應有三○呎。

閘北水電公司，組織屢經變更，自宣統三年至民國三年爲官商合辦時期，在閘北恒豐路設廠，取水吳淞江，每日出水二百萬加侖。民國三年四月，改歸省辦，嗣以財政困難，復改商辦，於十三年八月組織商辦閘北水電股份有限公司。以吳淞江水質汚濁，舊有設備已舊，乃積極進行建設新水廠，從黃浦江取水。水廠位置，在軍功路閘殷路旁，距黃浦江約一千五百呎。進水機間有三百五十四馬力渾水幫浦兩部，每部每二十四小時打水一千五百萬加侖。進水口有鋼絲網，防魚類之侵入，進水井前有自動銅絲網，阻粗砂及其他固體之流行。黃浦江水混濁度約自二〇〇至四〇〇，加礬混凝，經六小時之沉澱，混濁度減至二〇至三〇。快濾池計六座，每小時出水量共約四十萬加侖。加氯在快濾之後，用量每公升約一公釐(IP.P.m.)剩餘氯(Resid ual chlorioe)爲千萬分之五(o.5p.p.m.)。水清池共分五只，二只在快濾池下，三只在混凝池下，此爲極大之缺點，因清水池位在混凝池下，不免有汚水之流入也。出水機關有八百四馬力電動幫浦工部，每部每二十四小時抽水一千二百萬加侖。水塔高一百〇五呎，有水箱二個，高水箱爲給水之用，低水箱作反流冲洗快濾池之用。殺菌效率經沙濾消毒後，普通在九九•五%以上。舊水廠現已改爲分水廠，專供儲蓄轉輸之用。

內地自來水公司，供給南市居民飲料，水廠在半淞園路，南臨黃浦，舊有設備不周，管理未善，致水質不能符合市政府之標準。民國十八年該公司進行改良，添購渾水清水幫浦，皆電動離心力式添築快濾池六隻，混凝沉澱池兩只，儲蓄及流冲洗快濾池用水之水塔一座，及清水池一只。舊有之第二第三兩號慢濾池改建爲混凝沉澱池。二號渾水池改建爲清水池。該公司給水區域水管多舊且小，又缺計核水量之設備，故廠內廠外，均須竭力整頓，始克獲得供戶之信仰。

杭州　杭州市自來水，清末即有擬議，至民國十七年，始有杭州市自來水籌備委員會之設。幾經周折，卒於二十年九月開始供水。原定經費爲二百五十萬元，後改爲一百二十五萬元。水源之探尋曾經過詳細之研究，錢塘水以潮汐之影響，秋季所含鹽分過高；試鑿自流井，越四閱月，鑿深至五百二十呎，尚無充量水源發見。因決定建築攔水壩，以成蓄水池，就范村里安虎跑三處測勘結果認理安蓄水池最爲相宜，再擬作實地之地質探鑽，以作最後之決定。是項工程，頗需時日，爲急於供水計，又選擇城外貼沙河爲水源，設水廠於清泰門外。河水含有機物頗多，且帶奇臭，大腸菌在0.1C.C.中發現，水質既劣，雖用沉澱，沙濾，消毒等方法，所出之水，仍不清潔，加以建築管理方面，尚有未完善之處，故水質不能滿市民之望。浙江水利而周鎭綸君曾著書論改良杭州自來水之方法，分消極整理與積極整理兩方面，是項計劃之能否實現，須視主事者之努力與經費之籌措也。

清泰門外水廠，以三十六吋鋼筋混凝土自貼沙河取水，管距低水面九呎。混凝法爲中國礬百萬分之三十，消毒用漂白粉百萬分之六，又加炭以減去水中臭味。和藥分三十槽，經流時間總長三十分鐘。沉澱池二只，長一五〇呎，寬九〇呎，深一二呎，池底爲漏斗形，故池中心深一七呎。沉澱期間八小時，容量爲三六〇〇、〇〇〇加侖。作者前往參觀時，混凝土牆裂縫過大，以木牆作暫時之計。砂濾池爲慢性的，容量一、八〇〇、〇〇〇加侖，亦僅一只。此外另建小號沙濾池一只，備大號池洗沙時之用。清水池有二只，每只容量八十萬加侖。

杭州自來水廠，供水不久，故市民接用者尚少。杭市住戶四萬戶，接用自來水者約僅七八百戶；如以人口計，僅十分之一。市民飲用井水者，約佔十分之七，餘則飲用湖水。浙江衞生試驗所化驗杭市井水，計有二百餘處；每公撮細菌數自一〇〇至二五一、〇〇〇不等，大腸菌醱酵試驗，亦曾在〇、〇〇一公撮中發見。西湖之水，每公撮細菌數自一三至二七二〇不等，大腸菌在〇〇一公撮中發見。故杭州井水及湖水，不經製濾，不能生飲也。

南京

南京自建都以後，人口大增，爲救濟良好飲料之缺乏，及消防事業之改進計，市政當局，民國十八年即籌劃自來水工程之建設。中間以經費關係，遷延日久，至民國二十二年始行出水。水廠工程，未能按原定計劃進行，即沙濾池亦付缺如。水源爲長江，近而且佳。進水點亦在京市漢西門外江岸，是處爲夾江上游，雖値隆冬或亢旱，江水亦無不足之虞。在離江岸八十公呎之江底，建造進水箱，進水管直徑一百二十公寸，進水口之中心，低於江水低水面一公尺半，外護以鋼格柵。進水井爲長方形，內分兩部，前面置五公釐孔眼之鋼絲網，以防雜物吸入機中。混水機計三部，皆電動離心式，每部每日抽水二〇、〇

○○立方公尺。江水發見大腸菌，每年約有四五十天，故在沉澱之前，先加漂白粉消毒，計用氯百萬分之一、二(1.2 P.P.M.)。漂白粉與明礬，均用人工在缸中攪和，送至管中。礬用百萬分之三十五(35 P.P.M.)在和藥間中與水混合。沉澱池二只，設計之沉澱時間爲四小時；惟目前用水量小於設計之出量，故實際沉澱時間遠過四小時。沙濾池以經費不足，未能建造。清水池在混凝池下，水至此作第二次沉澱，故可謂之副沉澱池。清水機亦爲電動離心式，計三部。清水再用漂白粉消毒，加氯千萬分之七(0.7 P.P.M.)。蓄水池在清涼山頂，由水廠至清涼山之水管直徑爲七十五公分，再由清涼山蓄水池用六十公分之總管輸送水至城內各地。設計出水量爲每日四萬立方公尺，二十二年夏間用水量總計約四千立方公尺，僅設計水量十分之一。沉澱池及蓄水池之容量均爲七千立方公尺有奇，可蓄兩日用水，故雖無沙濾，所出之水，不含大腸桿菌，水質尚佳。

漢口　漢口既濟水電公司，兼營水電事業，宣統元年，開始供水。水源爲襄河，水廠位於韓家墩。襄河水面，漲落無常，冬夏之差，達四五十呎，進水機關之設計，遂成一煩難之問題。最初採用壓氣機，惟效率甚低，嗣後水量需要增加，乃改用進水船。上置電力抽水機，此項起水辦法，沿用已將二十年。河水漲落時，須將進水船上之出水管縮短或加長。現該廠有進水船二艘，載電動離心式抽水機八座。製水設備，均分混凝，沉澱，沙濾，及清水等池。礬池共計二處，礬量視水之渾濁而定，每日由五百磅至四千磅不等。沉澱池共五十六只，舊池五十三只，沉澱之水，引入慢濾池，每用六月，將沉澱池清洗一次，每池需十八工作四日。新池二只，專供快濾池之用，中置翻水牆，故沉澱池效率，較舊池爲佳，每隔六月清洗一次，每池需六十八工作一星期。砂濾池分慢性快性二種，慢濾池二十六座，石子厚一呎八吋，沙厚二呎八吋，每用半月，洗砂一次。洗時將池面污砂刮去一吋，繼續使用，至池內砂層僅餘一呎八吋時，將餘砂全部取出，重鋪新沙。洗沙機有四座，用電力轉動，污沙經過兩番淘洗後，即可再用。快濾池現有七座，下層石子厚六吋，中層粗沙厚六吋，上層細沙厚三十吋，每用二十四小時，冲洗一次。洗時先用壓力空氣將沙層中積泥冲散，再用十磅壓力清水反冲。每池冲洗一次，約需一小時。清水池現有二座，出水機六具，三具爲汽動橫以水筒式，係開辦時購置，兩具爲直流電動兩級離心力式，一具爲交流電動單級離心式。全廠出水量，平均約每日一千五百萬英加侖，以全市人口五十萬計，每人每日平均用水量，約爲三十英加侖。水質頗稱清潔，渾濁度平均爲百萬分之十五，細菌數平均每公撮約一百。

北平　北平自來水公司，於光緒三十四年開辦，水源取自孫河，總水廠在順義縣境孫家屯。每日平均出水量約二百八十萬英加侖，供給人口約十六萬，平均每人每日用水約十七英加侖。進水機三座，汽動立式雙拉桿二份，臥式雙拉桿一份。混凝劑用明礬，沉澱池凡三個，每個容量二八九五○○英加侖。慢性砂濾池共十個，每個面積四、六○八方呎，每日每池濾水量四一二、○○○英加侖。清水池，出水機及水塔在東直門外水廠內，消毒原購綠氣殺菌機，現以氯價昂貴，僅用漂白粉溶液，不過消毒劑之用量，無合理之計算，廠中之管理，又缺乏技術的指導，故水質不佳，經各衛生機關分析結果，大腸桿菌均發見，且每公撮雜菌數亦高，不能滿足市民之期望，現北平市政府衛生處正擬作嚴重之監督。該自來水公司成立雖已二十五年，用戶仍未普遍，北平市民大半仍依井水爲飲料，接用自來水者僅百分之十五耳。飲井水以構造簡陋，且多損壞，地面及地下之污染，均所不免，依據內一區衛生事務所之檢驗，井水大腸菌醱酵試驗，平均約在百分之四十左右。最近進行漂白粉消毒工作，以經濟關係，成效亦微。

以上就國內大都市之給水問題，擇要提出數處，作簡單的敘述，其他天津青島廣州等處，亦均有自來水廠之設立：小都市中，則皆恃井水或河水爲飲料。杭州北平等市之自來水，尙以各方面之污染，不能滿足清潔之條件，小城市中井水河水之未經濾製者其不潔更無待言，每年夏季各市腸胃傳染病流行，此實爲最重要原因之一。由是可知我國各地居民飲料問題之嚴重，市政當局不可不加以深切之注意也。

(二)溝渠制度及糞便之處理　我國各大都市，均有溝渠，以資宣洩雨水。北平溝渠建在明末清初，年久失修，

20131

淤塞者頗多，現工務局正擬竭力進行疏通舊溝工作。江浙都市，多有河流穿過，雨水大都就近排洩入水，或入護城河。故除各地租界地外，大率無系統的與大規模的下水道制度。近年來各地市政，有長足之進展，馬路改良之成績，已爲盡人目覩，其次則各市均將進行溝渠工程，日積月累，是在吾人今後之努力。

糞便之處理，因農事之需要，作爲肥料，爲我國衛生工程界一大問題。各市之有新式污水道制度者，殊不多覯，大半採用小規模之腐化池及滲坑，以滿足少數上等社會物質生活之要求。南京中央醫院新建活泥池，北平燕京大學有伊姆赫池，及噴灑池，均經詳細規劃；但規模極小。普通住戶所用之腐化池及滲坑，皆無合理的計劃，任掘一坑，以磚石或混凝土砌爲墻，污水排洩其中，經沉澱腐化作用，水則任其滲入地中，如附近有淺井，則污瀆影響，不言而喻。較好之坑分兩間，第一間爲沉澱腐化池，上有進入孔，以便污泥之掏出，第二間爲滲坑，上覆以土。次焉者僅有一坑，無進入孔之設備。此種辦法可謂簡陋至於極點，不過在都市污水溝渠制度未曾完成以前，以少數市民物質生活之需要，此固最近而易舉之事也。

中下等社會糞便之處理，以糞坑，糞缸，糞車，糞船，糞廠爲盛糞場處，最後用之於農田；在今日中國肥料工業尙未發達時期，糞便用作肥料，實爲無可避免之事。從衛生方面而言，都市如有新式之污水道制度，以下水施於灌溉，自屬有利無害，如柏林下水田供給柏林全市所用菜蔬四分之一，並供給多量之牛羊飼料。不過下水田之施行，必須大規模之農村，究應如何應用，尙須特別研究。再現在歐美各國，以地價及人工之昂貴，漸漸不用灌溉法，而採用其他人工方法來處理下水，中國情形不同，自宜先事試驗，而後始作各種方法之比較。

糞污爲蒼蠅繁殖場所，吾人試一觀各地之糞坑糞缸，莫不蠅蛆滋生，雖由衛生局或衛生事務所檢査之責，均爲經濟所限，未能有若何之成績。北平衛生處第一衛生事務所，與淸華大學衛生工程組有合作計劃，曾於去夏提倡滅蠅運動，工作分撲滅，檢査及宣傳三項。並於過去一年內改造公厠五處，修理四處，其改造修理之標準凡三：(一)露天厠所宜改爲屋內：(二)公厠窗戶，須加以通風防蠅設備，(三)土坑或磚坑之滲水者，宜改建以不滲水爲原則。南京厕所之清除，歸清潔總隊，由糞夫挑至糞船，船在下關，惠民河，秦淮河及漢西門等處均有站。衛生事務所用蜡化鈉殺蛆，年約費八千元，成績亦殊不佳。

糞便消毒問題，南京衛生署曾於去年作有系統之試驗。據其結果，用千分之二蜡化鈉 (0.2%)，可以殺死蠅蛆百分之九十五以上。以南京四千糞缸計算，每夏須費約七萬元有奇，如斯鉅款，人工尚不在內，當非目前狀况所能容許。至於蜡化鈉入糞污之後，對於農產物之影響，亦經試驗，如用 (0.2%) 蜡化鈉，其效力足維持一星期，糞污中之氮・變化極少，用作農田肥料，其效力不減。由此可知蜡化鈉消毒，有效而無害，惜價值太昂，不能採用。去夏在北平所用者，仍係石灰，效力低微，但以價廉而用之。此項問題之研究，尚須繼續，以其關係重大，而在他國則情形迥然不同也。

上海公共租界，有下水調治廠三處，均用活泥池，設備完善，管理亦佳。界內溝渠，分兩系統，以河南路爲界。東則引水至桂陽路廠，西則引水至林肯路廠。兩廠佈置全同，各有活泥池四部，每部有池四只，每只容量十萬加侖。活泥池用螺旋氣化法，下水在氣化前不經沉澱，氣化後污水至沉澱池，沉澱下之污泥導至晒泥床 (Sludge drying beds)。下水量爲每廠每日一、三至一、七百萬加侖。第三調至廠規模頗小，原爲試驗之用，活泥池之容量僅一萬加侖。界內溝管都用圓形混凝土管，直徑之大於三呎者用鋼筋混凝土。幹管之一部份爲蛋形。

除上海外，青島天津等市，亦有下水調治廠，但均爲外人創辦。下水溝管之安設及調治廠之建築，需用鉅大之款項，其發展又較自來水爲緩。

(三)街道掃除與垃圾處置　我國都市，柏油路面尚少，居氏衛生常識又低，隨地可以傾倒垃圾，故街道之清除，極爲困難。普通垃圾均用以填窪，河岸城根往往爲堆集垃圾之場處，既碍觀瞻，又爲蠅類繁殖之所。用燒化法來處置垃圾者，尚不多覯，僅上海公共租界有焚穢爐二處，設備異常完善。

南京清潔總隊，有掃街夫五六〇人，穢土車爲雙輪的，上置長方形木箱，每二人司一車，現共有二四〇輛。此外尙有馬車十輛，汽車七輛，半供馬路洒水，半供運輸垃圾。穢土車有集中點二處，一在城隍廟，一左狗皮山，由此二處用汽車將穢土運輸至城外。城中如有窪地，即由小車就地填窪。垃圾車在上午五點半至十點半及下午二點至六點間，到各街坊收集，並搖鈴以爲號。垃圾箱無標準圖樣。該隊經費每月約一萬元。

上海市街道之掃除與垃圾之處理，歸衛生局執行，現有垃圾夫約六百人，垃圾車在閘北及南京各有集中地點兩處，由此集中地點，用垃圾船運到黃浦江上游二十哩。該處地勢低窪，據南京衛生署逕雅先生之估計，可供上海市垃圾填藏二十年之用。該局每月經費二萬四千元，用作街道清除及垃圾處置者每月約自一萬元至一萬二千元。

北平街道之掃除，由市政府衛生處負責。據市政府技術室之估計，平市垃圾平均每日可出八九〇噸。過去因無人稽査，垃圾往往隨地傾倒，甚至街巷，逐日加高。即使運往他處，亦不過堆積城根，如泡子河，東城根等處，日積月累，成爲山邱。自去冬衛生處成立，對垃圾問題，思竭力整頓，舉凡北平之垃圾穢土，均須用載重汽車運出城外，並在城內擇相當地點廿三處，作爲各處穢土集中場站。現在有清道夫約六百名，垃圾車約二百七十輛，水車二十二輛，水桶一百五十個，洒水汽車四輛，運除垃圾汽車十九輛。衛生處每月經費約一萬六千元，用於街道掃除及垃圾處理者約每月一萬元。

上海公共租界工部局，對於街道之淸除及垃圾之處理，有深切的注意，故成績遠在我國市府管轄範圍之上。全界分東西南北四區，稽查工作分區執行。淸道夫共六百人，每人司一垃圾車，車爲單輪的，停於路旁，裝滿後推至集中場点，由垃圾船運出。住戶垃圾，用混合收集法，每五戶至十戶，有一混凝土製之垃圾箱，箱上有蓋，但蓋好者甚少。據工部局之統計，普通華人住每戶每日出垃圾十磅外人住宅每戶每日出垃圾二十磅，最高限度爲每戶每日四十磅。上等住宅有鐵製之垃圾桶，容量爲二立方呎。旅館及大商店，另有特製之大鐵箱可容垃圾一噸，收集時用二噸之載重汽車，上裝此種鐵箱兩個，是項載重汽車，共二十輛。此外尙有載重汽車十三輛，專司焚燬廠垃圾之運送及界內之填窪。垃圾船之碼頭共七，一在黃浦江，六在蘇州河，每船約可裝垃圾二十噸，全區垃圾產量，每日約自九百至一千二百噸，三分之一，用載重汽車送至焚毀廠，其餘一小部份用在界內隨地填窪，大部份以垃圾船運至吳淞及黃浦江上游窪地。界內塡窪亦經過有系統的計劃，垃圾用硼砂（Borax）以防蒼蠅之滋生，上面至少蓋灰燼六吋。所用硼砂溶液，係以一磅硼砂四加侖水製成。近又以雙層黃色包皮紙替代硼砂，垃圾填好以後，用紙蓋好，一星期後，上面再蓋以灰土。是項包皮紙，中間加以瀝青，據試用結果，較硼砂爲經濟。焚穢廠現有兩處，西廠每日可燒垃圾二百噸，東廠每日可燒一百五十噸。

（四）其他環境衞生工作　衞生工程之目的，在以工程方法，改良環境，使居民之健康增進，疾病減少。除前述三項外，尚包括許多問題，如蚊蟲之消滅，居住，食物及牛乳之衞生，均直接影響疾病之傳染，各市由衞生局或衞生事務所進行，奈以人民智識不足，再加以經費之困難，阻碍殊多。中國今日之社會建設問題複雜，自非一朝一夕所能成功，衞生工程當然不是例外，負改造之責者，斷不能因噎廢食，而自餒志氣也

都市衞生狀況，各地不同，以上所述，不過舉其犖犖大者，其目的在使讀者得知我國今日大都市衞生工程之概況，較諸歐美各國，實瞠乎其後。我國今日死亡率之高，民族體質孱弱，與國家存亡，有最密切之關係。其尤堪觸目驚心者，租界地在外人統治之下，衞生工程有充分之發展，如上海公共租界，直與歐美大都市無異，此又值得吾人三致意者。

鄉村衞生

我國人口，百分八十五在農村中，國家命脈所繫，政府於是有農村復興委員會之設，吾人深望其能腳踏實地，爲吾民闢一線光明，勿蹈其他流行式委員會之覆轍。談到農村復興，第一是要減輕農民負担，取消苛捐雜稅，第二要增進農民的生產力，改良農民的生活。除此二者，尚有許多連帶問題，須同時進行，始克完成復興農村之整個目的，環境衞生，即是項問題之一種也。鄉村衞生工作，當分兩部，一部份是醫學方面的，一部份是工程方面的。譬如給水問題，鄉間多恃井水，對於井之構造，必須有相當研究，始可免除地面及地下之污濁影響。吾國鄉間之井，

多無井蓋，井牆亦多毀壞，均宜從事修理。井水之污瀆者，宜行消毒工作，最便利之方法，即用漂白粉溶液，此在定縣已見實行。糞污之處理，牽涉農田之生產，因我國農村，以糞污為肥料，必須備之於缸，蠅類繁殖，實屬有碍衛生。且糞缸或糞坑，多半鄰近住處，其傳染疾病之危險性尤大。如何消滅蠅蛆，同時並不得妨害糞污之肥料成分，究用何法為最適宜，倘有於試驗與研究。南京衛生署衛生工程組陶度雅博士所作蜡化鈉消毒之試驗，前已言之，按其結果，用千分之二之蜡化鈉溶液，能殺滅糞污內之蠅蛆，如是項糞污，消毒後過一星期始用作肥料，對農產品絲毫不生惡影響。惜價值太昂，如為南京一市計算，每年須國幣七萬元左右，此單就蜡化鈉而言，其他人工消費尚不計也。南京如斯，則其不能應用於鄉村也至明。

鄉村衛生之推行，宜以縣為單位，衛生署曾提出「依照各地方經濟情形設立縣衛生醫藥機關以為辦理醫藥救濟及縣衛生事業之中心案」經第二次全國內政會議通過。該案主張縣政府組織衛生改進委員會。並設縣立醫院，內分醫務，戒煙，防疫，婦嬰衛生及衛生教育五股。促進飲水廁所及環境之改善，提倡剿滅蚊蠅等工作，屬防疫股。該項計劃在江浙實行者已有泰縣鹽城句容江寧吳興等縣，惟以目前經濟狀況所限，工程方面尚無進行。河北省定縣為中華平民教育促進會之實驗區，以特殊之經費，故得改造水井，以期免除地面污瀆，近聞對於糞坑及猪圈，擬請工程師研究，藉以改良式樣，合於公衆衛生。

經濟委員會中央衛生設施實驗處以各省公路，現正積極修築，全路之長，有二三萬餘公里，工人數十萬，醫療工作，如工人診療所及巡廻救急箱等設備，防疫工作，如預防驅蠅·撲蚊，滅虱等事項，及環境衛生，如工人住所之檢查，飲水之改良與糞便之消毒等，均甚重要。路成以後，車輛之清潔，廁所之改良，及車站上不潔飲食之取締，沿路車次急性病者之救濟及病人轉運等事項，尤須有較完善之設備。特編印公路衛生一書，對於修築公路時期工人衛生之種種設備，與夫路成以後交通衛生之工作實施，均有詳盡的計劃。現蘇浙皖京滬五省市交通委員會已進行是項公路衛生工作。將來由公路站推廣及於鄉村，亦屬實施方式之一種。鄉村衛生，關係國家前途者至鉅，不過際致農村破產，進行自極困難，燕樹棠先生曾剴切言之。但人仍宜多加注意，以期覓得農村經濟改進後，改善環境衛此項工作之重要性依然存在，即使目前不能有所實施，吾生最有效途徑。

（完）

由天津市特一區自來水廠論到中國公共給水工程

李吟秋

現在社會生活之趨勢，傾向於城市生活，亦即人羣的共同生活。因共同生活之關係，凡水火電，及一切交通設備，均為公共事業。自來水為重要公共事業之一種。關係一般市民生活，至為重大。其最要者，於衛生（如腸胃病及其他傳染病）及公安（如消防）兩方面，均普通最明顯之事實。在未討論本問題之先，有幾個重要名詞，應行解釋，以期容易明瞭。

(一)公共給水工程，係指城鎮公共用水之各種工程設備而言，其事務顯然為一種公用事業。

(二)自來水即給水工程所供給之水。

天津市為華北重鎮，其人口據最近調查，為一百三十四萬八千二百四十人。所有水電等項公用事業，均操於外人之手。如電燈電車之為比商所經營。濟安自來水公司之為英商所經營。不但利權外溢，而此種生產建設，及公用建設，關係都市發展與市民安全之事業，均為外人所操縱，其影響甚大，不容忽視。

查津市原有兩大自來水廠，一為濟安自來水公司，一為英租界水道處。

濟安自來水公司

前清拳匪之亂，英國乘八國聯軍入據京津之際，要求供給天津全市自來水之權利，於是設濟安自來水公司。該公司於一九零二年開工建築，翌年成立於津西頭芥園，而立案於香港駐英督辦公署。其創辦人則為德人巴貝。該公司為股份有限公司，資本五百萬兩，現收足三百萬兩。共發出股票三萬餘股。其最高機關為董事會。華董事六人，洋董事四人。主席為洋董事。經理一人，英籍。內分四部

（一）工程部（二）水表部（三）洋賬房（四）庶務部。該公司抽水之處有二：一為西河，一為運河。夏季運河水濁。則取自西河，其餘冬季仍用運河之水，以水質較佳故也。其供給之區域，除英租界及特別一區外，幾遍全市。修有水塔之處，一位於西北城角，可容二百萬加侖，一位於炮台莊，可容四百萬加侖。價目每千加侖七角，水舖六角。

英租界工部局水道處

英租界自來水在民國十一年五月，始由工部局水道處接收自辦。惟歷年擴充，屆至一九三三年，工部局報告已設有機廠三處，曰巴克斯道機廠，曰倫敦道機廠，曰達格拉道機廠。三廠共有井八口，氣壓機十二架，並抽水機九架，輔水機七架。其佈設水管總數已有九一，九五八尺，地面水龍頭一三五個，地下水龍頭五十一個，而接通水管之用戶，有二千二七六戶。總售水量至四五〇，〇四二，一三八加侖。水價每千加侖一元。

自本年十月四日起，特一區自來水廠成立以來，合以上兩廠，天津共有水廠三處。特一區水廠，雖云規模較小，然其據有特殊之點，即完全為市政府自辦自管，足以為本市自營公用事業之先聲。

（一）緣起

津市特一區自來水，原由本市特別一區公署與英租界工部局訂立合同，由英工部局自來水廠供水。至二十一年五月間，合同屆期，英工部局以該租界住戶日增，水量不敷應用，經董事會議決，「不再續訂合同，該區用水，供給至本年十二月底止」。嗣經特一區公署，與英工部局磋商展期，結果將供水合同延長六個月，至民國二十三年六月為止。市政府以特一區華洋雜處，戶口繁密，水源供給至為重要，且左近村落工廠林立，日漸發達，給水設備，尤待擴充。遂擬發行市公債籌辦一切，以未得財政部核准而能。至民國二十二年五月間，英商東方鐵廠代表鼎昌自來水公司呈請承辦，經函准實業部呈奉國民政府令准在案。會于主席學忠監任市長，以公用事業操諸外人之手，殊屬非宜，決由市政府自行籌辦。嗣王市長韜蒞任，乃組織特別一區自來水籌備處，派定委員十一人，分工務，財務兩組積極進行。籌備處既成立，遂定特一區公園地十餘畝為建築水廠地基，並搜集採擇各種工程之方式，磋商價格，籌措工欵，嗣經東方鐵廠以十八萬八千元之價額承包，當即簽訂合同，責成迅速辦理。並由籌備處組織監理工程事務所督促進行。

(二)計劃

特別一區現有人口為二萬四千八百六十（此外鄉區約二萬餘人），向由英租界水廠供給，據民國二十年報告，本區每月平均用水約八百萬加侖（三萬六千立方公尺），最大水量（七月份）為一千萬加侖（四萬五千立方公尺），現在本區南北兩面居民，用水量逐漸增加，為目前需要及將來擴充起見，本廠給水量應較民國二十年之給水量增加一倍，方足適用。因此，每月最大給水量約計為二千萬加侖。擬此為標準，每日最大之給水量為八十萬加侖至九十萬加侖。

(三)工程設備

現在特一區水廠設備如下：

一、井兩眼，一深七百一十四英呎，一深五百一十二英呎，在二百呎以上，口徑十二吋，以容抽水泵，其下為八吋口徑。

二、蓄水庫兩座，均用洋灰鋼筋混凝土建造，每庫裏面計長六十五英呎，寬五十英呎，高十二英呎，容量為二十萬英加侖，兩庫共容四十萬加侖。

三、抽水機房，分大小兩座，小房內有井泵一架，沉沙箱量水箱各一具，大房內有井泵一架，電力抽水機一座，沉沙箱量水箱，及總水表，總電閘，柴油抽水機，各一座。

四、辦公房一所，及工人宿舍試驗室一所。

本廠用機器向外送水，不用水塔，水泵壓力為每平方吋五十磅。

(四)工款

本工程工料價欵

(甲)水廠內部建築水管，打井及一切設備費，計十八萬八千元。

(乙)外部埋設水管，水門，龍頭等工料費，計二萬七千五百餘元。

(五)進行經過

特一區水廠鑿井工程，經市府與承包人東方鐵廠，於廿二年十一月十三日簽定合同。於二十二年十二月三十日，第一井開工，總計爲時二月有半，鑿深七百十四尺。在第一井工事進行期間，同時第二井亦於二十三年一月十六日，開始作預備工事。二月二十日起始開鑿，至四月十九日止，共行鑿下五百十二英呎。第二井每日可出水六十萬加侖，第一井每日可出水四十萬加侖，總合兩井之水量，足符合同之規定。

辦公房於四月二十九日開工，至七月二十日全部竣工。蓄水庫於四月二十六日起始挖掘地基，於九月底全部竣工。所有輸水管等件，統於九月三十日以前，全部裝設完畢。遂規定於十月一日正式出水。仝月四日水廠舉行正式開幕典禮。

(六)營業狀況

現時(二十四年一月)每日出水平均爲四十五萬六千加侖，實售三十六萬餘加侖。每月售價爲六千六百餘元。預計最大售價可至八千餘元。每月抽水費及經常費等，共三千五百餘元。預計年可盈餘三萬餘元。現時水價分三等，均按表計算，(一)普通家庭用水，每千加侖一元。(二)營業用水，每千加侖七角五分。(三)船舶用水，每千加侖一元五角。

現正籌劃向南鄉一帶，埋管通水，成功後，售水量，可增加一倍有餘。

現時特一區水廠計有送水幹管長九千四百四十一公尺，消防龍頭四十五座，裝表用戶七百二十二家，水舖二十七家。

特一區水廠及天津其他水廠，狀況已如上述現在再推論中國之一般公共給水工程，俾吾國同胞對此有一深切之認識。

考吾國古代已有自來水工程，如隋時之山西絳縣，宋朝之廣州，均有自來水之設備，古書記載甚詳(見附註)，至於新式給水工程，發軔之地，厥爲旅順。時在清光緒五年，李鴻章開港旅順，以練海軍，埋六吋管長二萬二千四百公尺，北取八里莊龍引泉之水，以供海軍應用。其次爲上海，英人於光緒八年，組設上海自來水公司，專爲供給英法兩租界外僑之用。此後光緒二十二年，法租界自設水廠，華人亦自設廠給水。光緒二十七年，俄人租遼東半島開大連爲商埠，嘗引馬蘭河水爲飲用。同年天津中外人士，亦合組濟安自來水公司。此後青島，廣州，漢口，汕頭等處，以及南滿鐵路重要車站，爲撫順，遼陽，沙河口，均次第設立水廠。至宣統二年，北京亦設自來水廠。至民國九年，雲南昆明水廠，及天津英租界水廠，亦行成立。計先後五十年中，華人所辦水廠凡十，外資所辦凡六。最近成立者，則爲廈門，柳州，濟南，南京，杭州，及天津特一區之官營水廠。此後如政象平治，建設發達，給水事業，亦必日有進步，可斷言也。

（註一）「蘇黃尺牘合刊」蘇東坡與王敏仲書，言及羅浮山道士引泉入廣州城事，與近代城市給水原理相符，玆將原文摘錄於下：

羅浮山道士鄧守安字道立，山野拙訥，然嘗道行過人。廣惠間敬愛之，好爲勤身濟物之事。嘗與某言『廣惠一城人，都飲鹹苦水，春夏疾疫時，所損多矣。惟官員及有力者，得飲劉王山井水，貧下何由得？惟蒲澗山有滴水巖水，所從來高，可引入城，蓋二十里以下耳。若於巖下作大石槽，以受之，又以五管分引散流城中，爲小石槽，以便汲者，不過用大竹萬餘竿，及二十里間用葵茆苫蓋，大約不過數百千數可成。然須於循，州少置良田，令歲可得租課五七十千者，令歲買大筋竹萬竿作筏下廣州，以備不住抽換。又須於廣州城中置少房錢可日稅一百，以備抽換之費，更差兵匠數人巡覷修葺，則一城貧富同飲甘凉，其利便不在言也。』

「聞遂作管引蒲澗水甚善，每竿上須鑽一小眼如菉豆大，以竹鍼窒之，以驗通塞。道遠日久，無不塞之理，無若以驗之，則一竿之失輒累百竿矣。仍願公擘畫少錢，今歲入五十餘竿竹，不住抽換，永不廢僭言必不訝也。」

按竹管連縮處，以繩漆塗之，所以防漏，大竹萬餘竿，用葵茆苫蓋，所以防汙及熱裂。他如鑽小眼以驗通塞，以及巡視修葺辦法之周密，等均可見古人之匠心焉。」

（註二）「吾國古代自遠地引水，作爲飲料者，亦間有之，頗似今之『給水工程』。如山西絳縣西北三十五里，有鼓山，亦曰鼓堆。山下有清濁二泉，合流成溝。隋正平令梁軌，患縣井鹹滷，生物瘠疲，因鑿山引水，經濠坎則繞之以槽，穿城牖，入衙注池，別分走街衢，阡陌消然，嗚激溝渠，分灌町畦，訖於汾河。至明天順間，知州張與行，推水利於民，而官衙之水遂涸。是與羅馬城之阿皮面水道(Aqua Appia)極相彷彿。此水道凡長十一英里，建於西曆紀元前三百一十六年以前，是為泰西自來水工程之嚆矢。」(見李吟秋著鑿井工程)

關於水價問題有兩種論調，一為英國之主張放任用水，其說謂水為人生必需，不應按表計資，其實縱不明納，其捐稅已包括之矣。又其大城市之煤氣，限制極嚴，照表隨時繳費，與水相較，實無以自解也。二為美國之裝表按量計價，實費公允，蓋美國自來水廠，多為商辦，英國則多歸市辦也。此外收費又有包水者，按戶按房租計算，其制流弊甚多，未可仿效。即用水表者亦有應注意者二点(一)水表價廉者，其感覺性低，價昂者則成本鉅，不易舉辦。水廠因用廉價水表，而受低能水表之害甚多。

水價之高低，因製水之成本而異。據查最低者為吉林，每千加侖三角(每月虧五千元)，最高者為汕頭，每千加侖三元，亦行虧累。

城市之自來水之必需要素有二：(一)為水質(二)為水量。蓋城市戶口殷繁，用水極多，又公共衛生勢須講求，此二者均關係於水源之良窳。大抵就量的方面而言，河湖較勝於井泉。就衛生方面而言，井泉較勝於河湖。但井泉之水恒失於硬，是其缺点也。

水量之標準

用水量之多少，視下列各節之影響而為增減：

一、城市人口之多少，經濟狀況，與生活狀況。

二、工業之性質，與數量。

三、公共用水之多少。

四、氣候之變遷。

五、給水設備之好壞。

天津市上等住宅，每日每人平均用水七加侖，中等住宅每人每日平均用水五加侖。

至於公共用水及家庭用水，合計之，天津市每人每日之總需水量約為二十七加侖，與栢林，米蘭，維也納等處相等。用水最費在美國首推

巴法婁(每人每日二七七加侖)

芝加哥(每人每日二六四加侖)

在歐洲，當推羅馬（每人每日一二〇加侖），該城街心及公園多噴水泉也。其餘歐洲都市之每人需水量僅二十至五十加侖而已。

水質關係民生最大，凡水多含微菌者，傳染病症，且不適於釀酒製糖。水多鐵質者，不適宜於造紙及染業。水性硬者，（鈣鎂之炭酸鹽）有害於鍋爐，不宜於洗滌，且易生癭頸之病。

至於給水工程將來之發展，敝意以爲中國應切實注意吾國城市之需要，以期達到最經濟最合理，且效率最高之目的。此外尚有數點提出大家注意。

一、關於水源之選擇，應注意水量之充足，水質之適宜。蓋此爲給水工程之命根，稍一不愼，貽誤無窮。廿三年杭州大旱，其新成立之自來水廠，水源發生極大障礙，可以引爲殷鑑。

二、關於經營方面，敝意以爲在新發展之鎮市，以水電兼辦較爲經濟。蓋二者同爲公用事業，如合辦，則總務費可以減輕。

三、又以前各大都市，水電事業，往往爲外人所把持，此實根本錯誤。是後如再創辦，能由公家經營固佳，否則亦應由華商自辦，以固主權。

四、市民用水多少，關係文化程度，身體健康，及市民之良窳甚爲重大。敝意以爲應訓練民衆多多用水，譬如勤沐浴，勤洒掃，勤澆路，澆花，皆爲美好之風俗，應極力提倡。即自營業方面而論，用水增加，則製水費單價即可減低，盈餘自然加多也。

五、創辦水廠，應提倡國貨。水廠所用之大宗原料，如鐵管，明礬，龍頭，水門等項，此在可能範圍內，皆應引用國貨。惟國貨亦有其應行改良之點，例如明礬之以溫州產銷路最暢，然質地不純，易結成塊，其效率較外礬劣甚，而價低有限，故用外礬者多。水管非無國貨，然壁厚則重而價貴，身短則接頭多而需工料繁，加以刷漆不勻，易於生銹，耐壓力小，故重要幹管，多用外貨。他若水表，水門，及龍頭等，本地匠人亦能仿做之，惟精確度稍差。由此可以連帶知提倡國貨之不易，而基本工業之必不可少也。

現在非建設無以救國，而自來水亦為重要建設之一，深盼吾同胞對此益加努力。（完）

工程消息

晉省水電事業

【太原通電】晉省當局以山西水電事業，亟待發展，會由水利工程委員會令總工程師塔德負責測查，利用著名之黃河壺口瀑布之水力及汾河來源、晉祠廣勝寺、曲沃之泉水三處，計劃興辦本省水電工業，塔德當於民國二十二年四月偕同王錄勳前往查看，本年十月由雅振華（礦師）李茂唐（土木工程師）同往覆測，並增製瀑布及工廠地址照片，復乘船至禹門口視察奔湍，並自壺口測至禹門口及汾河口，與汾河測量相聯接，知禹門口附近黃河峽之下游，更有可以發展水力者，擬用最新式渦輪機，利用黃河瀑布，發展五萬馬力之計畫，其他三處，均係汾河來源之泉水，規模較小，測量事宜已於本年夏完竣，則由該會印竣開發黃河瀑布，及晉南晉中各處水力用以灌田及發展工業之初步計劃，分呈該會各委員核閱，塔德以此項水電計劃，關係晉省實業發展極大，日內即行來并，召集各委員商討舉辦具體計劃，茲將塔氏測查之結果報告錄次：

黃河瀑布

在中國而言水電事業，最有價值者無過於黃河壺口之瀑布，以工程事業論，可與歐美非各洲之大事業相競賽，此地當黃河水位最低時期可發展五萬馬力之水力，在其南六十英里山峽之下游河水流近禹門口之築壩逼水，更可得五萬馬力經年工作之電廠，用以增進河東平原以及汾河口附近及稷山河津兩處之農產，並可收取空中淡氣，以及各種附屬工業，即陝西中北部煤油區域，亦可大量取用，紡紗各廠，具待此項動力之發展，各處城市亦需此以供燃燈之用，此次考察，即以鐙口附近黃河水流期限圖，並以黃河水利委員會最近所得水量，與該會實地勘測相符者，擬定計劃，以鐙口最小，水量爲一萬秒呎，爲計算鐙口之標準，此項水量最小應爲一〇、〇〇〇秒呎，主要力平均三〇、〇〇〇秒呎，次要力（每年可用八個月）洪水量一三〇、〇〇〇秒呎，無水庫則不能用，最大洪水量三六〇、〇〇〇秒呎，爲日無多，發展瀑布方法之大綱，係建一低水勢石質滾水壩，水由壩上流入短距離之明溝式導水槽，復經過四千餘呎長之隧道，以至於停水池，再經過通水管五條，而入五架渦輪機，終以洩水管洩其水還入河內，第一步發展所用之機械，發動總量須達五萬馬力，約合三七、三〇〇瓩，其須用一萬馬力之機械五副，其渦輪機須具活動之輪葉，水勢之高度，茲定爲一百呎，如用五萬馬力之發力機，每日工作二十四點鐘，每年三百六十五日，所發生之動力，計得四三八、〇〇〇、〇〇〇、高力鐘點，即三二六、七四八、〇〇〇瓩鐘點，水壩建於瀑布上六百呎處，頂沿之長約一千三百呎，附以寬裕之傾水波，導水槽用隧道式，長度在四千呎至五千呎間，水道之速率約每秒五呎，發力機之規制，已經擬定，利益及用途如下，（一）禹門口抽水灌田，（二）龍門渠抽水灌田，（三）河東抽水灌田，（四）絳州紡紗廠，（五）附近擬辦各廠及他項工業，（六）附近城市之燈火，（七）潼關區及鐵路機廠及各種工業，（八）山西南部各煤礦，（九）陝西中部提煉石油，（十）各種電化工業如收取空中淡氣以製（甲）肥料（乙）硝酸及（丙）各種。

廣勝水泉

廣勝寺水泉位於霍山之麓，洪洞趙城兩縣之間，即泉水之灌城，水量每秒一百立方呎，自高度計之，可供發展電力二千六百馬力之用，初期僅能供一千四百馬力，設水電機可代各小石磨之勞及平陽府洪洞趙城各城市之電燈棉廠及磨麪等業外，更可用以由蔬菜製造罐頭，或用新法織布，第一期發展一千四百馬力，須用每秒一百立方呎之水量，第二期將來續辦所用之水勢將爲八十呎，發展此項水力之成本計約十八萬元，按每馬力計之，約合一百三十元之數，如每年經費按四萬元計，一年內產生之電力售出，每瓩鐘點，可售價四厘五毫，此項計劃所需費用，較發展黃河瀑布，多百分之五十，然爲此地營謀磨房工廠者計固甚低廉。

曲沃瀑布

曲沃瀑布在滮泉之下，泉水之大小，似由每秒二十立方呎至三十立方呎，士人開渠引水，用以磨麵粉及棉子，在各報告計劃中，以此計劃之水勢爲最高，而流量最小，其可靠之流量，每秒二十立方，呎，水勢之高爲二百二十三呎，所生之力量，只四百馬力，發展計劃擬建一小壩，作成一小水庫，每日蓄水十二時，用橙槽及引水管將水引至「拍爾教推進式」之渦輪機，流入以下各村渠道，仍行灌田，並可(一)磨麵粉，(二)紡紗，(三)榨花，(四)榨棉子油及提煉棉子油，(五)供給二十里以西曲沃城之電燈，預計本計劃約需費一十二萬元，合每馬力三百元，其價格較以前兩計劃高差殊甚，然附近地土肥沃，地方富庶，此種價格尚非太高，計劃雖小，不無投資價值。

晉祠水泉

晉祠以水清而流量不變著稱，泉水出於汾河西之山坡，東流南流灌溉稻穀，自水泉至主要之灌溉區，水位下降約四十呎，此計畫在該報告中爲最小，其水量爲每秒七十立方呎，僅可發二百五十馬力之電力，且不傷於農家之灌溉，將來建一大機廠，其效率更將增大，此電力有兩項用途，(一)供給晉祠之電燈，(二)發動代替現有水磨之總麵粉廠，此項計畫費用約四萬四千元，每馬力之費用約合一百七十六元，常年用費及固定電預計八千八百元，常年工作電量完全利用，每瓩點鐘之電價，將爲五厘三毫，必須之測量業經測過，一部之詳細工作，亦已草就，即待興工云。

魯濬治北運河

【濟南通信】魯省北運河南起壽張之陶城堡，北迄臨清，縱貫魯西東阿、聊城諸縣，此段運河向無常源，自濟運廢後，河身淤塞，復以運堤之隔阻，運西窪、范、壽、觀、陽寺縣坡水屯積成窪，其大者有張秋鎮窪，十二連窪、譚家、樂家、王家、劉家等窪，佔地面積三千餘方里，於農田之損失甚大，山東建設廳前爲免除運西水患，曾擬定濬治北運計劃，俾運西坡水得由運河轉入徒駭河，經馬頰河入海，以及北運通航，穿黃濟運等辦法，約需工款三十餘萬元，因款項無着，今春僅由沿河各縣出夫挑挖一次，其餘計劃，概未施行，建設廳長張鴻烈派第二科長曹理卿赴滬謁見宋子文氏，請撥助濬治小清河工款時，連同將濬治運河計劃呈宋，十六日曹已返濟，據謂，宋已撥二百萬元，對北運計劃，宋允撥二十六萬元云，更據建設廳長張鴻烈談，此次本廳曹科長理卿赴京滬謁見全國經濟委員會宋委員長子文，請由經委會撥款協助辦理魯省水利工程，結果頗爲圓滿，宋除面允關于濬治小清河工程由經委會撥助二百萬元外，對于北運河工程並允撥助工費二十六萬元，此兩項欵項如何撥付，本月二十八日以前當可確定，刻國聯水利專家奧模第阿等來華考察水利工程，分三組出發，關于本省之小清河等工程，即由奧氏視察，奧氏約須下月下旬到魯，經濟委員會已將小清河等工程計劃譯成英文，分交國聯各專家參考云。

陝西鑿渠

【西安通信】黃河水利委員會委員長李儀祉，由京返陝後，對各項水利工程，積極督飭進行，對于導渭工程計劃，詳細審核，刻李氏爲實際明瞭導渭工程起見，特於九日偕同涇洛管理局長孫紹宗，前赴郿縣，實地視察，聞導渭工程，茲擬擴大灌溉面積至扶風境內，大約亦須俟李氏決定，在郿縣視察畢，即轉赴涇陽視察涇渠二期工程，并將由涇陽轉往大荔視察洛渠工程進展情形，又涇洛管理局長孫紹宗，因委員長返陝後，對於導渭工程，特別注意，特於七日由工地來西安，報告洛渠工程情形，及測渭近況，據孫對記者談，洛渠土方工程，總計爲一百八十萬方，計築成者已有八十萬餘方，石方工程，料石共爲一萬五千方，刻已開七千餘方，片石共爲二萬方，刻已開一萬方，輕便鐵路刻已由京續借到一部，對工程材料之運輸，較前更爲便利，各項建築材料，亦均運到，曲里河之大橋樑業已開工，隧洞工程，三四兩號洞已鑿通，第一洞最近亦可穿過，滚水壩及攔水斸已開始建築，現全渠作工人數，已達二千四五百人，工程進展，甚爲迅速云。

滹沱河灌溉工程

【本市消息】滹沱河灌溉工程刻正在進行中，預計明年五月可實行放水，靈壽等縣農田，即能獲灌溉之益，工程委員會以會務多項亟待解決，特於十一月十五日下午三時，假建設廳舉行第二十五次會議，出席委員林成秀、史靖寰、魏鑑（袁熙綬代）、魯穆庭、李書田（宋瑞瑩代）、工程處長徐世大列席，由林主席，報告事項，(一)據工程處呈，為據忽凍村鄉長等呈，以渠道佔用護岸地，請照例發價，或准予栽樹，請示遵等情，報請公決，決議，行縣查驗管業憑據具報，再核，(二)據工程處呈送開挖高水渠及北支渠，以工代賑辦法，祈鑒核等情，報請公決，決議照辦，(三)據工程處呈報，前准當地人民要求，暫留西支渠一段土工，已於汛後復工，開挖竣事將工竣日期具報備案，報請公鑒，決議准予備案，討論事項，(一)本會議二十三次會議，不足法定人數，提請二十四次會追認一案，經議決「下次會議連同本次會議紀錄」，一併提請追認」，抄附紀錄，請予追認，可否之處，祈公決案，決議追認，(二)本會常務委員，自必因職務轉移而變更，所有本會專務應移交新任建設廳長，抑或先推委員主持會務，俟召集推選常務委員會後，再行移交，提請公決案，決議推魯委員暫擬會務，(三)據工程處呈報，籌辦抽水機廠房屋、混凝土、出水管、自流渠及高水渠、涵洞等工程經過，附呈圖樣說明書，請鑒核示遵，並請發給工欵洋二萬一千元，以便購料興工等情，如何之處，提請公決案，決議照發，至五時散會云。

海河工程

（本市消息）海河第二期治標工程業於上月間次第施工，據海河工程處副處長向迪琮，對新聞記者談稱海河二期治標工程，包括項目甚多，以工款關係，故分別緩急，依次舉辦，現在施工部分計係與施行春汛放淤有關各項，刻雖值嚴冬，但邇來天氣和暖，故進行頗為順利，修築塌河淀放淤區圍堤工程，及金鐘河洩水閘本年內均可告竣，疏濬永定河下游中泓工程，計分四段辦理，二三四段，刻已工竣，一四兩段月內亦可完成，本處擬俟濬河工程完竣後，將水流引歸中泓，即進堵屈家店及二十二號房子兩決口，估需堵口工費約五萬元，已籌有專款，頃已分呈全國經濟委員會及省政府派員駐工驗收已完各項工程，俾利進行，至本月應撥之工欵為二十萬元，已經津海關稅務司轉知銀行團照撥，日內即可簽訂合同，撥項應用，關於明年春汛放淤地點，決定於明年三月間在塌河淀施行，伏汛則在淀北施放，俾收一水一麥之益云。

新開河窪地排水灌溉工程

津市東北近郊，金鐘河新開河之間，有洼地一段，面積約五、七平方公里，每年夏秋雨水，滙聚停滯，無從洩出，必俟陽光蒸發，方能逐見乾涸，需時數月之久，該處宜興埠村長蘇瑞章等以年年被潦，有地難耕，長此以往，損失至巨，擬請華北水利會爲之計畫排水，以資救濟，該會徇其所請，遂派員代爲測勘，擬具金鐘河新開河間洼地排水及灌溉計畫，送請河北省農田水利委員會籌款興辦，業經該會議決，採用東部水田西部旱田計畫，估計約需工款三萬五千元，旋由該會常委李書田委託當地士紳楊紹思與各地主接洽妥協，墊撥工款，分四年由地主償清，關於工程實施各項文件，亦經華北水利會分別擬就，復由李氏提出本月三日農田水利委會常會通過，俟明春開凍，即可興工，所有側量監工人員，將由華北水利委員會調派云。

隴海蕪乍鐵路建設近況

隴海鐵路

（中央社徐州電）隴海路連雲港自與滬青聯運後，營業極佳，所有豫陝貨物均運集老窑出口，路局特派總段長董耀堂駐港調度貨運，現路收陡増，局長錢宗澤二十三日晨由鄭到徐，即赴連雲港，視察工程狀況及貨運情形，該路以西段敷軌已展至西安，二十三日通告沿線各站，謂工程敷軌已過鎬村灞橋，直達西安，爲應社會需要，便利商旅起見，自本月二十七日起先行開始營業，同時辦理負責及水陸聯運，原有各次客車，均展至西安，行車時刻另訂云。

蕪乍鐵路

（蕪湖通信）江南鐵路公司原定修築蕪湖至乍浦路線，其蕪湖至宣城一段，業于本年七月三十日通車營業，今歲歲初得鐵道部許可，修築南京至閩粵邊境路線，故又積極進行南京至蕪湖工程，現在土方工作，已由蕪湖築至采石，預計明年三月底工程列車可抵南京，再由中華門繞道入中山門，在中央車站，與京滬津浦兩路聯軌，將來三路車輛可以過軌直達，便利交通，當非淺尠云。

西蘭公路通車

【西安通信】西蘭公路（由西安至蘭州）前經全國經濟委員會召開陝甘交通委員會，議決交由西北國營公路管理局核管，陝甘公路交通委員會以西北國營公路管理局，現正籌備改組成立，西蘭公路定於明年一月一日臨時通車，該路計長七百餘公里，經過十八縣，轄境多係重山曠土之地，就中陝境之永壽城，甘境之垂家嶺，威家大山、沙家灣、紅土鋪等處，尤爲山嶺迴合之區，往昔地方多故，各處每易發生意外，迄今治安尚未完全底定，特函請兩省綏靖公署轉飭沿線駐軍保衛，並於上列地段，酌派士兵駐防，同時並函請兩省省政府轉飭沿線各縣保衛團隨時保護，茲悉，陝省西路沿西蘭路線各縣，自將王結子股匪消滅後，地方匪患亦絕，頗稱安謐，綏署派兵工將西蘭公路修築完成以來，各縣更現昇平氣象，綏署已轉飭西安至西路陝屬各縣駐軍一體遵照，對於西蘭公路行旅隨時加以保護，俾利交通云。

錢江大橋開工

【杭州電】錢塘江大橋於十一月十一日晨十時在閘口舉行開工典禮，到有胡文虎、陳其采、錢宗元、宋子良及中外各地來賓數千人，開會如儀，首由曾養甫致開會詞畢即由工程處長茅以昇報告籌備經過，略謂鐵橋之長，約爲西湖白堤二倍，決趕於一年半內築成，各標商工料費約三百四十萬至三百六十萬，全部完成，不出四百萬，又謂兩岸附近山水及名勝古蹟，均將同時興修，預計此橋完成後，將使杭州成爲一世界大花園，繼由鐵部代表夏光宇致訓詞，略謂此橋貫通浙贛，遠湘通粵，誠爲長江以南交通樞紐，次由浙省府代表張衡致詞，略謂此橋關係文化、經濟、交通、國防、軍事，有完成必要，此橋在中國可佔第一位云云，又次，來賓胡文虎、波士必、陳其采、蔡振夏、趙厚生演說，旋舉行開工禮，馮曉雲奠基，曾仲鳴破土，至十二時許始告禮成，即在六和塔午餐，曾仲鳴係十一時乘汽車由滬杭公路趕來參加，略致數語，即行開工禮。

頤和園修葺一新

【北平通信】頤和園雖遠在西郊，但因其建築宏偉，爲平市最大名勝之一。近爲吸引遊人，而壯觀瞻計，將仁壽門牌樓排雲殿門外牌樓，頤和園正門匾額，石舫及樂壽堂前之圓柱等處，其棟宇門窗，坡陀道路，及荊棒污穢等，均加以洗滌修補，整理一新。其園牆各處，亦均修葺。並爲使遊人增加興趣計，定於明春在後山一帶補種桃杏二百株，東堤則植百株垂柳，將來紅綠映輝，鮮豔耀目，一般遊人將更樂而忘返矣。此外並計劃添置游艇，減價出租，利用天然湖水，增加收入，實亦繁榮之一法。該園前爲滿足游人之興趣，曾將一部分房間出租，惟因距離電燈公司較遠，入夜殊感不便。頃與電燈公司商妥，由石景山發電廠接綫，將舊有之綫路予以恢復，現已大放光明，房客稱便云。

西北農專籌設農林試驗場

【西安通信】國立西北農林專科學校爲改善西北農業，擬在甘甯、青海、寧夏三省籌設農業試驗場六處，特派安漢、李林海、李自發、李伯瑜等前往甘、青、寧勘查農場場址，並調查農、林、牧、各業情況，歷時四月餘，調查凡三十餘縣，搜集各處土壤、作物、森林、畜牧等標本，全部調查材料及經過情形，一俟詳加整理，即行公布，六處農業試驗場址，均經先後擇定，茲誌於次，

○青海○ 在西寧城西四十五里之鎮海堡，佔山坡地及平地面積共千畝，全爲民田，山地每畝現洋三四十元，平旱地十五元，灌溉地百元左右，適於試驗普通作物及造林畜牧，

○蘭州○ 在皋蘭縣之西古城、陳官營二村之間，距城三十五里，佔山地、沙石田、平旱地及灌溉地共千畝，全爲民田，山地每畝價洋十七八元，沙石田四五十元，平旱地十五元，灌溉地百元左右，可造林、畜牧，平地靠近黃河，水利便捷，適于試驗一切作物。

○酒泉○ 在酒泉縣城東酒泉公園以北之水磨灣，距城二里許，佔灌溉地及鹹灘共千畝，全爲民田，鹹灘每畝現值四元，灌溉地二十元左右，可造林并能試種耐鹹性作物及棉稻。

○平涼○ 在平涼南川米家灣，佔山地及平旱地共五百畝全爲民田，山地每畝二元，平旱地七八元，適於試驗農作物及園藝等、對於森林、畜牧則不適。

○天水○ 在縣城東二十五里之趙家岩，即(舊飛機場)佔山坡，平旱地及灌溉地約五百畝，全爲民田，山地每畝七元，平旱地二十餘元，灌溉地五十餘元，試驗普通作物及棉花，水稻瓜果蔬菜等，無不適宜。

○寧夏○ 在該省城北二三十里之謝崗堡、李崗堡、通昌堡、及鎮合堡地方全屬官荒，土壤，水利、氣

候均稱優良試驗棉、稻、麥等作物，最爲適宜，主席馬少雲已允撥給二千畝爲場址。

十一個月來入超

【中央社上海電】據海關發表，本年度全國對外貿易，計輸入總值九四七、六三〇、九六一元，較去年同期減二九六、四七六、零七六元，輸出方面共計四九一、六三四、二九零元，較去年同期減六九、五三零、五七一元，入超額爲四五五、九九六、六七一元，上海一埠入超額爲三〇三、六一七、九八二元，占全國四分之三，本年十一月份一個月全國對外貿易輸入輸出，較前月略加，較去年同期則減，十一月份全國輸入總值八三、五一六、九三二元，較十月份之七八、九九九、九三一元略有增加，輸出總值爲四九、七八六、四四零元，較上月之九二、六六零、零二四元亦有增加。

【中央社上海電】海關息，本年十一個月全國香水脂粉輸入，共值一百五十八萬零八百九十八元，眞假首飾輸入共值三十一萬二千六百二十七元，花邊衣飾輸入共值二十六萬一千八百二十二元，合共二百十五萬五千三百四十七元，又本年香水脂粉輸入上海一埠者，值一百十八萬八千零二十四元，眞假首飾二十一萬九千六百五十一元，花邊衣飾二十二萬三千七百六十四元，合共值一百六十三萬一千四百三十九元，占全國輸入數四分之三以上，又十一月份一月中全國香水脂粉入口一四九、三五七元，上海一埠爲一一一、九二二元云。

20154

編輯後記

編者

▲朱延平先生是本會的同志，現任浙江省建設廳科長。他這篇「物質建設與心理建設之連鎖」一文，使我們連想到總理的學說——「知難行易」。以吾國現在經濟情況，豈可不痛加覺悟，而期救亡圖存！

▲一長官的遷調，其附屬員司可亦隨之落職的辦法，實在於官廳太不經濟，雖然首先倒霉的是那些落職的員司。試問多少金錢與時間，才能培養出一個熟諳的員司？更問輾轉更替，誰能安心服務，銳意建設？新的躐級而來，舊的失業而去，社會那能安定！至於中飽回扣揩油等等是犯罪的行爲，乃環境所逼成。吾們要改善他們的環境，第一、即朱先生所說的，安定他們的生活，保障他們的生活，所謂「衣食足而知榮辱」。第二、要使他們養成勤儉的美德，所謂「勤能補拙，儉以養廉」。以上種種，誠爲吾國近日政界最要的問題。

▲陶葆楷先生是清華大學教授。在他的「中國衛生工程之建設」文中，報告給吾們現在中國

都市衞生設施，及鄉村衞生情形，並指示吾們改善環境衞生，以期復興中華民族。

▲「由天津特一區自來水廠論到中國公共給水工程」一文，爲本刊編輯主任李吟秋先生在青年會無綫電台演說稿。李先生任天津市政府技正職，特一區自來水廠即爲彼所籌辦，現兼任該廠廠長。關於工程方面著作，有市工程學及鑿井工程等書。

▲自三卷一期起，本刊形式畧有改變，所有文字務求簡潔，以期讀者編者的時間與金錢兩相經濟。

河北省工程師協會職員

執行委員

呂金藻（主席委員） 王華棠（會務主任）
張蘭閣（會計主任） 李吟秋（編輯主任）
魏元光 張潤田 高鏡瑩
石志仁 劉振華 張錫周
雲成麟 劉子周 宋瑞瑩
李書田 劉家駿

中華民國二十三年十二月出版

河北省工程師協會月刊

二卷十一十二期合刊

發行者 河北省工程師協會 天津義租界東馬路六十五號

編輯者 河北省工程師協會編輯部

印刷者 天津寰球印務局 鍋店街金店胡同南口 電話二局三四八五

代售處 北平天津各大書局

本刊價目表

冊數＼地方	國內	國外
一冊	二角	三角
半年	一元	一元五角
全年	一元八角	二元八角

廣告價目表

地位及面積		半年價目	全年價目
封面裏面	半面	八元	十四元
底頁外面	全面	十四元	二十四元
底頁裏面	半面	七元	十二元
加頁	全面	十二元	二十元

啓新洋灰公司

馬牌洋灰　　塔牌水泥

唐山出品　　大冶出品

總事務所

天津法租界海大道電掛（啟）

電話南一三〇九・一七四九，三四六二

老牌洋灰

完全國貨

質美價廉

行銷久遠

各支店

漢口　法租界實華里四號電掛（西）

南部　上海愛多亞路卅八號電掛（灰）

東部　瀋陽商埠十一緯路電掛（支）

北平　前外打磨廠北大口

各分銷

青島　華新紗廠

烟台　義昌信

南京　順和號

廣州　通安昌記

汕頭　通安公司

厦門　林森公司

其餘分銷處　國內外各大商埠

中華民國二十四年七月出版

省鑛專號

河北省工程師協會月刊

于學忠題

河北省工程師協會月刊

中華民國二十四年七月出版

20160

20162

德盛成美記建築公司

修築整理海河委員會進水閘工程攝影

啓者，敝公司自經營建築事業以來，迄已數十餘載，圖樣新奇，工料堅美，早已馳名中外，而於市政建設，溝渠路政，橋樑河工，以及河壩碼頭，各項偉大工程，歷年承辦，更有特別經驗，諸如前包華蒙冷汽房，及特別第三區河沿洋灰碼頭，並近年東馬路灑清道，及整理海河委員會常家莊附近之進水閘工，均爲本埠有一無二之偉大建築，頗蒙中外工程專家所贊許，餘如各區馬路溝渠歷年承包各項偉大建築，指不勝屈，俱有過去事實可考，茲敝公司爲求工作完善起見，不惜鉅資，並特購備新式打洋灰樁大小汽托二架，及大小水火電磅，大小煤油電磅，大小起動機，大小擣練，以及做溝渠用大小各樣鐵管皮約數千餘種，凡屬工作應用各項傢俱，無一不備，絕無因傢俱不完，中途發生障碍，延無期限之虞，如蒙委辦各項工程，尤爲歡迎之至，謹啟

天津德盛美記建築公司謹啓

坐落特別第三分局大王莊八緯路門牌一號電話三局二五三八號經理住宅電話四局二七一號

河北省工程師協會月刊目錄

省鑛專號

民國二十四年七月出版

天津　北平

永興洋紙行

總行

天津東馬路東門南　電話二局二三五九號

專售路礦河海測量建築工程師應用繪圖儀器繪圖紙料局所銀行公司洋行公事房應用中西文具紙張各種簿册美術家所用各種油畫水畫炭畫色粉畫各種顏料紙張器具並運銷國內各大工廠所出文具教育用品兒童玩物運動器具物品精美優良整備定價低廉如蒙惠顧無任歡迎

分行

天津英租界二十號路八十七號　電話三局二〇七二號

北平崇文門內大街一〇三號　電話東局一四五三號

濟南商埠二大馬路東頭　電話一一七三三

20167

20168

河北經濟建設與井陘礦務局

張蘭格

經濟建設

自九一八後，國人一致之呼聲，莫不以經濟建設為禦侮之先着，圖存之要道。誠以物力充實後，在外交與軍事上，方能作有效之擘劃與措置。產業發達後，在此經濟鬥爭極端化之世界上，方足以謀民族之生存。

全國經濟建設

今日之經濟建設，其範圍已臻擴大化，集團化，國家統制化，非復半世紀前，一任人民自由競爭，演進之局面可比。處今日而談經濟建設，必以整個國家之力量來推動，以全民族之經濟資源為範圍，政府與民衆，同心合力，一致向前，方克有成。蘇俄之前後五年計劃，美國之經濟復興政策，義大利之集團，德意志之統治，其政治理想雖異，而以政府力量統制經濟．以謀全國整個之建設者則固異途而同歸也。年來吾國，政府領導經濟建設之聲浪，早已遍傳南北。可云國家集注於經濟建設之意志已臻統一。此誠全國經濟建設之曙光，大可為國家前途慶也。

分省建設

但經建設工作，中央政府僅可統籌大計，督促進行，領導意志以為各省倡：設調查，統計，研究機關，以為各省助；督辦關連數省之建設工作以示模範。至於全國普遍之經濟建設，則猶須仰賴各省官民就地自謀，俾得收分工合作之效也。

經濟建設之要素

經濟建設工作須有充量之資本以備工具，嫻熟之技術以敏事功，合理之組織以利推動．與夫穩固之管理制度以發展其效能。此四者為建設工作之基本要素，缺一不可者也。

河北省之經濟建設

吾河北省地大物博，人口富庶；擁便利之陸水交通，扼西北數省之咽喉；境內平津兩市，華北文化之中心，人才之淵藪；誠天造地設，經濟建設之良區，固宜有偉大之建樹以表率全國者也。但舉目四顧，境內之經濟事業，多屬中外私人自動經營。省營，或省督民營之經濟建設事業，除一井陘煤礦外，尚無值人注意者，良可慨也。年來政局日趨安定。華東華南無不聚精會神，謀經濟上之開展。東西鄰省亦皆在慘淡經營，啓發民生。吾省官民豈亦知急起直追，免落人後乎！

改進井陘礦務局為建設河北之基礎

經濟建設工作之要素為資本，技術，組織，與管理，前已言之。技術與組織之完備與否，恒視資本之多寡以為斷。故資本之籌措又為經濟建設之先決問題。吾省財政之實況，普通社會人士，自難明悉；但按政府預決算向例，自不外入不敷出。由不足之省府財政，試籌經濟建設之基金，其難能自可想見，無待贅陳。然河北井陘礦務局，省營之生產機關也。詳查已往經過，在內亂擾攘之狀況下，無不年獲盈利。今者時局承平，運輸便利，若積極予以改進而謀發展，鉅利指日可期。以所得之盈利，撥作研究，創辦省內經濟建設事業之基金，資本問題即可迎刃而解。若然，則改進井陘礦務局確為舉辦河北全省經濟建設之基礎，河北官民極應注意者也。

井陘礦務局缺乏穩固之管理

井陘礦務局開辦幾三十年。以言資本，技術，組織，在吾國礦業中，初稱完美。惟自改歸省營後，十餘年來，管理局本身，數年一更易。查經濟生產事業須有長期計劃，須順固定程序以求進展。省營經濟事業之性質為法治實業，其資產負債之實況，營業損益之情形，應按實業法規，公開報告，對全省官民極端負責者也。但井礦局長，數年一更，以致業務不能有長期之計劃；管理局直接隸屬政治舞台之省府，稽核上尤無固定負責之機關。是以省營十餘年，雖年有盈餘，而絕少顯著之功用。值此經濟競爭日益劇烈之時，若一仍舊制，任令自由演化，該局恐自保之不暇，遑論利用其所得以謀全省建設耶？吾河北官民，不言經濟建設則已，如言經濟建設，則改進井陘礦務局之管理制度，實為不容再緩之問題。

徵求改進意見

井礦局為吾河北全省之產業，全省官民，皆為股東之份子，皆有建設責改進之義務。河北工程師協會為促進河北經濟建設之學術團體，對省營經濟事業，份應關心。於此發行省礦專刊之時，特為指出井陘煤礦之榮枯，實為全省經濟建設所繫。究應如何整理改進，深願全省官民，廣抒高見，公開研究。凡言論不涉攻訐私人者，當盡量在本會刊內發表以副公開之旨。尚望省內賢達，不吝讜論，幸甚。

※ ※ ※ ※ ※ ※ ※

河北井陘礦務局最近三屆營業狀況簡明報告書

竊振興實業，為救國之要途，既謀民生之救濟，復杜漏卮之損失，惟際此世界經濟恐慌之秋，國內農村破產，凡百工商業均感威脅，近如天津恒源裕源兩紗廠之停工，與北洋火柴公司及福星麵廠之歇業，暨上海申新七廠之糾紛，皆其明證，影響所及，不知伊於胡底。海內實業專家，罔不奔走呼號，力求挽救，今日負有實業之責者，其仔肩之重，與處境之艱，尤非努力振拔，難期生產之進步。振鷟承乏井礦，二載于茲，愧建樹之毫無，每撫循以滋慚，以井陘礦地位論，一般人多優缺目之，蓋以往之任斯職者，每多秉承長官調劑之意而來，以五日京北之心，遂十萬腰纏之願，視地方大好實業，幾同利藪，無怪社會有此惡評。其間雖不乏狷介之士，實心整頓，終以諸多掣肘，或不久其位，或雖有計劃，均未實見，比年以來，本礦以積弊之餘，兼受市面經濟影響，外遭鄰礦之競銷，內受負担之壓迫，加以平漢正太各路運費激增，營業情形，愈感困難。謹就鄙人視事以來，近二年產銷運各情形，根據事實，約略陳之，敬請公諸刊端，以明真像，并盼俯賜指導是幸！

查民國二十一年為第十屆，正當前局長任內，鄙人於二十一年九月十六日到局視事，適值第十一屆開始，茲將本任第十一十二兩屆，與第十屆當任營業情形，并工程建設各項加以比較，縷陳如左：

一、煤觔產量 自二十年十月至二十一年九月底，為第十屆富前局長任內 全年共產煤六十四萬三千二百四十四噸五成五分，計共需採煤工料費一百零四萬二千五百二十七元四角六分。鄙人接辦後，正十一屆開始，計自二十一年十月至二十二年九月底，全年共產煤七十萬零六千零八十一噸三成五分，較第十屆產量略增六萬二千餘噸，而採煤工料費則共一百零一萬一千五百十一元三角三分，尚較上屆節省洋三萬一千零十六元一角三分，第十二屆由二十二年十月至二十三年九月底共產煤七十五萬三千四百四十四噸九成，計需採煤工料費九十六萬五千二百四十九元零一分，較十屆節省洋七萬七千二百七十八元四角五分，較第十一屆節省洋四萬六千二百六十二元三角二分，此二屆產煤為本礦有史以來之最高額，而產煤費則較歷屆為低。

二、焦炭產量 第十屆原有大小焦爐二，於二十一年一月小爐破損停工，計共出焦二萬五千九百零四噸九成，全所需煉焦工料費共二十五萬六千四百四十六元八角二分，鄙人接事後，即積極修理小爐，二十二年七月，始照常出焦，（本任第十一屆內小爐停煉九個月）以致全年度僅出焦二萬四千八百零八噸，較上屆計少產一千零九十六噸九成。因小爐重新整理，一切工料較多，共需煉焦經費二十七萬一千五百零九元七角，超過上屆支出一萬五千零六十二元八角八分，苟無停燒障礙，產量尚可增加，其第十二屆由二十二年十月至二十三年九月底，共出焦三萬五千三百三十九噸九成，計需煉焦經費大洋三十二萬零六百一十六元八角七分，較十屆煉焦費增加洋六萬四千一百七十元零零五分，較第十一屆增加洋四萬九千一百零七元一角七分，但本屆所產焦炭，較第十十一兩屆計多出一萬餘噸。

三、銷售情形 查十十一十二等屆營業情形，較為複雜，富前任於二十一年六月將天津分銷處取消，所有平津區售煤事宜，統包給售品處代銷，雙方訂有合同。該處自六月成立，至十月間僅售出二萬三千六百六十八噸，鄙人以售品處成績毫無，且受合同限制，在該處營業區內，本礦不能參加售煤，當此敷衍，不但無利可圖，且恐壟斷，結果轉礙銷路，遂於是年十月間將售品處撤銷，恢復北平天津分銷處制，并將塘沽辦事處改為分銷處，以利出口。但因傳品質經售不善，種種影響，第一屆售煤共五十八萬三千一百三十三噸九成八分，較第十屆售煤五十三萬六千八百二十五噸五成，讓多銷四萬六千三百零八噸四成八分，二十二年春正值華北緊急，抗日軍興，鐵路停運三月之久，銷路頗受影響，北寧綫銷場則有開灤之排擠，平漢綫銷場則有六河溝怡立正豐等礦之競銷，而正豐密邇本礦減價出售，損失尤重。當以井正兩礦唇齒相依，常此競售，雙方既無利可圖，他礦反坐收漁人之利！於是變更營業計劃，與正豐礦訂立合銷合同，指定正太綫石獲郭三站及平漢綫南迄順德，北至長辛店，為兩礦售煤區域，附近既無同業之傾軋，始可向外發展，卒以市面不景氣之故，第十一屆僅獲利三十五萬元，第十二屆共售煤六十三萬零九百零六噸三成八分，較第十第十一兩屆略有增加，計第十二屆淨獲純利二十九萬元，若非正太路增加運費十四萬元則本屆純益在四十萬元以上，較第十一屆表面上，雖屬略減，但實際確受運費增高所致，惟較第十屆獲利二十七萬元仍屬增加也。至焦炭銷量，第十屆共銷二萬四千一百八十噸二三成六分，十一屆共銷二萬五千七百五十一噸七成九分，十二屆共銷三萬四百八十六噸六成一分，三屆銷量相較，仍以本任十二屆為最多，此過去營業之梗概也。

四、銷煤成本減低　查銷煤成本之多寡，關係銷路至鉅，第十全年開支，除運費煉焦費稅釐及上屆存煤作價四項外，共二百五十三萬三千六百五十元九角六分，按產額六十四萬餘噸平均，每噸銷煤成本為三元九角三分九厘，鄙人接辦後於不防害工程以外，支出力求撙節，第十一屆開支除運費煉焦費稅釐，及上屆存煤作價外，共計支出二百三十三萬四千一百四十三元三角九分，按產量七十餘萬噸平均，每噸銷售成本為三元三角零六厘，較上屆銷售成本，每噸減低六角三分三厘，故本屆雖有種種障礙，推銷尚屬較易，且年來市面凋敝，煤價日趨低落，第十一屆時，每況愈下，當任第十屆銷煤成本雖高，彼時售價尚未受市面影響，當時石家莊每噸售價五元左右，保定每噸售價八元左右，北平每噸售價九元左右，天津每噸售價十一元左右，并多給商號酬勞金，以廣推銷路，計第十屆酬勞一項，共計十九萬七千二百六十六元五角，雖為辦理營業，不能不有所犧牲，究不如設法減低成本，則銷路自暢，第

20173

十一屆當軍事之餘，撫順礦乘機貶價出售，市面煤價大落，幸本屆成本尚低，足可應付，當將各地售價酌減，並減少酬勞，計石家莊每噸售價四元四角，保定售價七元七角，北平售價八元九角，天津售價九元八角，如售與日法電燈房之煤，則每噸僅九元五角，送脚在內，如此竭力推銷，全年共售出五十八萬餘噸，而酬勞金僅十萬零三千一百八十一元八角，計十一屆酬勞一項，較十屆節省洋九萬四千零八十四元七角，至第十二屆銷煤成本僅為三元二角一分三厘，以本屆期內市面情形，更形艱窘，各地煤價，愈趨低落，計石家莊每噸售價四元一角，保定售價七元零二分，北平售價八元五角，天津售價八元八角，塘沽售價八元七角，為應付環境起見，遂將總局由津遷移石家莊，將石家莊原有運銷處取消，改為運輸科歸併局內，并由鄙人自動將房費取消，各員司房金亦經減發一半，每月可節省洋六七千元之譜，故本屆銷煤成本，較十一屆尚能略為低減，銷路得以維持者，實由於此。

五、運輸情形　查營業以乘機為要途，運輸賴鐵路為館轂，而車輛稍一不靈，往往坐失機會，本礦十，十一，十二，等屆營業，受運輸影響最大，鄙人視事之初，平漢路僅撥車兩列，協運車三列，以之專運北平石景山及平漢沿站煤斤，尚感不敷，加以北寧聯運煤車月撥無幾，又以軍事關係即固定車皮亦時時缺乏，致津塘兩廠常感煤荒，雖有絕好售煤機會，均無以應，且平漢機車過少，石家莊煤廠裝車恒一二日不能拖出，凡此種種俱足影響銷路鄙人昕夕籌維，與路方至再交涉，平漢已增至四列，北寧聯運間日一列，仍恐不足，復利用保定河運以補鐵路之不逮，并擴充塘沽天津各存煤廠多存煤焦，自十二屆起煤運漸稱便利，此運輸經過情形也。再本屆正太路運費亦較前倍增，自平漢路實行新三十二欵後，本礦負担已屬加重，今正太又將專價撤銷，遂使運費一項，佔支出大宗，茲將兩路運費列具比較如下：

平漢路運價

一、最初六八二五時代，由石家莊至豐台，計程二六六公里，每噸運費一元八角二分。

二、十七年三十二欵七折時代，同前里程，運費已增為二元九角九分

三、二十年新三十二款時代，同前里程，運費竟增加

為三元七角八分

依上列計算，則平漢新三十二欵所定運費，較六八二五時代已增二倍以上，即照舊三十二欵七折時代計算，亦增加三分之一，迭經分呈省部籲請減輕，一面向路方交涉，雖於二十三年一月有內銷九折出口八折之辦法，然較以前六八二五，及舊三十二欵七折各案增加仍鉅。

正太路運費

正太路於二十三年一月，將運費專價取銷，改按平漢新三十二款核收，查該路以前運煤專價，每噸每公里運費九厘五毫，（站務費在內）由南河頭至石家莊四四公里，每二十五噸車僅收運費十元零四角三六二五，此次改按平漢新三十二欵核收運費，每車即須二十八元七角，仍另收站務費三元六角，共為三十二元三角，比較從前增加竟在二倍以上，本礦力實弗勝，當經呈請省政府轉咨鐵道部，並於實業廳救濟煤業會議時提出議案，呈請實業部轉咨鐵部請予核減，一面逕向路方至再交涉，舌敝唇焦最後結果，每噸每公里運費增為一分二厘，又站務費三厘二毫七三，以全年運量計算，運費較專價時代，多加十七萬元左右，此兩路運費遞加經過情形也。

六、建設及用料情務　產銷運情形既如上述，茲將本礦建設及用料各項簡要陳之，查近來農村破產，外煤傾銷，工料價昂，負擔加重，本礦處境之厄，實為從來所未有，以言建設，既無的欵，而職責所在又未便畏難苟安，自應按目前之需要，擇其動欵較少收效較大者次第為之，其百年計劃需欵較鉅者亦擬着手舉辦。

1改建長岡橋樑　本礦長岡橋原為木架而成，橋身既低且不堅固，機車經過危險殊甚，每屆汛期常被沖壞，須時時修理，鄙人到任後另行改建用鋼筋混凝土橋墩，及舊木樑平放再以鋼拉桿加寬另築，用欵無多，收效頗大。

2建築風井水池　本礦鍋爐用水太硬，百尺熱面之鍋爐，每月取出沉澱約立二方尺，鍋內易遭腐蝕，當於風井建水池一座用石灰鹹軟水法調和水性，近來水巳合度。

3擴充機廠　本礦機廠年久失修，每當陰雨往往滲漏

，機械則須蓋蔽，不便殊甚，且光不充足，管理工作均感不便，經部人督飭修理，并另建新機廠以便工作。

4 闢苗圃及造林　支柱關係採礦安全，爲工程日用所必需，三四年前木價較高購買維艱，近以穀賤傷農，鄉村無他長物，惟有樹株可以變賣，因農村破產之結果，反造成支柱充裕之良機，惟附近林木愈伐愈少，一旦童山濯濯無所取給，支柱立成問題，惟有積極造林方可有備無患，除在礦區隙地，及老虎溝正南一帶，闢苗圃三處外，近復在清涼山計劃造林，并在正定巳購滹沱河河淤地四頃七十畝，自行種樹以備材儲，預計三年內陸續種樹二百萬株十年之後次第採伐，本礦支柱可無須購買矣。

5 新建設　建築礦廠中學校舍，及石家莊小學校舍，工人浴室，傘扶沙林製煉廠，成立工人夜校。

6 新增機械　礦廠新造大鍋爐三部，新水泵四個，烤爐一個，井口大爐子四套，手壓泵七個，井下平滑子十七個，暗井架四個，暗井盤二十個，井下滿籠七個，焦廠新添搗壓機一部。

七、收支概況　民國二十年十月一日起，至二十一年九月三十日止，第十屆總共各項收入四百九十七萬一千九百七十一元四角九分，除去各項支出四百六十九萬八千七百九十七元六角七分外，淨得純益二十七萬三千一百七十三元八角二分。民國二十一年十月一日至二十二年九月三十日，第十一屆總收入爲四百八十五萬一千二百九十八元五角五分，除去各項支出四百四十九萬七千七百零五元一角五分外，淨獲純益三十五萬三千五百九十三元四角，較上屆獲利增八萬零四百一十九元五角八分，民國二十二年十月至二十三年九月爲第十二屆，總收入爲五百五十九萬七千零六十一元五角一分，除去各項支出五百三十萬零一千九百三十六元零五分外，淨獲純利二十九萬五千一百二十五元四角六分。

八、此後營業步驟及工程計劃　營業以推銷爲宗旨，然如何始能推銷盡利應有縝密之考慮，貫澈之主張，方不至爲環境所左右，年來本礦運費一加再加，負擔之重，從來未有，復以外煤充斥市面煤價節節低落，爲應付當前營

China Radio Corporation.

中國無綫電業有限公司

本公司為國內專辦無綫電業最
大之組織
各種軍用及商用無綫電台
及廣播電台
各種收音機及零件
美國無綫電公司眞空管及
永備牌乾電池
各種高低壓馬達發電機及
電綫等
各種煤油及汽油發電機及
深淺井抽水機

總公司天津法租界馬家口
電報掛號三八〇五

分公司北平王府井大街八面槽
電話東局五六七

業計，不能不低價出脫，但無論如何減價，絕難蝕本出售，煤商耳目最敏，惟利是趨，運用稍欠靈活，營業即蒙損失，現隨時偵察各礦售價實況，用為銷煤定價標準，近擬請將出口運費減輕，以利遠銷，並在烟台設立分銷處以攬膠東一帶銷場，至工程進行計劃，除修築礦路，擬與正太接軌，及購置新機詳情，業經擬具說明書，呈奉省令照准，應另案發表外，此二年來本礦經過之約略情形也。

河北井陘礦務局局長張振鷺謹述

＊　＊　＊　＊　＊　＊　＊

河北井陘礦廠工程進行計劃簡明報告書

茲將第十一屆（自二十一年十月起至二十二年九月底止以下兩屆以此遞推）第十二屆工程進行及第十三屆工程計劃分述如次

第十一屆工程進行

甲、暗井共作以下四段(一)由二百五十公尺大巷向上至第二層煤作井一十九公尺(二)由一百八十四公尺大巷(即距地面一百八十四公尺以後所稱同此)之北部向下至第四層煤作井一十九公尺五寸(三)由一百八十四公尺大巷之西部向上至第二層煤作井五十四公尺(四)由第五層煤向至上第層四煤作井七十九公尺

乙、石門(即石巷)共作以下六部(一)在二百五十公尺大巷中向西計長一百零八公尺(二)在二百五十公尺大巷之第四層煤向南作坡巷一十九公尺(三)在二百五十公尺大巷之第四層煤大巷向北計長一十二公尺五寸(四)一百八十四公尺大巷之第四層煤大巷向北計長一百零三公尺(五)由一百八十四公尺大巷之第三層煤大巷向北計長三十八公尺(六)各段各處或因探索煤層或因穿過斷層或因風道通風作較小石門計有一百二十六公尺

丙、小井即第一與第二層煤間之小井計作二十六個共井身一百九十一公尺

丁、沿煤層進行之巷道　各段於各煤層所進行者如圖八

第十二屆工程進行

甲、暗井共作以下五眼(一)由二百五十公尺大巷之西部向上至第二層煤作井七十二公尺(二)由二百五十公尺大巷之第五層煤向上至第四層煤作井二十三公尺(三)由一百八十四公尺大巷之第四層煤向下至第五層煤作井二十七公尺五寸(四)在一百八十四公尺大巷之東北部由第四層煤向上至第二層煤作井四十五公尺(五)在一百八十四公尺大巷之北部由第四層煤向上至第二層煤作井四十五公尺五寸

乙、石門(即石巷)共作以下五部(一)雙道巷一百三十公尺在二百五十公尺大巷之西部(二)雙道巷六十公尺在二百五十公尺大巷之北部(三)雙道巷一百二十五公尺在一百八十四公尺大巷之西部(四)雙道巷六十五公尺在第二段之第三號暗井下(五)各段或因經過斷層或因通風共有單道巷一百三十九公尺

丙、小井　即第一與第二層煤間之小井於第一第三第五各段中各小井共計井身一百五十八公尺

丁、沿煤層進行之巷道　各段於各煤層進行者如圖

第十三屆工程計劃

甲、鑽探眼及下土井

(一)打鑽在本礦礦區北部由澗底村之西北再西北向至二百五十公尺處作鑽眼一以探煤層之存在處而定擴充大平巷之位置

(二)下土井在本礦礦區北部由東王舍村之東邊正東向約至一百公尺處作下土井一個以便下土而作採煤之充填物

乙、暗井共作以下二眼

(一)由二百五十公尺大巷中之第二層煤向上至一百八十四公尺大巷井身計七十公尺

(二)由二百五十公尺大巷中之第四層煤向上至第二層煤井身計五十公尺

丙、石門(即石巷)共作以下三部

(一)二百五十公尺大巷之第五層煤中必須繼續向北

北東前進

(二)二百五十公尺大巷之西部石門必須繼續前進以探部此索煤層

(三)二百五十公尺大巷之第四層煤必須向北前進約計長八十公尺

丁、小井

第一層與第二層煤間之小井計有數個以便預備採煤

戊、沿煤層之巷道

各段各層煤中計開巷道若干及其長度按將來採煤量而定附坑道進行圖四張，坑道設計圖四張（見庚字一號至八號）

整頓井陘礦務辦法

河北省捐稅監理委員會

冀省捐稅監理委員會近以本省直屬井陘煤礦辦理不善，亟須整頓，特於該會第十一次會議中決定整頓井陘煤礦辦法兩項，依照各省市捐稅監理會章程第三條第三項之規定，函請省政府核辦，省方業已提經省府會議通過，決派由委員張陰梧澈查，茲誌捐稅監委員會致省府原函如次，

查井陘煤礦為河北省最大之生產事業，而積弊之深，開支之不合理，以致省庫收入甚微，而主其事者無不飽載私囊以去，故井陘礦務局長一席，乃歷來接近要津者首先逐鹿之目的物，甚至王主席樹常時代以省主席地位而兼井陘礦務局局長，更莫敢誰何，近據河北省財政廳所造二十二年度本省收支一覽表收入額該礦報效金僅有四萬六千二百七十元，殊堪詫異，該礦自開辦以來，已歷三十餘年，初為中德合辦，至民國十一年因歐戰結束，重訂改辦合同，省股佔四分之三，德股佔四分之一，煤質極優，工程穩固，故每年盈利頗鉅，即在軍事時期，運輸十分艱滯，而改辦後，第七屆由民國十七年十月至十八年九月三十日止，仍有九

十餘萬元之盈利，乃最近兩年以來，產量逐年增加，而盈餘返逐年減少，計第十一屆由二十一年十月到二十二年九月，產煤七十萬六千餘噸，銷煤五十八萬三千餘噸，盈利三十五萬餘元，第十二屆由二十二年十月到二十三年九月，產煤七十五萬三千餘噸，銷煤六十三萬九百餘噸，盈利僅二十九萬餘元，即此二十九萬餘元，省方應得之款應為二十一萬餘元，何以報效金僅四萬餘元，其十七萬餘歸諸何處，誠令人百思不得其解，且與第七屆相較，產量增加百分之十八至百分之三十，而盈利尚不及三分之一，揆其原因，不外下述兩端，（一）事務費太濫，最近三年礦廠，每噸之出產成本計工料費最高紀錄為一元六角，最低為一元一角八分，再加職員俸薪，地方公益捐及由井口至兩河頭之搬運費，三年中平均計算每噸成本總共不過二元一角左右，而全局銷售成本最低紀錄為三元二角餘，各鐵路運費及稅厘不在內，是總局與分銷處之開支，竟在每噸成本內佔一元一角餘，以全年七十萬噸計算，其開支總數為七十七萬餘元，查總局之職務，不過監督指揮與推銷二事耳，即覺有此龐大事務局之開支，在商辦公司中，無敢若是之浮濫者，即官辦事業，亦屬絕無僅有，其冗員之多，較諸第七屆任意增加至六十七人，而全局助理員以上之高級職員多至一百八十餘人，司事與監工尚不在內，如與鄰礦正豐公司相較其數目超過三倍以上，似此冗濫開支，焉能昭事業之擴展，（二）弊竇太多，外間傳說紛紜，該局購料有回扣，售煤有回扣，每噸五角至六角不等，如果屬實，該礦每年銷煤六十餘萬噸，當事人即可得三十餘萬以飽私囊，駭人聽聞，又查該礦改自辦後，計至第十二屆止，共得純利六百二十餘萬元，按照合同，每年提百分之二十，作為擴充工程基金，此項基金共為一百二十四萬餘元，是否已經動用，抑另行存儲，有查明之必要，又自二十二年一月起，每月交礦產稅二千元，其呈省府報告，仍按每噸三角計算，計二年約四十餘萬元，與實繳數相差甚遠，此款現作何用，將來向部中究照按何數繳納，是否仍須補交以前欠款，是又關係省方之負擔，亦有查明之必要，總之，當此庫款支絀，又值民窮財盡之時，如此最佳之生產事業，若不任其侵蝕敗壞，稍加整理，省庫每年增加數十萬至百萬之入收，並非難事，其整理辦法，（一）事務費之緊縮，依現在事務費之開支數目，縮小至三分之一，該事務決不至延誤，(二)局長制改為委員制，則遇事不得不公開，積弊自易剔除凈盡，此尤為一勞永逸之計，本會為整理省庫固有收入起見，特於五月十三日第十一次會議提議，整理井陘礦務辦法，以除積弊，而裕省庫案，經公決照辦，茲依照各省市捐稅監理委員會章程第二條第三項之規定，相應將上項意見向省政府陳述，即請查照核辦云。

答整頓井陘礦務辦法

張振鷺

竊以考察實業之盛衰，應以社會經濟眼光為原則，並市場售價之高低，自身担負之輕重，與業務之繁簡，成本之多寡，均有密切關係，若僅以產銷量為比例以定獲利之盈虧，而忽略今昔市況情形，執昔律今，實不啻刻舟以求劍，實年來經濟凋敝已成普遍現象，最近各大紗廠及其他企業相繼停業者已有多起，昔皆獲利數十百萬，今則虧累不貲，豈盡人謀之不臧，實亦市面環境使然耳，該會所指本礦第十一，十二兩屆較第七屆產量增加百分之十八至百分之三十，而盈利尚不及第七屆三分之一，衡以官營業通常情形指為事務費太濫，糜費太多所致等語，謹將本任第十二屆與第七屆實在情形根據，裁數目加以比較，逐項分晰，列表公布如下。

一、該會謂本任十一，十二兩屆獲利省方應得二十一萬餘元，何以省方僅得報効金四萬餘元，下餘十七萬餘元究歸何處。

解釋：　查報効一項係前清光緒三十四年三月起，本礦報効國庫稅欵之一，並非純益，該會所指省方應得之欵應為二十一萬餘元，何以僅得報効金四萬餘元，下餘之欵究歸何處一節，顯係以報効稅欵誤為純利之曲解，第七屆共產煤五十二萬八千一百十二噸，共銷煤四十六萬九千八百七十八噸五成九分，計本屆共獲純益洋九十一萬零一百四十一元三角五分，除提補六屆虧損洋二十七萬二千一百六十一元零六分，並照章提撥工程基金百分之二十洋十八萬二千零二十八元二角七分，職工獎金百分之十五洋十三萬六千五百二十一元二角，德股四分之一純利洋七萬九千八百五十元，並本屆純益尾數三十元零八角二分移入下屆期內結存外，計省政府應得四分之三餘利大洋二十三萬九千五百五十元。

本任第十一屆共產煤七十萬零六千零八十噸三成五分，共銷煤五十八萬三千一百三十三噸九成八分，計本屆共獲利三十五三千五百九十三元四角，照章除提撥工程基金百分之二十洋七萬零七百十八元六角八分，職工獎金百分之十五洋五萬三千零三十九元零一分，德股四分之一純利五萬七千四百五十元，本屆純益尾數三十五元七角一分移入下屆帳內結存外，計省政府應得四分之三純利洋十七萬二千三百五十元，本任第十二屆共產煤七十五萬三千四百四十四噸九成，共銷煤六十三萬零九百零六噸三成八分，計本屆共獲純益洋二十九萬五千一百二十五元四角六分，照章除提撥工程基金百分之二十，職工獎金百分之十五，共十萬零三千二百九十三元九角一分外，尚餘十九萬一千八百三十一元五角五分，內除尾數三十一元五角五分應歸下屆結存，並德股四分之一紅利四萬七千九百五十元外，計省政府應得紅利四分之三大洋十四萬三千八百五十元，本任兩屆計省方共應得純利大洋三十一萬六千二百元，均於屆終先後呈繳河北省政府飭收在案，此次該會所指省方應得之款為二十一萬餘元云不知何所根據。

二、該會謂事務費太濫，最近開支竟佔成本每噸一元一角以上，冗員增至六十七人。

解釋：（一）本礦事務費今昔之比較，第七屆分銷處僅有保定，北平兩處，當時正軍事結束之際，各地均感煤荒，各礦皆無車輛，而本礦在平漢路有專用火車數列，得以獨佔平漢一帶市場，故本屆帳載全部煤觔均銷平漢各站，天津僅售出一千二百四十噸，既無須推銷遠埠，一切費用自可節省，本任第十二屆產煤既多，銷路亦遠，平漢沿線已為各礦競售區域，勢非向遠埠推銷不可，故在保定、北平兩分處外已增豐台、天津、塘沽、烟台等分銷處，並在各埠大宗存煤，計撥充天津存煤廠三處，塘沽一處，烟台一處，又在本任舉辦學校兩處，實行種樹二十萬株，均爲第七屆時所無，故人員較第七屆時增至六十七人，至於售煤一節，例如天津一埠本屆即售出十一萬九千一百七十六噸四成零五厘，因之廠務費道岔租裝卸押運等項支出亦夥，用人員亦較多，所謂事務費估成本每噸一元一角以上，原不止薪工一項，查本局各分銷處全體薪津估每噸成本二角五分九厘，工餉估每噸成本五分二厘，辦公費估每噸成本六分五厘，辦公旅費估每噸成本四分六厘，自用煤火費每噸成本三分九厘，房租估每噸成本三分五厘，地租估每噸成本一分九厘，修繕估每噸成本四分，運輸費如（裝卸、押運、車輛、修理、運輸、雜項、、道岔租）估每噸成本二角七分九厘，雜捐（區稅、地方花消）估每噸成本三分四厘，營業費（匯運、出息、郵電、廣告、交際、交涉、補噸、商人酬勞）等估每噸成本三角六分九厘，公益費估每噸成本一分六厘，凡此種種均屬核實開支，有賬可稽。

（二）成本今昔之比較，第七屆成本爲二元九角八分四厘，本任第十二屆成本爲三元零四分六厘，（本任較第七屆成本增六分二厘，較第十屆成本減七角二分五厘，較第九屆成本增八分一厘，較第八屆成本減五角一分六厘，）查本任成本既與第七屆成本每噸僅差六分二厘，並不過相懸殊，而第七屆至今時逾七載，本局局章規定每年屆終員工照例增薪，加以產量增溢，新興事業較多，開支自亦隨年度而略增，今成本既與第七屆相彷，可能事務費之並無冒濫，所以獲利相差若是之鉅者，固別有原因在，即前所述之自身負擔加重是也。

（三）運費今昔負担之比較，第七屆平漢路運費舊二十二款七折時代與第十二屆新三十二款之比較如下，舊二十二款七折由石家莊至正定每噸運費三角八分，至保定一元八角七分，新三十二款由石家莊至正定每噸運費四角八分六厘，至保定二元三角三分一厘，新舊比較，由石至正定每噸運費增一角零六厘，由石至保定每噸運費增四角六分一厘，正太舊案運費每噸四角一分八厘，正太新案運費每噸六角七分二厘，新案較舊案每噸運費增二角五分四厘。

總計第七屆全年銷煤四十六萬九千八百七十八噸五成九，

付出運費六十七萬五千一百三十二元五角八分，第十二屆全國共銷煤六十三萬零九百零六噸三成八分，共付出運費一百七十四萬零九百七十六元二角五分，第十二屆較第七屆多支運費一百零六萬五千八百四十三元六角七分，雖兩屆煤斤運量不同，即使第七屆亦按六十三萬噸計算，運費至多不過九十萬元之譜，是本屆運以一項尚多支九十餘萬元發上，純利減少者此其一。

(四)煤價今昔之比較，查限城第七屆時保定煤價最高每噸爲十六元至九元五角，方順橋煤價每噸爲十一元三角，本任第十二屆保定每噸售價爲七元零二分，方順橋爲六元七角，今昔相較每噸煤價至少差三元五元，至多差九元左右，此項差額姑按平均三元計算，十二屆共銷煤六十三萬噸，計淨少得純利一百三十餘萬元，市場環境使然，純利減少者此其二，本屆如無上述兩項情形，假使與第七屆易時以處，則獲利應在二百五十萬元以上，換言之第七屆時如售價與本任相等，益以新增運費，負擔則恐將無利可獲矣。

三、該會謂本礦每月僅繳礦產稅兩千元，而照章每噸應納三角，此款究作何用，是否仍須補交。

解釋：查本礦煤稅（即礦產稅）最初係預解性質，關於二十一年七月每噸改按三角計徵，業經前任認可本任自二十一年九月十六日到差，當以此案不合礦業法規定，且實爲本礦力所不逮，遂經分別請減，在稅率未確定以前，由二十二年一月起每月繳礦產稅二千元，統俟懸案解決後再行補繳，按照實在運銷數量每噸仍按三角計算，結至二十三年十二月底止，計共結存欠稅二十八萬七千四百九十八元九角七分，連同二十四年一月至五月底止統共結存欠稅三十五萬七千六百五十五元七角三分，除由本年一月至五月每月繳二千元共一萬元外，計自二十二年一月起至本年五月底止統共淨存欠稅洋三十四萬七千六百五十五元七角三分，此項稅款均在賬內記載，列存呈報有案，年終結賬必須將稅款仍按每噸三角計算存賬，最近經本任赴京謁孔部長面陳，始將煤稅減爲每噸二角二分，所有以前欠稅亦再四商請，承孔部長顧念礦艱，允繳二十萬元作爲結案，如此辦理，則本局支出方面計當減少十四萬七千六百五十五元七角三分，亦即礦局獲益十四萬餘元，本任二年來

天津

恒康泰五金行

天津電報掛號 五〇〇八號

天津日租界新壽街

電話二局 一五〇五 〇八〇七

上海電報掛號 一五六二號

本號經商津埠垂茲廿載專售歐美各著名機器廠暨鋼鐵廠出品機械舉凡鐵路鑛局船塢機場所需鋼鐵物料水電船紗等廠應用各種工具其他如油漆電石帆布以及五金雜貨等莫不臻備且定價低廉無論遠道供應門市零售素承遐邇贊許現値我國銳意建設策重工商之際本廠不惜重資加聘專門技師力求工精物美藉酬各方之

惠顧信譽可徵非敢自詡也特此披露報端諸惟

鑒照

煞費苦心，爭得結果，無負職守，無愧我心，而外間不察，仍有誤會，此實對本礦未能澈底認識耳。

四、該會謂外間傳說，本礦購料有回扣，售煤有回扣，當事人年可中飽三十餘萬元。

解釋：　查銷煤回扣為商人應得酬勞，歷屆多寡不等，原不自本任始，第七屆時係由五百噸起碼，每噸回扣一角五分至五角，八角，一元不等，直至第十屆時則每噸為二角至八角，此種辦法均可任意伸縮，計第七屆共銷煤四十六萬九千八百七十八●五成九，共付出回扣七萬二千六百二十九元三角七分，第十屆共銷煤五十三萬六千八百二十五噸五成，共計付出回扣十九萬七千二百六十六元五角，本任自第十一屆到差後，始規定平漢沿線每噸三角，北平四角，天津塘沽四角五分，以免自由伸縮，藉防流弊，計第十一屆共銷煤五十八萬三千一百三十三噸九成八分，計付出回扣十萬零三千一百八十一元八角，第十二屆共銷煤六十三萬零九百零六噸三成八分，計付出回扣十一萬六千六百八十九元六角八分，可見本任回扣並未多支，且現在市價跌落，煤商均減讓回扣競售，假使當事人再從中取利，商人必至賠本銷售，試問有是理乎，至購料一項，本任國產量增加，較歷屆用料為多，而購價則較歷屆低減，有歷年購料價目比較表可證，不難澈底詳查，例如第七屆產煤五十二萬餘噸，繳木一項支出為十九萬八千三百元零零零五分，本任第十二屆產煤七十五萬餘噸，而繳木一項支出共十八萬一千零七十一元七角二分，於此可見是否低減，多間傳說應有相當證據，否則請指出傳說之人，實究虛坐，以彰法紀。

五、該會謂本礦擴充工程基金一百二十四萬餘元，是否動用抑或另行存儲。

解釋：查此項基金原為工程上所必增之產業，凡每年新增之各項如土地、大井、暗井、水井、石門、橋樑、機械等，每至屆終結賬時，由紅利內提出百分之二十歸補之，故名為工程基金，而實際上即新增產業，每屆不待提存而先已溢支，結至第七屆時結存之數共為九十萬零七千零零七元九角一分，而彼時新增產業支出已為一百二十四萬六千一百六十四元八角，早已溢支三十三萬九千一百五十六元八角九分，至第十屆基金結存之數為一百十五萬六千二百八十三元五角，而新增產業支出共爲一百八十四萬五千六百九十七元八角一分，計溢支爲六十八萬九千四百十四元三角一分，至本任第十一屆至第十二屆基金結存確爲一百二十八萬六千零八十七元二角七分，而新增產業支出已爲二百零三萬二千六百三十九元四角，連同上屆溢支之數，前共溢支七十四萬六千五百五十二元一角七分。

此外關於該會所提改革本礦制度原係另一問題，本人不加意見，總核以上所陳各節，敝局年來於經濟窮迫之秋，層層重負之下，僅能維持現狀，已屬精疲力竭，至本局照例每屆屆終應造具年報公諸社會，本任以敝局係營業機關，成本之高低，售價之多寡，有時須絕對秘密，故均未按屆公佈，以致社會人士對本礦不免懷疑，玆已將近三年年報付梓，合併述及，河北井陘礦務局局長張振鷺

× × × ×

華商柳江煤礦鐵路股份有限公司礦廠一班

第一章 總論

第一節 位置

(一)河北省臨榆縣柳江村。

(二)礦區面積計二萬六千八百四十八公畝，與寶興秦記毗界。

(三)鄰近礦區(子)長城(丑)太記(寅)寶興(卯)渤田(辰)榆寧。

第二節 交通

(一)輕便路由柳江村起至秦皇島止，自建民業鐵路計長四十六華里半。

(二)海運由秦皇島租用開灤礦務局碼頭出口船隻臨時租賃。

第三節 沿革

(一)礦區最初發現時期　在民國元年。

(二)開辦以來主要工作段落

(甲)礦井，於民國三年先開五槽斜井式立井一，每日出煤壹百餘噸，民四年開三槽斜井式(即現在出煤之斜井)停採五槽，民十五復在現在斜井鑿通五槽，民十四開鑿第三斜井。

(乙)抽水

開辦時用汽除抽水，民十四裝按電機，民二十擴充電台廢除汽泵。

(丙)修理廠

在民八年建築其中機件，逐年添配，至民十四年復將修理廠擴充為木型翻鑄鉚工鐵工修造五所。

(丁)鐵路自民四年開工，先至湯河站，民十一年北寧湯河站移設秦皇島，本路站長至現在煤廠。

第四節 資本及主要股東

(一)資本國幣一百四十萬元。

(二)主要股東計董事十一人，監察二人，經理二人，姓名如另表。

第五節 公司組織

(一)組織統系表

(二)各部之職務

(三)各部職員人數共計五十九人內工程師五人

(四)職員薪金

(五)服務期限除合同規定每三年爲一任者外餘無定期

(六)年齡最高六十歲最低十九歲平均三十八歲

(七)優恤辦法(甲)保壽險(乙)退職養老金(丙)因公死亡或殘廢給予一年薪金之遺撫恤費

第六節 現在資產價值請至中公司調查

第二章 煤田

第一節 地質

煤系屬石炭紀，位於奧陶紀石灰岩之上，煤層有六，可採者三，俱介於南山砂岩及雲山砂岩之間，至煤田之測

勘以此兩層砂岩爲標準焉，煤田爲盆地盆之中央爲巨大之火成岩山，其支脈侵入於四週之煤層中，致斷層甚多煤質，常有受其巨大之熱力變爲天然焦者，此又此煤田之特性也。

第二節 煤層

(一)層次總數共六層

子、有開採價值者爲第三層與第五層

丑、現已開採者爲第二第三及第五層，惟第二層因火成岩侵入最甚，煤多燒成天然焦，幷多夾雜火石，現已停採。

(二)煤層之延長及厚度

在本鑛區內煤層南北延長平均約七千尺，煤層平均厚度第一層甚薄，第二層三尺，第三層一丈，第四層二尺，第五層七尺，第六層二尺餘。

(三)煤層之傾斜及走向

走向第三十度東傾斜西北自十八度至三十度不等。

(四)斷層

在距地面順第三層煤斜下一千尺處，因百尺厚火石

壓之衝動，有相錯百尺之大斷層一，其下更因火成岩之傾入，有小斷層無數。

(五)頂板底板之岩石并內含之化石

各煤層之頂板底板多係黑色頁岩，第二層及第三層之頂板，亦間有火成岩者，第三層之頁岩頂板極易破碎，第五層之頂板極爲堅固，第五層頁底板含有植物化石。

第三節 煤量及煤質

(一)煤量 估計五百萬噸

二煤質

子、性質 無煙

丑、分類 明塊 立砟 小塊 二路 末煤 五種

寅、分槽分析

槽別	水分	揮發物	固定炭	灰分	硫磺
第三槽	0.66	8.08	66.50	24.76	0.68
第五槽	0.47	9.79	68.53	21.21	1.62

卯、商業上之功用 最合爐灶之用并可用於燒石灰及汽爐。

第三章 採礦

第一節 地面設備

(一)原動力設備

(子)發電廠 引擎及透平發電機共六部，計175K.W，引擎發電機50週波者兩部，100KW 透平發電機60週波者一部，以上三部已不常使用，現使用者爲一300K. W. 引擎發電機一300KW透平發電機一1500K. W. 透平發電機，共三機，後者爲二十一年新購，前二者均係舊機，平時開新機，舊機作備用總計，每年發電，年有增加，二十一年爲三百二十萬度，二十二年爲三百六十萬度兩季最高，負荷爲八百K.W. 平常則僅四五百。

(丑)鍋爐有大小七座，980方呎受熱面積者二座，2256方呎者二座，3140方呎者三座均爲B&W水管，鍋房汽壓每平方寸爲一六十磅，過熱溫度華氏100係用人工燒燃自產煤，備有蒸汽引擎風扇及馬達風扇各一部，九噸立式鍋

爐進水幫浦二部，七噸者一部，又臥式兩部。

(寅)凝汽機，凝汽機除175K.W.引擎用Jet Condenesr外餘均用銅管式凝汽機300K.W.引擎及30K.W.透平空氣汽水幫浦均爲回式Wet Pump 1500K.W.透平則用Sleavn Injeclor以抽空氣汽水則用離心幫浦用角齒與透平軸聯結冷水循環幫浦則均爲馬達離心式。

(卯)煙囪　爲鋼板製高144呎直徑爲8呎至6呎

(辰)涼水法　用噴射法，即來自凝汽機之水，由噴嘴噴出，使其蒸發以減溫度。

(巳)熱水法　無此設備，但有一軟水器將由井下抽上之硬水經軟水器，加入適量之蘇打，與石灰變爲軟水。

(午)設備費　約十五萬元

(未)變壓器　$\frac{2200}{11000}$ 五百五十KVA者兩部 $\frac{2200}{380}$ 五十、一百呎二百呎KVA者各一部，又一百五十KVA者三部，$\frac{2200}{220}$ 三十七KVA者一部。

(申)配電法　通井下三主要幫浦房者爲2200弗高壓電線及電纜三組井上380弗者三路一爲修機廠馬達線二爲電燈線又高壓者二路一爲2200弗一爲11000弗前者爲距電廠一里之抽風機用後爲輸電至六里外之支礦用。

(酉)各處耗電統計，綜計井下抽水拉煤及通風用電佔發電總量之百分之八十三，其他如修機廠發電廠以及全礦電燈約百分之十三。

(戌)每kwh成本　約四分

(二)機械廠設備　有修械所，鐵工廠，鍋爐房等，不詳述。

(三)斜井設備

(子)井筒　計產煤斜井三通，風立井式，第一第二兩斜井均順第三層煤槽斜下作成，其上部距井口百五尺一段，均用缸磚砌成磚穹，其下則完全以松木支柱，兩井筒高七尺，寬八尺，斜深均一千五百尺，斜度均十八度，第三斜井由井口至十二巷係順第五層煤槽斜下作成再下則因斷層關係，由五槽穿石山同斜下至十四巷遇第三層，煤槽井口二百尺一段，以青磚作碹，其下亦均用木棚支柱高寬與一二井同斜深二千二百尺，斜度十八度，通風立井四百尺深，直徑八尺以六角木圈支柱，上部二百尺用青磚砌碹。

(丑)井架　均於倒煤台上作簡單井架高十二尺。

(寅)篩選廠　於木製倒煤台，上製篩煤機兩部，由十五匹馬力引擎轉動，此外軋末煤機正在購置裝配中，出井大塊則完全用人工篩選。

第二節　井下佈置及採煤法

(一)井下佈置

(子)井底　第一井井底有片石牆洋灰頂作成之車廠，其近底右側有十二巷電泵房，其較遠左側有運輸繞道，此繞道並直通第二井，第二井井底因在極堅固石洞之內，未作碹並無其他裝置。

(丑)通風道線　主要通風道線係由一二兩井進風，再轉由井下斜井至十四五巷，由十四巷風向分為南北二部，南部由南十四巷經由南十三巷十二巷十一巷至南立井，用電風扇抽風出井北部則經由北十三巷十二巷及十一巷由第三斜井，自然出井詳如另圖。

(寅)運輸道線　所有十二巷以上之煤，現均用重墜迴輪順煤層斜坡作成之輪子眼放至十二巷，其以下各巷之煤，則均由井下斜井用電絞車絞至十二巷，再會總至一二井車廠絞至地面，詳如另圖所示。

(卯)採鑛準備工作，現十四五巷均在向前進行，井井及井下立井均在進行工作中，並擬在三年之內，將井下立井通至地面之工程完成，將來產煤全由此井，現用之斜井僅留一部份，作排水通風之用。

(二)採煤方法

(子)方法　用房柱法，即順煤層傾斜每隔三百尺隨煤層走向開大巷，大巷每進百尺開上山，上山每五十尺開順槽，如此將煤層逐漸分成長方煤柱，俟採用時，再將此煤柱分成小塊，先由上部採取，再及下部，以採罄為止，惟大巷兩側須留五十尺護巷煤皮，如大巷作廢時，再將此煤皮採出，已採區域聽其塌陷，不施填塞，必要時開一石橫巷穿過各煤層，以便運輸或通風排水等用。

(丑)搬運

一、由採煤處運至裝車處方法

由採煤處用鐵筐一直以人力拉至順槽，再改用平車推至上山眼，由上山眼再用重墜小迴輪及小鐵車放至上山下口裝車。

二、重墜絞車　各向下運輸眼均用重墜迴輪

三、(一)車　三十四匹馬力電絞車一部五匹馬力與十四馬電絞車各一部。

四、循環索　無

五、騾力

1.隻數　共十九隻

2.價值　每隻約值洋一百二十元

3.管理　歸包工人自理在地面豢養

4.獸醫　由當地隨時現找

六、人力

七、人力騾力之比較　騾力可當人力之五倍

(寅)支柱　井下支柱多用本地松柳楊等木或俄松建松等作一樑二柱之木棚，每架木棚工料價約合兩元至三元之譜，每噸煤支柱費約為三角左右。

(卯)通風

一、方法　井下通風多用木製風門或磚石等砌成風牆隔開，使風能走一定方向，大部由南立井抽出，小部由第三井自然出井。

1.風量　每分鐘六萬立方尺

2. 壓力　水表三寸半

3. 佈置　抽風

二、風扇　電風扇一部自造手搖小風扇三部

(辰)排水

一、水泵及泵房

電泵號數	每分鐘排水量	馬達馬力	打水高度	存置地點
二	一千四百加侖	二百六十五	三百九十五呎	
三	同右	同右	同右	十一巷泵房
四	一千五百加侖	二百八十	三百九十呎	
一	一千二百加侖	二百四十四	三百九十呎	
五	四百二十五加侖	二百十七	五百八十呎	十二巷泵房
六	同右	同右	同右	
七	同右	同右	同右	
八	一百八十七加侖，	六十	五百二十呎	現存機廠未用
九	同右	同右	同右	同右
十	四百八十五加侖	一百三十三	六百呎	十四巷泵房
十一	同右	同右	同右	十四巷泵房

二、水窩

1. 搆造　各巷水窩，均於泵房下左近一側，約兩丈深，處橫穿石洞，作成於適當地點，使通灘水下山或立井於泵房內，使通抽水立井中間，因挖取泥沙之便利，均以洋灰水牆分爲二部，水牆之下，并裝有水管及水門，以便開通或關閉。

2. 容量

十一巷水窩　四萬立方呎

十二巷水窩　兩萬立方呎

十四巷水窩　一萬二千立方呎

三、溝渠　凡運輸巷道之一旁均附有溝渠

四、歷年水量統計

二十一年　二百六十三萬噸

二十二年　二百七十二萬噸

五、探水方法　以手搖金鋼鑽鑽探

(巳)礦燈

一、安全燈及明燈使用區域

普通均使用明燈，俟某部通風不佳或發現沼時氣，再臨時限用安全燈。

(午)安全設備

一、防沼氣　因沼氣甚少，故未嚴格防備與施行檢查，携帶引火物等僅於每班開工之先，由各該管監工與領工擇風力較微之處，以氣油安全燈先行驗試後始行開工。

二、防水　凡第三層煤與五層煤相通之石橫巷內，均用洋灰鐵筋裝有極堅固之鐵製水閘門，在夏季水量暴增，全部電源不及抽出時，即將此等水閘門完全關閉，以五槽各巷蓄水，三槽各巷仍可照舊產煤。

三、防火　現尙無甚設備

四、救傷設備　由醫院担任

五、傷亡統計二十二年傷工率爲千分之一、六、爲二百八十六人死亡率爲萬分之〇、六、十一人。

二十一年傷工率爲十分之二、五爲四百二二十八人。

死亡率爲萬分〇、九爲十四人

(未)採煤效率

一、井下

1.煤工　每工平均原煤一噸二成

2.井下全部　每工平均原煤一噸

二、全鑛　每工平均產煤四成九

第三節惠工及公益設備

(一)醫院(子)組織院長一人，助手一人，看護二人，雜役四人，(丑)設備以傷科爲主，凡開割及治療跌傷手術，所用儀器及藥品粗已完備外，病房及隔離室數間，員工待遇平等，(寅)建設及設備費計房屋一萬一千元，購置儀器五千元，(卯)經常費每月連藥費雜費平均一千元，(辰)病人統計每日平均三十五人，內傷科占百分之八十五。

(二)教育(子)組織完全高小二所補習學校一所，(丑)教職員三校共計十人，(寅)課程照教育部所定，(卯)學生三校共計二百六十人，(辰)經費每月四百元由公司負担。

第四節工人

(一)地面(子)裏工計二百六十人(丑)包工一百六十五人。

(二)井下(子)裏工計一百十五人(丑)包工四百十二人。

(三)統計(子)人數九百五十二人(丑)工資平均每工七角一分。

(四)工作時間分八小時,九小時十二小時三種。

(五)撫恤凡因工作死亡者給予撫恤費二百元,殘廢者一百元。

第五節 產量及成本

(一)產量歷年產量統計自民七年(七年以前無統計)以後至十二年詳另表。

(二)成本(子)井口成本每噸一元八角(丑)鑛廠成本民二十二年爲四元三角五分。

第四章 運費及稅捐

第一節 運輸狀況

(一)輕便鐵路

(子)起築及成落時間民國四年十月開工,民國五年五月通車,(丑)軌重及其相距尺寸軌重由三十磅至四十五磅,軌間距離爲三十英寸。

(寅)路長及分站 全路共長四十六華里半,中分長辛店杜莊海陽三站,連柳江及秦皇島首尾兩站共五站。

(卯)修築費 伍拾萬元

(辰)每日由鑛至秦皇島最大運輸量一千二百噸。

(巳)機車數目及其樣式能率等詳記共有機車六部詳見左表

車號	製造者	數量	式樣	馬力	每次由礦至秦運煤噸數	購買年月
一號及二號	美國Iron Works Valcan	二	六動輪	80	五十噸	四年
三號	美國Iron Works Valcan	一	四動輪	80	四十噸	八年
四號	美國Baldwin	一	六動輪	150	一百二十噸	十一年
五號	德國Bossie	一	仝上	180	一百五十噸	十三年

六號	德國O&K	一	仝上	180	一百五十噸	二十一年五月

(午)機車由礦至秦運煤一次費煤量平均每往返一次用爛煤一噸

(未)車輛十噸鐵皮車四十二輛十噸木皮車二十九輛四噸鐵皮車四十輛客車四輛

(申)運輸開支每月約九千三百元（養路及車輛修理在內）

(酉)運輸成本過去數年統計每月運煤約二萬噸計每噸約五角

(二)海運情形(子)租用開灤碼頭情形及合同照該局定章出費期限五十年(丑)船隻臨時租賃

第二節　運費及上下力(甲)運費每噸（每日以五百噸計）五角（乙）上下力每噸一角四分

第三節　稅捐計產稅每噸三角本地教育捐每噸七分海關出口稅每噸二角四分

(四)歷年產銷及成本統計表（年度自四月一日至翌年三月三十一日止）

年度	產量	銷運量	成本（每噸）經常費	採煤費	合計
民國十七年度	一三二、四六五噸、五六	一六一、七三六噸、〇八	二、元五七九	一、元九五七	四、元五三六
民國十八年度	一九五、六五八、一三	二一二、九四四、三三	一、四九〇	一、六七二	三、一六三
民國十九年度	二二二、六一二、九六	二二八、九三八、八六	一、五〇七	一、六九九	三、二〇六
民國二十年度	二三〇、一〇七、八二	一八七、二四四、七〇	一、五五三	二、四一七	三、九七〇
民國二十一年度	一七二、五九八、七九	一八五、五一八、二四	一、三六〇	二、三五八	三、七一八

備考　銷運量除民國二十年度未超過生產量外，其餘各年均產不敷銷，緣十七年度前每年儲煤甚多，故有以上紀錄，特此註明。

(35) 本地及秦皇島一帶銷售各種煤價格表（每噸價格以銀圓為單位 民國二十三年一月訂）

種類／地名	三明	五明	三五立	三二路	五二路	選一號	混一號	末煤	灰納	說明
鏡山			六、五〇元	五、〇〇元	四、三〇元		五、〇〇元	三、〇〇元		
秦皇島	一二、元五〇	八、元〇〇	六、五〇	五、〇〇	四、三〇	九、元〇〇	五、五〇	三、〇〇		
湯河			六、一〇	四、八〇	四、三〇			三、〇〇		
昌黎		八、〇〇	六、五〇	四、五〇	四、五〇	八、〇〇	五、〇〇	三、五〇	四、〇〇元	
留守營		八、〇〇	六、五〇	四、五〇	四、五〇	八、〇〇	五、〇〇	三、五〇	四、〇〇	九八扣
天津		八、〇〇	六、五〇	四、五〇	四、五〇	八、〇〇	五、〇〇	三、五〇	四、〇〇	
綏中		八、〇〇	六、五〇	四、五〇	四、五〇	八、〇〇	五、〇〇	三、五〇	四、〇〇	
興城		八、〇〇	六、五〇	四、五〇	四、五〇	八、〇〇	五、〇〇	三、五〇	四、〇〇	
錦縣		八、〇〇	六、五〇	四、五〇	四、五〇	八、〇〇	五、〇〇	三、五〇	四、〇〇	
營口	一四、〇〇	九、五〇	八、〇〇	五、五〇	五、五〇	九、〇〇	六、〇〇	四、五〇	五、〇〇	九八扣
煙台	一四、〇〇	九、五〇	八、〇〇	五、五〇	五、五〇	九、〇〇	六、〇〇	四、五〇	五、〇〇	九六五扣

（完）

20204

河北省鑛業概要表

吾河北省鑛產甚多，蘊藏頗富，惟已開採者大半爲外人經營，其小部份則由國人以土法開發，良爲可慨。其未開採者仍待調查，方能工作，利棄於地，尤爲可惜。値茲國內經濟萬分恐慌，自宜早日開發各地富源，以裕民生。謹將調查所得，並擇錄中國經濟年鑑上所載河北省鑛產各節，表列於後，望國人注意及之，尤望吾河北省人士努力圖之。

編者誌

經營者	所在地	組織	鑛區面積或狀況	資本	每年產量	運銷地點	備考
開灤鑛務局	唐山西開平趙各莊馬家溝	中英合辦	煤十四層總厚十三公尺可採深度內之煤量[illegible]、〇〇〇、〇〇〇噸	二百萬鎊	二十二年一月至六月產一、九[illegible]、〇〇〇噸	北寧津浦平綏各路沿綫及長江各埠廣州汕頭日本	每年產耐火磚耐火器若[illegible]、〇〇〇噸
井陘鑛務局	井陘縣崗頭村	河北省與德商合辦	三十八方里儲煤量二[illegible]〇、〇〇〇、〇〇〇噸	五百萬元	二十二年一月至六月產煤三七、三[illegible]噸	正太平漢兩路石家莊及鑛廠附近焦炭銷山西	附設煉焦廠於石家莊日產約一百二十噸副產品爲臭油[illegible]油滌去油
正豐煤鑛公司	井陘縣鳳山村	商辦	煤層厚一公尺二、三公尺二公尺八公尺	資本六、六〇〇、〇〇〇元公積金三九、一三三、〇六六元	年產五〇、〇〇〇噸十九年運銷額約三十萬噸	正太平漢兩路沿綫及石家莊天津等處	
怡立煤鑛公司	磁縣西佐村	商辦	現存量六六、〇七二、六七四噸	資本三百萬元公積金九萬元	二十二年一月至六月七二、七九八噸	平漢路沿綫及滏陽河一帶	附設煉焦廠碼廠內發光用普通煤油無煤氣危險
中華煤鑛公司	磁縣峯峯村	商辦	餘七方里二百七十一畝	八十萬元	十七年產六〇、〇〇〇噸	鑛廠及光祿鎮附近	

磁縣官礦	磁縣及河南武安兩縣	官辦	六十方里	一一六、〇〇〇兩			
柳江煤礦公司	臨榆縣柳江	商辦		一、四〇〇、〇〇〇元	一五〇、〇〇〇噸	長江上下游各埠青島烟台北寧沿綫各地	
長城煤礦公司	秦皇島西北十里	商辦	煤層厚一公尺者二、四公尺一層一、五公尺一層	一、000、000元已收九00、000元	一五〇、〇〇〇噸	天津	
臨城礦務局	臨城	省辦	煤九層共厚十一公尺儲量五五〇、〇〇〇、〇〇〇噸	三、五〇〇、〇〇〇元	二十二年一月至六月四三、三二六噸	平漢沿綫隴海東段及平津等處	
門頭溝煤礦公司	平門支路門頭溝車站西南八里	中英商合辦	鑛區九、二五六畝七分儲量二、100、000噸	二〇〇、〇〇〇元	二十二年一〇六，六〇五噸	平津一帶	發光在地面用電燈坑內用菜油及電石燈
中央煤礦	平門支路門頭溝站西南十里	商辦	煤層厚一公尺至四公尺	二〇〇、〇〇〇元	每日產一〇〇噸	平津各處	
治水公司	宛平縣門頭溝			五〇〇、〇〇〇元	每日產三〇〇噸		
門頭溝區共他煤礦十家				共資本二五五、〇〇〇元	每日出量共約二九〇噸		
楊家坨煤礦公司	門頭溝站東北十五里楊家坨村	中日合辦	厚二、二公尺者一層一、八公尺者一層	八〇、〇〇〇元	十八年上半年產二〇、六八三噸		坑內發光用電石及煤油燈
齋堂煤礦公司	宛平縣第八區	商辦	一百八十餘方里儲量二萬五千萬噸			北平一帶尚未大採	

20207

公孚煤鑛	沙河縣同心坡	商辦			附近各地
坨清高線鐵路局各煤鑛	坨里安子佛子庄			儲量二〇〇、〇〇〇、〇〇〇噸	
周口店長口溝峪煤鑛				儲量四〇、〇〇〇、〇〇〇噸	北平附近
大興煤鑛	房山縣羊耳峪村泥坡峪溝		一、五〇〇元	十九年產一、四二八噸	
同聚煤鑛	房山縣長溝峪村		一五〇、〇〇〇元	十七年至十九年每年產二三、八五七噸	
永平鐵鑛公司	灤縣司家營張家庄吳家庄	華商辦		儲量約三二、四二四、〇〇〇噸	未採
鷄冠山鐵廠	臨榆撫寧二縣交界處			儲量七二〇、〇〇〇噸	未採
華北興茂新昌利亞四石綿公司	淶源			年產二〇〇、〇〇〇斤	平津各埠 易縣房山昌平完縣[illegible]春平山遷安遵化懷[illegible]均產石棉
天津石棉公司	淶源易縣等處		三〇、〇〇〇元		
春華石棉公司				年產約十八噸	

20209

永利製鹼公司	河北塘沽東站	商辦	商股三百一萬元 公股二百萬元	年產約二八、八〇〇噸	本國及日本	
啟新洋灰公司	豐潤縣唐山鎮	華商辦	資本八、八〇〇、〇〇〇元 資產七、六〇〇、〇〇〇元	年產八〇〇、〇〇〇桶 每桶重三七五磅	華南北香港馬尼拉馬來新加坡	附設製造機器廠
耀華玻璃廠	廠址在秦皇島公司在天津	中英合辦	資本一、五〇〇、〇〇〇元	年產玻璃二五〇、〇〇〇箱 值價二、一二五、〇〇〇元	上海天津香港日本及俄國	

石灰石礦產量亦豐，計周口店萬佛堂近年約產二〇〇、〇〇〇噸，平西三家店一帶年產灰四千噸，唐山開平一帶年產石約三〇〇、〇〇〇噸。

房山縣周口店產花崗石，年銷一萬噸至二萬噸，每噸在礦地售價一元六角五分。

黃土坡產石板礦，年產約一千噸。

平山縣西北溝里村欄道產石剛玉礦，年約六十四噸，每噸本地價二百文。

此外遷安縣之鎢。密雲、遵化、遷安、臨榆之金礦。淶源之銅，儲量甚豐，但均未詳細調查與正式開採。

（完）

20210

中國煤鑛紀要

煤之多寡，可定一國之隆替。蓋近代為科學時代，有煤則機器活動，可以造萬物。且煉煤可得多種副產品，如煤氣，煤膏及阿莫尼亞等，對於日常應用及化學工業，具莫有大關係。故世界各國對於煤礦莫不注意。吾國儲煤之富，據德人德麥克氏估計為一，○一二，五七七，七九二，○○○公噸，居世界產煤國第三位。果能充分利用，前途不堪限量，願國人共同努力採發。茲特將吾國煤礦表列如後，以便參考。　編者誌

中國煤源之藏量估計表（單位千公噸）

（錄Chiese Eco. J. 6.206—1930）

省別	無烟煤	烟煤	褐煤	總計	百分比
山西	35,921,696	93,051,376	175,768	129,148,840	58.44
四川	1,016,000	18,288,000		19,304,000	8.73
雲南		19,202,400	101,600	19,304,000	8.73
貴州		19,304,000		19,304,000	8.73
河南	5,935,472	1,632,712		5,568,184	3.42
陝西		7,079,488		7,079,488	3.20
湖南		6,096,000		6,096,000	2.67
山東	30,480	2,540,000		2,570,480	1.17
遼寧	30,480	2,286,000	5,080	2,321,560	1.05

河北	809,752	1,047,496		1,857,248	0.84
吉林		1,217,168	101,600	1,318,768	0.60
江西	111,760	797,560		909,320	0.41
熱河	20,320	480,568	169,672	670,560	0.31
廣西		508,000		508,000	0.23
廣東		508,000		508,000	0.23
甘肅		508,000		508,000	0.23
察哈爾及綏遠	152,400	314,960		467,360	0.22
湖北	140,208	314,960		455,168	0.21
黑龍江		349,504	23,368	372,872	0.17
江蘇		198,120		198,120	0.10
福建		152,400		152,400	0.08
浙江	50,800	71,120		121,920	0.06
總計	74,290,488	176,240,440	577,088	221,108,016	100.00
百分比	20.03	79.71	0.26	100.00	

20212

中國各產煤類統計表

民國二十年之產煤額(單位公噸)

省別＼種類	烟煤	無煙煤	褐煤	總計	百分比
江蘇	108,338.00			138,338.00	0.40
浙江	234,640.90			234,640.90	0.86
安徽	179,131.80	96,871.92		276,003.72	1.02
江西	334,144.00	120,000.00		463,144.00	1.69
湖北	69,000.00	206,500.00		275,500.00	1.01
湖南	410,000.00	516,000.00		926,000.00	3.40
四川	658,100.00			658,100.00	2.41
貴州	98,509.00	20,068.00		118,557.00	0.43
雲南	56,155.00	15,000.00	20,000.00	91,155.00	0.33
河北	6,605,572.13	1,154,452.00		7,660,024.13	28.13
山東	2,093,771.81			2,093,771.81	7.69
河南	82,485.10	1,020,254.04		1,844,739.14	6.78
山西	1,358,343.07	607,990.55		2,266,333.62	8.31
陝西	227,278.00			227,278.00	0.83
遼寧	7,503,000.00	195,000.00		7,698,000.00	28.27

吉林	550,000.00	30,000.00		580,000.00	2.12
黑龍江	230,000.00	8,000.00		238,000.00	0.87
熱河	703,400.00			703,400.00	2.58
察哈爾	69,500.00	45,000.00		114,550.00	0.42
綏遠	64,400.00	23,300.00	3.50.00	91,200.00	0.33
廣東	33,900.00	187,000.00		220,900.00	0.84
寧夏	5,068.00			5,068.00	0.02
甘肅				100,000.00	0.36
福建				50,000.00	0.18
廣西				100,000.00	0.39
外蒙古					
青海					
新疆				100.000·00	0·36
西康					
西藏					

中國重要煤礦公司一覽表

（錄"工程"第十表第三號）

省別	名稱	公司性質	資本	礦區	年度	產額	銷路
河北	（見前河北省鑛業概要表）						
河南	中原公司	官商合辦	500萬元	武修縣焦作鎮李河	19年度 20年度	395,198噸 840,104噸	河南河北北順保一帶及江蘇徐州長江兩岸
	六河溝煤鑛公司	商辦	300萬元	安陽	19年度 20年度	256,470噸 505,355噸	平漢隴海沿線
	福公司	英商	124萬磅	修武縣焦作備鎮李封村			
	民生煤炭公司	商辦	100萬元	陝縣觀音堂	19年度 20年度	62,520噸 47,280噸	洛陽鄭州開封靈寶
	濟衆煤礦公司	商辦	100萬元	禹縣玉皇山	19年度 20年度	7,200噸 6,480噸	豫南各縣
山東	魯大煤礦公司	中日合辦	1000萬元	淄川縣大荒地灘縣坊子	20年度	324,680噸	膠濟沿線及上海日本
	中興煤礦公司	商辦	100萬元	嶧縣棗莊	20年度 21年度	763,681噸 974,104噸	暢銷于津浦隴海京滬沿線及沿運河一帶
	博東煤礦公司	中日合辦	150萬元	博山縣八陡	20年度	86,000噸	膠濟沿線及上海日本
	悅昇煤礦公司	商辦	130萬元	博山縣西河莊	20年度 21年度	125,000噸 148,500噸	膠濟沿線及上海日本

山　西	晉北煤務局	山西省辦	1000萬元	大同永定莊煤谷日	20年度 21年度	180,198噸 237,169噸	平綏路沿線
	保晉煤礦公司	商　辦	286萬元	大同縣晉城縣平定縣壽陽縣	19年度 20年度	377,059噸 487,436噸	平漢鐵路線各站及京滬等處
安　徽	烈山煤礦公司(原名普益煤礦公司)	官商合辦	100萬元	宿縣烈山	19年度 20年度	12,260噸 41,812噸	津浦沿線及徐州浦口間
	大通煤礦公司	商　辦	80萬元	懷遠縣舜耕山	20年度 21年度	95,000噸 100,988噸	津浦沿綫及長江一帶
	淮安煤務局	官　辦	140萬元	懷遠洛河鎮	20年度	30,995噸	洛河鎮蚌埠浦口及長江各埠
湖　北	富源煤礦公司	商　辦	12萬兩	大冶縣石灰窰	19年度 20年度	110,000噸 125,000噸	漢口九江
江　西	萍鄉煤礦公司	江西省辦	1000萬元	萍鄉縣安源樂家中	19年度 20年度	147,946噸 163,144噸	九江株昌
	鄱樂煤礦公司	商　辦	150萬元	鄱樂縣洪山口樂平縣鳴山	18年度 19年度	79,428噸 23,200噸	岡鄂路株萍路及株州長沙漢口
江　蘇	華東煤礦公司	商　辦	160萬元	銅山縣一帶	20年度	88,335噸	津浦隴海沿線及長江下游一帶
浙　江	長興煤務局	官商合辦	300萬元	長興縣	19年度 20年度	128,750噸 184,641噸	滬杭滬甯沿綫長江流域一帶
遼　寧	撫順煤礦公司	南滿鐵道	2000日金	撫順縣	最高每天可達三萬噸		
	本溪湖煤鐵公司	中日合辦	700萬元	本溪縣	年產約60萬噸		
吉　林	穆稜煤礦公司	中俄合辦	600萬元	穆稜縣梨樹鎮			

上海市工業試驗所國煤成分分析表

出產省別	品名	水分%	揮發質%	灰分%	固定炭質%	硫磺%	熱量 B.t.u/lb
河北	開平特別屑	1.18	31.13	16.95	50.74	1.34	12,655
	開平頭號屑	1.51	29.34	23.50	45.65	0.98	11.646
	開平一號屑	1.69	29.11	22.80	46.40	1.36	12.688
	華斯屑	4.84	27.21	16.75	51.20	0.91	12,192
	撫順屑	7.13	40.35	5,74	46.48	0.58	13.549
	撫順塊	8.91	34.02	7.97	49.10	0.66	12,958
	門頭溝煤	2.26	5.13	15.46	77.15	0.54	10.258
	王平口煤	4.04	3.93	13.49	78.54	0.58	11.864
	定縣煤	0.78	24.96	27.33	46.94		11.248
	磁州煤	0.93	21.69	22.73	54.76	1.53	11.423
	井陘煤	0.90	20.45	18.21	60.44		13.555
	臨城屑	1.88	32.76	15.18	50.18	2,35	12.602
	臨城塊	1.76	27.31	15.32	55.61	1.33	12.692
	柳江頭號煤	0.60	11.34	20.97	67.09	0.93	11.337
	都江二號煤	1.68	10.35	22.83	65.14	0.61	10.872
	柳江納子	0.88	14.29	27.75	57.08	0.52	10.562

	都江特塊	0.68	13.30	21.01	65.01	0.46	11.575
熱河	北票煤	1.68	31.53	24.43	45.36	0.55	11.358
山西	大同原煤	3.99	37.11	8.55	50.35	0.92	13.059
	大同煤	3.63	29.19	12.98	54.18	1.34	12.272
	大同渾煤	4.58	27.64	8.76	59.02	0.72	13.084
	晉城塊煤	2.89	5.64	10.14	81.33	0.20	13.398
	平定屑煤	1.14	17.68	8.63	72.55	1.61	13.509
	平定塊煤	2.89	5.64	5.89	80.81	1.01	14.310
河南	六合溝煤	1.20	19.82	11.44	67.63	0.56	13.500
	安陽白煤	1.20	10.42	10.71	77.67	0.30	13.773
察哈爾	原豐原煤	2.01	32.73	12.44	61.82	0.90	12.852
	寶興原煤	3.07	25.76	23.70	47.47	0.55	11.293

(註)　餘省從略

（完）

＊　＊　＊　＊　＊　＊　＊　＊

會計報告（一）

二十一年十一月一日至二十四年三月二十八日收付款項單

計開

原收會務處洋一百元

共收會員會費洋九百六十二元九角二分

收會務處洋一百元

收會員聚餐洋十二元

收退郵票洋十元

收通成公司繳款洋二百九十一元三角一分

以上六項共收洋一千四百七十六元二角三分

付寰球印刷費洋一千〇九十九元一角六分

付會務處洋二百十九元

付購郵票洋三十七元三角七分

付華通印刷費洋七元六角

付瑞華金店洋五十五元

付南京電報費洋十二元六角

付瑞芝閣洋九元五角

付鄒成驊退會費洋三元

付志同照像館洋八元

付會員聚餐洋十五元

付會務處郵票洋十元

以上十一項共付洋一千四百七十六元二角三分

工程師協會會務處經辦結至二十三年九月二十五日

共收洋五百六十九元六角四分

共付洋五百四十九元六角正

結存洋二十元〇〇四分

工程師協會編輯處　結至二十三年十月一日

共收洋一百四十元〇六角六分

共付洋一百四十九元九角正

除收付兩抵不敷洋九元二角四分

尚欠趙戴二君端午中秋二節津貼洋四十元

以上二項共虧洋四十九元二角四分

會計主任張蘭格 印

會計報告（二）

工程師協會第三年度自廿三年十月至廿四年五月已收會費

會員

王廷璐	交	洋四元	
于桂馨	入會四元 會費四元	洋八元	
尹榮琨	交	洋四元	
尹贊先	交	洋四元	
石志仁	交	洋四元	
呂金藻	交	洋四元	
李吟秋	交	洋四元	
宋瑞瑩	交	洋四元	
張閎裕	交	洋四元	
張恩第	交	洋四元	
雲成麟	交	洋四元	
雲成麒	交	洋四元	
楊鵬明	交	洋四元	
滑德銘	交	洋四元	
劉家駿	交	洋四元	
劉如松	交	洋四元	
張錫周	交	洋四元	

仲會員

郭濟川	交	洋三元
劉寶善	入會三元 會費三元	洋六元
袁佩英	入會二元 會費二元	洋四元

初級會員

支源海	交	洋一元
方　凱	交 入會一元 會費一元	洋二元
卞學曾	入會一元 會費一元	洋二元
周景唐	入會費	洋二元
白麟瑞	交	洋二元
辛瀛洲	交	洋二元
孫相露	交	洋二元
張士偉	入會一元 會費一元	洋二元
揭曾佑	入會一元 會費一元	洋二元
趙正權	入會一元 會費一元	洋二元
劉愷元	入會一元 會費一元	洋二元
劉德利	入會一元 會費一元	洋二元
顧　禮	入會一元 會費一元	洋二元
蘇韞頎	入會一元 會費一元	洋二元
舒文凱	入會二元 會費二元	洋四元

會務報告

第二十一次執委會議紀錄

時間　二十四年一月二十五日下午七時

地點　法租界致美齋

出席委員　呂金藻　雲成麟　李吟秋　魏元光

張錫周　宋瑞瑩　王華棠　劉家駿

閻書通

一、開會

二、決議事項

（一）審查新會員資格，通過趙銘新劉如松為會員，栗培英吳毓才為初級會員，陳玉鑫史熙謙劉興宗趙如辰陳文魁李允言韓寶珍王東江徐家駿孫銳元為學生會委員。

（二）通過李書田李吟石樹德高鏡瑩祁壽萱為職業介紹委員會員。

三、散會。

第二十二次執委會議紀錄

時間　二十四年二月十六日下午七時

地點　法租界老北安利

出席委員　魏元光　呂金藻　劉子周　石志仁

雲成麟　李書田　李吟秋　王華棠

宋瑞瑩　張錫周　劉家駿　張潤田

一、開會

二、決議事項

(一)審查新會員資格、通過喬辛煐爲會員、范迺組王恩蓀爲初級會員。

(二)催繳會費及廣告費。

三、散會。

與水利工程學會聯歡大會紀錄

三月二十九日下午七時在大華飯店與中國水利工程學會天津分會舉行春季聯歡大會、到會者如左。

張闓格　王華棠　閻書通　宋瑞瑩　李賦都
徐世大　李書田　喬辛煐　李吟秋　駱曾慶
雲成麟　張錫周　尹贊先　胡源匯

餐後由李書田君主席、介紹徐世大胡源匯兩君講演海河治標工程問題及黃河貫台堵口問題、分析講述、極爲周詳、十時方散。

第二十三次執委員會議紀錄

時間　二十四年四月十日下午七時

地點　大華飯店

出席委員　張闓格　王華棠　雲成麟　劉家駿
宋瑞瑩　李書田

列席　侯德均

一、開會

二、討論事項

(一)審查新會員資格，通過左起鐸爲仲會員，李學孟周景唐王景文靳德沛王汝霖爲初級會員。

(二)本會財政狀況奇窘，致月刊不得按出版，亟待切實設法補救整頓，即責成會計主任編輯主任會務主任負責擬劃具計，早日施行，以利會務。

(三)井陘臨城磁縣三煤礦，均爲省有事業，年來營業不振，內幕不明，會會前曾提出向省府質詢，現仍須積極進行，與河北礦冶學會聯合，先刊印宣傳品，以資鼓吹，繼常向社會公開討論，提出具體改進辦法，以期實現。

三、散會

會員通訊

中華民國二十四年七月

本刊另闢「會員通訊」一欄，用以傳達會員消息。凡我會員如有若何消息，一經示知，當即刊佈週知。如承轉示其他會員行止佳音，亦所歡迎之至。

編者誌

王華棠 本會會務幹事，原任華北水利委員會正工程師，現升任黃河水利委員會總務處長。

王之翰 前月在北平與楊女士結婚，特此誌禧。

翟維澧 近作同蒲鐵路工程報告書，甚爲詳盡。

鄭翰西 今春曾到天津市工務局服務，現已返滬仍任職華啟建築公司。

魏元光 前月有弄瓦之喜，曾在工業學院校友樓盛宴各方友好。

李尙彬 現在工業學院研究材料試驗及各種工程模型之製造。

劉焄 現改取津海關工程師，在平監修稅務房屋。

呂金藻 本會主席委員現隨省府去保定，所有主席委員事務經執委會議決由李委員書田代理。又呂委員最近曾赴平計劃湯山公園云。

尹贊先 現任華北水利委員會課長。自王幹事華棠榮升後，所有本會會務事項，經執委會議決，由尹會員代理。

張潤田 自辭去津市工務局副局長後，現閒赴保公幹云。

編輯後記

一、本期爲省礦專號，關於井陘礦務文字共有五篇之多，吾人對於該礦當局非有褒貶只以井陘爲吾河北省唯一之礦務，惟冀國人注意，促其日臻發達而已。

一、本刊以經濟關係，遵照執委會決議，自本期起，版式略加更改，至於文字則務求充實，諸希讀者諒之助之是幸。

編輯啓事

本刊因經濟關係，遵照執行委員會議決案，改訂編印辦法，停止合期，按月出版。嗣後對於本省各種建設問題，及會員會友之個人消息，深望本會仝志，不吝珠玉，時錫鴻文，藉光篇幅，而達互相切磋之目的，是爲至禱！

二十四年五月十二日

會計啓事

本年度，自二十三年十月至二十四年九月底，收到會費，另單開列。尚未繳費者，敬希提前交納爲要。

20225

20226

河北省工程師協會職員

執行委員

呂金藻（主席委員） 李書田代

王華棠（會務主任） 尹贊先代

張蘭閣（會計主任）

李吟秋（編輯主任）

魏元光 張潤田 高鏡瑩

石志仁 劉振華 張錫周

雲成麟 劉子周 宋瑞瑩

李書田 劉家駿

中華民國二十四年七月出版

河北省工程師協會月刊

發行者 河北省工程師協會 天津義租界東馬路六十五號

編輯者 河北省工程師協會編輯部

印刷者 天津寰球印務局 鍋店街金店胡同南口 電話二局三四八五

代售處 北平天津各大書局

本刊價目表

册數＼地方	國內	國外
一册	二角	三角
半年	一元	一元五角
全年	一元八角	二元八角

廣告價目表

地位及面積	封面裏面	底頁外面	底頁裏面	加頁
	半面	全面	半面	全面
半年價目	八元	十四元	七元	十二元
全年價目	十四元	二十四元	十二元	二十元

20227

原刊缺第二至六期

20229

中華民國二十四年十月出版

河北建設專號

河北省工程師協會月刊

商震題

本刊下期年會號目錄預告

本會啟事

廿四年十月八日

本會初級會員謝君錫珍聲稱將本會第三十三號徽章遺失特此聲明作廢

編輯啟事

廿四年十月八日

本刊發行以來多承諸會員協助現亦出版三卷九期以後仍希同志時賜鴻文以光篇幅又各地工商業情形及資源之蘊藏更望加以調查以為發展之張本此外我會員同志最近行止亦望函知以便互通聲氣聯絡感情

會計啟事

廿四年十月八日

本會成立業經兩年有餘凡二十二三年度會費尚未繳納者統希即早繳納為荷

河北省工程師協會月刊目錄

（第三卷七八九期合刊）

河北建設專號

民國二十四年十月出版

20234

遠東建築公司

資本總額三拾萬元

南京天津杭州市政府登記

本公司聘有國內外大學畢業並得有實業部技師證書經驗宏富之工程司多人專門承做及設計各種樓房道路橋梁山洞閘壩碼頭機廠貨棧上下水道及其他一切一石鐵木工程並代測量繪圖

天津總公司
住址義租界西馬路四六號
電話四〇二〇七號
電報掛號二七六八

杭州分公司
住址施水路二一號
電話二二三一號
電報掛號二七六八

南京分公司
住址馬府街二三號
電話二二一三八號

濟南分公司
住址邊家莊六二號
電報掛號二四五〇

新浦分公司
住址東亞旅社
電報掛號六三八九

美慶汽車公司

修理廠

本廠專門修理各式汽車，電自行車，凡各種機器，電瓶裝電，噴漆補帶，並製各式車轎，修理迅速，取價低廉。

零件部

經理美國各名廠，各種汽車零件，內外皮帶，電瓶瓦圈，及一切橡皮材料，汽油機器油，零整批發，以及汽車附屬品，無不應有盡有，並經理德國愛奇噴漆材料，及買賣各種舊車。

出賃部

本公司備有新式轎車多輛出售，及結婚花車，顏色美麗，車身宏大，迅速穩固，坐位舒適，尚有載重貨車，專備運貨搬家，價廉克己，如蒙賜顧，請電通知

附設

臨城汽車學校，備有詳單

開設法租界二號路新菜市東

電話三局三九七五

河北省經濟協會之成立與其前途之展望

藥野

在吾華北內政外交，情形複雜，社會經濟，杌隉不安之今日，乃有河北省經濟協會者應運而生，該會自身具有重大之使命，吾民衆對之具有鉅大之希冀，自為意料中事。故其成立之經過，不可不有詳細之紀載，而其前途之如何，亦極有研討之價値。

○……協會立塲……○

據該會發起人周作民氏所發表之談話（見九月廿二日平津各報）說明組織之用意與立塲，其原文云。

「同人等平日均服務於河北經濟界，深知河北之物產富饒，而同時農村社會，仍極形凋敝，以言救濟，則非從農工礦業之發展不為功，促進開發有賴於經濟，經濟之取得，首在自力之更正，以自身力量樹其基礎，始克供國際之需求，惟經濟關係複雜萬分，農工各業均有其相互關係，其未經開發者，如何興辦，已經營者，如何改進，以適於現代式之條件，非先有嚴密之調查研究，不足以明真像，而資規劃，河北此種機構，尚鮮完備組織，故本會擬於有所致力，各種經濟事業之調查研究，欲求其精詳尤須賴專家從事其間，故本會分子除各實業界同人外，凡學者及專家，亦儘量延致。

發展經濟事業，需用資金，或進而利用外資，皆為事勢所當然，河北經濟事業，將來之開發改進，有為自力所能勝者，亦有須借重外資者，惟何種事業需用國內或國外之資金，所需資金運用方法何者，亦須經專家等嚴密之調查研究，方有準繩，藉資斡旋，近者咸倡中日經濟提携，此項問題，在平等互惠之原則下，事誠可行，惟既言經濟提攜，其所資以提攜者，究爲何種事業，其所用以提攜者，究爲何種方式，尤須洞悉彼此物質需給之關係，適應互惠之精神，以臻完善，亦非先事調查研究不爲功，本會未成立以前，社會頗多懸揣之詞，今其宗旨組織及辦法，既具於會章，自邀各方之贊助，本會同人，平日既努力於社會經濟事業，今後仍願本此立場，發揮服務社會之精神，凡涉及經濟範圍以內之事，自當隨時供獻其平日之經驗及研究所得，以策進行，範圍以外之任何設施，非同人才力所及，決不敢過問也。」

○……成立經過……○

河北經濟協會經平津商會及銀行公會發起後，發起人周作民等二十四人於九月三日開發起人會，推周作民，鄒泉蓀，朱深，江庸等八人起草會章，並籌備一切，經半月之籌備，迭開籌備會三次，頃以籌備就緒，會章亦經擬定，特於廿一日下午三時假西皮市北平市銀行業同業公會開成立大會，計出席會員有河北省府主席商震（呂咸代）袁良，顧洪然（開灤礦務局）景學鈐，盧郁文，崔敬伯，李燕，章元善，傅增湘，許秀賓，（北平電車公司）趙劍秋，（北平自來水公司）鄒泉蓀，（北平市商會）朱深，（北平電燈公司），姚澤生，徐誦明，李書華，周作民，吳鼎昌，程品清，徐伯園，楊濟成，曹少璋，俞仲瀚，王澤民，孫關仁，潘再言，汪卜桑，冷家驥，岳乾齋，王紹賢，韓誦裳，卞白眉，（鍾秉鋒代），鍾秉鋒，王逸塘（鍾代），高倫堂，邸占江，孫逵甫，何廉，王文典，（南洋兄弟烟草公司）嚴仲楨（津市政府代表）李季芝（天津華新公司）孫冰如（天津壽豐公司）楊西園（同前），（缺席會員）謝宗周，薛培元，蔣夢麟，王子文，江翔雲，楊臨齋，谷九峰，邢贊庭，楊朗川，紀華（津市商會代表）王曉岩。

共議決，一、河北經濟協會章程案，決議通過，並分呈河北省府平津兩市府轉請行政院核准。二、推周作民（北平市銀行同業公會代表）鄒泉蓀（北平市商會代表）鍾鍔（天津市銀行同業公會代表）紀華（天津市商會代表）朱深（北平電燈公司總理）吳鼎昌（北平鹽業銀行總理）翁文灝，何廉，范銳（專家）爲本會委員主持會務。自即日開始辦公。

協會章程

河北經濟協會章程，第一條，本會以調查研討河北經濟事業之發展，並應其必要，協助國內外資金之運用爲宗旨，故定名曰河北經濟協會。第二條，本會應研究討論接洽之範圍，限於左列各項。(甲)中央及地方政府所委託之河北經濟及國內外經濟事項、(乙)本會團體會員及個人會員建議之河北經濟及國內外經濟事項，以上事項，除在平津兩市及河北省者外，若事務性質與他省市有關聯者，亦得與他省市公私機關協同辦理。第三條，本會會員，其資格列舉如左，甲、平津兩市商會之代表，乙、平津兩市銀行同業公會之代表，丙、各銀行各實業公司之總經理協理經理，丁、經濟專家，具有上列資格之一，經會員二人以上之介紹委員會之同意得爲本會會員。第四條，本會由會員中推舉委員九人，組織委員會，再由委員會推舉三人爲常務委員，綜理會務，關於會員委員常務委員之職責，由委員會規定之。第五條、本會委員之任期爲一年，但得聯舉聯任。第六條，本會設專門委員會，聘請專家，主持調查研究及設計等事項，其章程由委員會規定之。第七條，本會設秘書二人，掌理關於文書會計及庶務等事項，依事務之繁簡，得酌用事務員，前項員額及報酬，由委員會規定之。第八條，總會設於北平，即假北平銀行同業公會爲會址，將來認爲必要時並得在天津設立分會。第九條，本會會員大會，每年召集二次，定於一七兩月舉行之，由常務委員報告進行各事項，但遇有重要事件，經委員會之議決，得召集臨時大會。第十條，本會委員及常務委員均爲名譽職。第十一條，本會經費，分爲募款，及會費兩項。甲、每年預算，應需費用，由平津兩市商會，銀行同業公會，各銀行，各實業公司，設法募集。乙、每年各會員繳納會費若干，其數目由委員會規定之。第十二條、本會收支各款，每屆年終由委員會造具決算書報告大會。第十三條，本會辦事細則，及議事規則，由委員會規定之。第十四條，本會章程，經會員會議決通過，分別呈由河北省政府，平津市政府，轉請行政院核准施行，嗣後如有應行修改之處，由大會議決呈報政府備案。

前途展望

經濟協會既在中日經濟提協空氣彌漫之中，應時而出，其重要之使命，質言之，不外

一、調查研討冀省經濟事業之現狀與需要。

二、運用國內外資金發展冀省之農工礦各產。

誠如是，其工作可謂至爲艱鉅，而責任至爲重大矣。該會之能否順利進行，與其能否克奏膚功，雖不可知，然當此內政外交各種問題糾紛未已之際，吾社會中堅份子，能出而直接間接擔任其一部份之責任，要不失爲一種良好現象。至其成敗如何，則舉視該會能否

一、腳踏實地，延用各項專門人材，作詳確之調查與設計。

二、對內對外是有特殊信用及活動能力，以期達到國內外資金之合理運用。

該會發起？諸君子均經濟界之領袖，對此二點當已成竹在胸，定能游刃有餘。最低限度，亦可爲內部之經濟調查研究，再爲國外之訪詢考查也。昔賢有「知此知彼」之訓。即退一步講，先盡其在我者，亦可進行所謂「知此」之工作而爲本民衆之一建議機關也。

本會以輔助本省建設事業爲宗旨，自成立以來，即進行全省實業及各種資源之調查。積兩年餘之經驗，深知即此一端，亦不無相當之困難。本會之宗旨及工作，與經濟協會之立場，大同小異，倘能爲技術上之合作，或易收衆擎易舉之效也。開發生產事業，以解決一般之經濟與社會問題，實爲目前之急務，但值此華北內政外交之諸多逆流中，暗礁正復不少，惟希該會熱心諸明達之善於操舟以渡此難關也。

河北省之建設新猷

劍生

河北省政府自改組遷保以後，一切均在困苦中邁進。建設廳長呂成，自就職以來，對於本省建設事業，尤爲積極進行整頓。復以本省財政困難達於極点，建廳除在撙節本廳切身各項開支外，對於省營礦業及內河航運等生產事業，

尤在極力設法改良，以期使省庫收入，得有裨益。各省路之整理，河工之改進，農田水利之開發，合作事業之提倡，與夫省會市容之改善，莫不積極力圖實現，茲分誌各項進行情形如後。

（三礦合一井加生產）

省府改組之初，對於省營礦業即在入手整理，並約聘專家，成立礦業監理委員會，專司其事，建設廳長呂咸氏曾親赴井陘煤礦實行接收，現在井陘臨城磁縣三礦，即將接收竣事，而礦業監理委員會，不久亦將召開第二次大會，籌商接收後之整理進行方針，不過關於三礦之整理，因各礦生產能力不同，決定實行三礦合一，集中三礦之生產能力，而撥於有待整理之一礦，計井陘一礦，預計經此番改組委員制度後，每年可增加八十萬元之收入，較之過去僅每年報效省庫之四萬元，實有天壤之別矣。據聞僅井陘礦天津營業所一處，過去每年開支竟達十六萬元之鉅，較建設廳之開支尚大出一倍，此後決以每年一萬元之開支維持該所，則天津營業所一處，每年即可減省十五萬元，此外煙台售品所因向無營業，決予取消，再加井陘礦區之節省及煤價折扣之公開，總計每年最低限度可有八十萬元之收入增加。其臨城一礦，以現在所存之煤，須與該礦之積欠相抵，稍加整頓後，每年不但不致虧累，尚可酌予增加，據探查該礦每日以五萬噸之平均產量統計，尚可開鑿三十餘年。至於磁縣煤礦，現尚待添製機器，約需款五萬餘元，雖目前省庫無力出此，但俟井陘礦整理就緒後，即可由井陘之贏餘部分提爲磁縣購辦機件，此即所謂三礦合一，而增加生產之要途也。

（內河航運年加十萬）

內河航運向爲本省第二收入最可觀之事業，過去每年收入約二十餘萬元，僅敷該局本身開支，省庫毫無所獲，現建設廳決定將該局力加改良，使收入增加，開支漸減，每年亦可有十餘萬元供獻省庫，如能切除積弊，或能較十萬元尚有增益，此爲建設廳急待進行之第二項要政。同時對於省路之整理，以及省路局之開支，亦力求減低，至於本省汽車公路，業經大致完成，然因各縣多被載重大車壓毀，以致汽車行駛，極感不便，決令各縣，妥加保護，以利路政。又平保及津保汽車路，經建設廳派工程師勘查後，現已大致勘竣，此番翻修決定力求堅固，使不論雨雪之時，一律照常行車無阻，此項工程預計爲七十萬元，現正向河北省銀行進行借欵手續，俟欵項借到，即可動工。

整頓河工決先治本　建設廳以本省所轄各河，連年發現險工，其原因固由堤防之不堅固，而負責河工之人，亦不能辭其咎，且河務人員每多虛報水情，期圖朦請工欵，藉飽私囊，而每次築埝建埽，多不澈底致力於防水工程，此完全由河務人員不能忠心職務，切實負責之原因，防水建堤乃係治標之道，而欲根本整頓河工，必先自澄淸河務人員入手，此乃治本之策，不可稍加忽視，使河務人員必須爲專門人才，並打破以往被各段長操縱之弊，而河工前途，方有澈底改進之餘地，建廳對此極爲注意，並在詳擬整頓計劃，準備入手中。

完成全省電話線網　本省各縣長途電話，現已有百餘縣已經完成，其尚未修妥者，僅十六縣，建廳爲完成全省電話線網之計劃決令此十六縣剋期完成，俾全省百三十縣隨時均可通話，遇有匪報及意外變化時，均可利用傳達消息，而省府亦可便於指揮一切，至於目下最爲重要之平保及津保電話線，現已開始換線，另換銅製話線，通話傳音，均極清晰，最近即可竣工。

改善省會馬路溝渠　保定原爲直隸省治，但舊有城廂街市，極爲湫溢，久未治理。今春省會奉令遷回保定，該處所有馬路溝渠等項，均應加以興修，以期改善市容。現悉廳方正在派員測量，以爲全部設計之根據，不久各項工程即可開始云。

提倡水利整理棉業　現爲積極振興農田水利起見，省府已將河北省農田水利委員會實行改組，除省府委員商震、李培基、呂咸、李竟容、何基鴻、梁子青、劉逸南、張蔭梧、南桂馨等爲當然委員外，並由省府函聘魏樹鴻、張伯苓、李書華、李書田、周作民、徐世大、徐永昌、姚翼厚、齊振林、張秉樞、李燿瀛、卞壽孫、王秉哲、張廷諤、谷鍾秀、郝濯、劉雲峯、劉春霖、步次飛、劉汝賢、趙恩慶、朱升華、張藎臣、劉文翰、齊樹楷、邢之襄、張毓、儒等二十八人爲委員，定期在省府召開第一次全體委員會，討論會章及今後工作計劃，並推選常務委員負責主持一切會務，現在該會對於灌溉及鑿井，極爲注意，業將該會所存餘額，撥充本省鑿井，貸款專欵，以資提倡云。

建廳復以河北省爲產棉區域，但種植運銷監督機關甚多，各不相屬，缺少統一組織，故聯合河北省內從事棉業機關組織河北棉業改進會，日前在平成立，會址決設北平，但因今址尚未覓妥，故暫在銀行公會辦公，此後關於改良推廣棉產，改良棉田水利，改良棉產，改革棉業金融等項事宜，均由該會計劃監督指導進行一切，推舉理事長周作民，理事章元善，呂咸等七人組織理事會，於九月二十日下午二時舉行首次會議，計到河北省政府委員呂咸，北寧路局局長殷同，天津商品檢驗局局長湯澄波，經委會棉業統制委員會，河北棉業改進所原頌周，華北農產研究改進社章元善，銀行公會周作民，專家孫玉書未到，下午三時開會，由理事長周作民主席，開會後即由主席報告上屆成立會大會紀錄，依次討論下列四案，計一、總務部技術部辦事細則業已草竣請公決案，決議修正通過，二、應如何購備棉籽以圖改進案，決議購辦長絨中國棉花籽經三百萬担爲明年實施改進之需，三、依照會章應如何統一河北棉業改進機關案，決議下月起接受統一棉業團體監督權，四、籌撥本會基金，決議由各團體會員擔任。

記者於會後晤該會理事呂咸，據談河北省爲棉業重要產區，境內之改良棉業機關其事權之監督機關，或爲實部，經委會或爲私人經營，事權既不統一，各人其是，對整個之改進頗難具體，因之由中央及地方特聯合組織本會，受各棉業改進機關之監督機關委託整個計劃實行改進，並已推定周作民先生爲理事長，本會定下月中派員接收河北棉業改進所，經委會棉業統制委員會所設之河北農業改進社，及實業部及北寧路局暨私人所設之棉業改進機關，除經費仍由其原監督機關照撥外，其棉種試驗等技術之設計，自下年起，均須由本會核准後實行，一切直接受本會之監督及指揮，同時將河北境內之棉產推廣，棉田水利及改善運銷等事，均將由本會統籌辦理，理事會總務部及技術部辦事細則，今日通過，總務部計分文書，庶務，會計等，技術部分調查實驗設計等，俟整理後，即可發表，本會會址未覓定前，暫假平銀行公會會址辦公。

河北省棉產改進會簡章

第一條、本會集合河北從事棉業之機關團體等，辦理全部棉產改進事宜，第二條、本會員左列各機關團體共同發起組織之，河北省政府，棉業統制委員會，河北棉業改進所，實業部天津商品檢驗局，北寧鐵路局華北農產研究改進社，第三條、本會會員分左列二種，（1）團體會員，凡從事棉業之團體經理事會通過得爲團體會員，每團體各舉代表一人，（2）普通會員，凡贊成本會宗旨而具有棉業學識經驗之人得由發起人二人之介紹經理事會通過，加入爲會員，第四條、本會設理事七人至十一人，任期三年，互推理事長副理事長各一人執行會務，理事會章程另定之，第五條、本會第一期理事由發起人推舉，第二期起由團體會員推舉，第六條、本會得聘用專家爲顧問或專員，第七條、本會設於北平，第八條、本會設總務及技術部，各設主任一人，商承理事長執行各該部事務，辦事員若干人，第九條、總務部辦理文書會計庶務及不屬技術部之事項，第十條、技術部辦理棉產之推廣繁殖實驗調查計劃監督等事項，第十一條、關於河北省內植棉一切改進方案，統由本會綜覈設計指揮監督，以益推行，第十二條、本會在河北省產棉區域內選擇適宜地点，設立試驗場指導所，執行左列各項事務，（1）改良推廣棉產，（2）改良棉田水利，（3）改良棉產運銷，（4）改良棉業金融，第十三條、本會對於前條所列各事，次第設計辦理，關於改善棉田水利棉產運銷棉業金融等項，得酌與河北各該關係機關合作進行，第十四條、本會事業費，由會員各機關團體以其原有之經費基金撥充，如有不敷時，由理事陳請政府補助，或向社會募集之，第十五條、本簡章經發起人通過呈請政府核准備案，即生効力。

河北省棉業改進會理事會章程

一、本理事會除改進會簡章業有規定外按照本章程辦理。

二、理事會審議列左各事項。

（甲）關於預算決算及基金事項。

（乙）關於會員之加入事項。

（丙）關於顧問或專員之聘用事項。

（丁）關於各部主任及重要職員之進退事項。

（戊）關於各部辦事細則之核定事項。

（己）關於試驗場指導所之設置事項。

（庚）關於與各關係機關之合作事項。

（辛）關於會員之建議事項。

（壬）關於改進會簡章規定應由理事會辦理事項。

三、理事會按月開會一次，由理事長定期召集之，遇有必要時，得由理事長副理事長或理事二人以上之提議，召集臨時會。

四、理事會開會須有理事過半數以上之出席，由理事長爲主席，理事長因事缺席時，由副理事長代理，其議事由出席理事過半數以上表決之，如可否同數時，取決於主席。

五、理事因事不能出席理事會時，得委托他理事爲代表，但一理事不得代表二人。

六、本會已經決議事項，理事缺席者不得有異議。

七、理事會應備議事錄，由出席各理事簽名或蓋章保存之。八、理事會之保管案卷及記錄會議事項，須由理事長指定總務部員辦理。

九、理事會所議事項，如非一次所能解決者，得延至下次會議。

十、凡理事會議決事項，送由理事長執行。

十一、理事會每屆半年，應召集會員報告會務一次。

十二本章程由發起人議決施行，如有未盡事宜，得隨時由理事會修改之。

又詳洋義賑會協助冀省棉運，已有數年，成績甚佳，本年則以趙縣、元氏、高邑、深澤、無極、束鹿、晉縣、蠡縣、藁城、欒城、柏鄉、堯山、隆平等十三縣爲範圍，按照該會分區規定，第三區深澤、無極、束鹿、晉縣、蠡縣等五縣，指定由楊一鳴、苑進忠二人負責指導，第四區趙縣、元氏、高邑、藁城、欒城、柏鄉、堯山、隆平，由孫李實、鄭瑞琪二人負責指導，各棉區縣聯會自身主持脫售棉花事宜，義賑會方面則在天津、濟南予以市場上之協助，冀省本年產棉，大致情形尚佳云。

現值中日經濟合作空氣濃厚之時，日人對於華北之棉業，希望尤奢，建議之統一河北棉業監督機關，不爲無因。夫我之所有，彼之所無，合作發展，如何而能獲得合理之辦法，平衡之利益。實爲當前重要之先決問題。茲將「華北之棉業」一文（譯自日本廣告雜誌曾載天津晨報）附錄於後以見日人之一般心理。

今日華北之財政家及實業家，爲貫澈中日經濟合作之計畫。渴望日本方面與以財政及技術上之援助，以獎掖華北之種棉事業。此固必然之理。蓋日本由極遠之外國輸進棉花。年在六萬萬日金。如上述計畫成功。則華北棉花之傾銷於日本市場。其量必巨。前途成功。可操左劵。且此項計畫。於改善中國之農耕凋敝。亦具有最速。最合實際。最能持久之效果在也。

「滿洲國」之成立。對於日本之生死的經濟問題。或已解決。或將解決。如日本缺乏之煤鐵。木料。羊毛。以及其他必需之原料。「滿洲國」已能供給。惟「滿洲國」雖爲日「滿」經濟集團之一份子。對於日本之需要。無所不備。而於棉花則付缺如。在遠東方面。日本希期能供給其棉花之需要者。則捨中國莫屬也。

關心日本棉業之人士。有倡言以發展「滿洲國」之種棉計畫。列入日「滿」經濟集團之程序者。關於此項問題。迄研究尚未完成。惟已得有充分之結論一點。則以「滿洲國」之氣候。種棉決不能達到巨量之出產。以棉之爲物。感覺銳敏。在「滿洲國」適合於種棉之地域。乃爲較絕少也。

世界上種棉區域。包括美國。埃及。印度。中國。俄國等國內之一部分。皆在北緯度二十九度及四十度間之熱帶內。美。埃。印。中。四國。在該緯度內者。幾佔大半。惟以島國。濕氣大重。種棉乃不可能。

俄國之塔什干在北緯度四十一度二十度。可謂種棉區域北緯之極端。可見種棉區域之中心。當在北緯度四十度以南。「滿洲國」吾人以爲在產棉區域之中心部份。胥在北緯度四十一，〇四度之尖端。然則「滿洲國」之地帶乃在他國棉產豐富區域之外也。

長期優美之天氣以及高度之氣候。爲種棉區域之必要條件。在佛金尼亞 (Virginia) 之林區勃(Lynchburg)塔什干。俄美兩國之極北棉產區。較之「滿洲國」之種棉中心區域。其氣候較高。春秋尤甚。由於春秋雨季較低。（滿洲國）之種棉時期。乃爲縮短。此爲該處棉業之最大缺點也。

「滿洲國」去年出棉總數十五萬畝。超過往年達二萬畝。種棉區域。尚有繼續增加之望。以該項事業。於「滿洲國」農民。較之他項耕種工作。獲利較厚。同時「滿洲國政府亦在提倡中也。

去年收獲甚少。約在一萬萬一千一百萬磅左右。以夏季天氣比較寒涼。在主要出產區域內。大約每畝四分之一。可出一百五十一磅。較之往年少百分之七十五。

於至種棉區域之擴充。將至於何種程度。則不敢逆料。以該項問題之研究。尚未完成。惟有一點。凡預料可資種棉之區域。則早已開耕。而其結果則仍在變化中也。台灣地位甚佳。氣候最宜。然以昆虫為害。竟不能種棉。朝鮮之南部在北緯度四十度以南。最適於種棉。該島決非工業之理想區。惟其氣候則特佳。最適於美國之高地棉花。據朝鮮政府之改進棉業計劃內稱。預期自去年起。十年內可收五五五，五六三，四〇〇磅。則勢必擴充南部棉地至八七五，〇〇〇畝也。

朝鮮可耕之地。約在一一，六〇〇，〇〇〇畝。其中四，一〇〇，〇〇〇畝為米穀類。餘則屬於普通農事。有人曾謂利用美國進口之棉花。耕地擴充二十九萬畝以種棉。非不可能也。惟吾人皆知朝鮮棉產最多時未能超過日本進口百分之三十五。故以朝鮮與「滿洲國」兩地之棉。尚不及日本進口之半數。此即謂其餘半數之棉花。日本似須依賴他國耳。

今再討論華北之棉業問題。中國十地。過來在北緯二十至四度間。美國高地棉花。早已試種成功。華北果欲改進種棉。則以氣候之佳。其收穫當遠過「滿洲國」及朝鮮也。

對於日本。則自中國購棉最有利益。以中國之成本低賤。且兩國鄰近。較之購自美國或印度。便利尤甚。華北之棉花。可為數萬萬之中國農民。獲有固定之收入來源。同時可提高其對於日貨之購買力也。

是以日本之不願購棉自美國與印度而希望購於中國。正似中國之甘願售給日本了可藉此以改進其經濟狀況也。中日經濟合作。按之經濟定律。殆為當然之趨勢。決非人力所能破壞。當至中日棉業之合作。非藉軍事與外交方面之援助。不能實現。惟此種計劃。乃一具體行動。於內部政治以及兩國政治關係。此較遠隔。此種事業。在目前較之任何計劃。易於實現耳。

惟在中國。早具一種論調。謂中日經濟合作應集中於改善中國農民之經濟狀況。不能藉口由財政上之援助而攫取某種權益是。

吾人以為如中日經濟合作。基於此種精神。則中國農民生活狀況。自然改進。而其購買日貨之能力。自能增加。其時中國反日思想。自然消滅。以世界上無論何人。對於利益必最關切也。

然則由於此種經濟合作而實現華北種棉事業。便雙方互受益惠。乃完全適合實際并可預卜成功者矣。（完）

英商

東方鉄廠有限公司

承辦各種鋼鐵工程
包做衛生煖汽工程
機器鑿井譽滿全國

總公司

天津英租界倫敦號四五號

分公司

上海四川路十二號

天津德盛工程處

承包——房屋貨棧建築工程
及土木建築工程

總號——天津特一區漢口路一號
電話三二一四六
電報掛號一五六二

分號——威海衛
唐山
葫蘆島

經理——劉海亭

工程師——劉鍾瑞

20253

20254

河北省電氣事業及電氣通信概況

喬辛煐
左起鐸

河北電氣事業，規模較小，而電位發展，亦較遲緩，加之歷年政局不定，金融枯澁，匪火水患，起伏循環，遂致電氣事業，不但無發展之望，且呈衰落之象，而電信建設，亦因之停滯不前，本省電氣事業，多半爲民營事業，省境遼闊，共有一百卅一縣，除平津而外，設有電廠者，僅十一縣，計二等電廠一所，三等電廠七所，四等電廠三所，全省發電總容量，不過四千瓩，全省電氣事業總投資，僅二百萬元，茲將各電廠概況，分述於後。

(一)**秦皇島電廠** 開灤礦務局接辦秦皇島秦榆電燈公司，以後改稱開灤礦務局秦皇島電廠，民國廿四年呈准註冊，資本九十萬元，鍋爐受熱總面積，爲四千餘方呎，其發電總容量爲二千瓩，電氣方式，採用交流三相五十週波，因係創辦伊始，內容情狀如何，尚未詳悉。

(二)**順德電燈公司** 民國十三年間，創設於邢台縣，十四年曾行發電，鍋爐係水管式，原動力爲二百匹馬力之複式引擎機，其發電總容量爲一百廿八瓩，最高負荷達一百零五瓩，惟配電盤裝置不甚完備，計算不能精確，屋外供電線路，亦待整理，益以邢台數年來爲軍事重心，屢經兵燹，公司營業，備受影響。

(三)**石門中國內地電燈公司** 於民國十年間開辦，因營業不振，不堪賠累，十六年移讓於石門電燈公司接管，每年繳納全部租費洋壹萬六千元、同時幷加集股本五萬元，添購三百瓩發電機一部，供給全市之用，電氣方式採用交流三相六十週波、以組織健全，公司事業當稱發展，並屢獲中央建設委員會之獎勵。

(四)**保定電燈公司** 民國六年間創設於清苑縣南關，資本卅餘萬元，設有水管式鍋爐三座，受廠總面積為五七五平方公尺，原動力設有透平機與引擎機，其發電總容量為五百六十瓩，電氣方式採用交流二相五十週波，其輸電配電，尚合乎工程原則，惟以當初經營不善，歷年賠累甚鉅，近年以來，營得稍蘇，惟仍以竊電居多，損失甚大，營業僅足以維持現狀。

（五）通縣電燈公司……於民國十七年間，創設於通縣城內，資本四萬餘元，惟以容量既小，電壓浸低，以致電力不足，燈光暗淡，應付困難，，乃於十八年間，與北平電車公司訂立饋電合同，由通縣北平電車發電廠輸送電力。購電營業，惟以成本過昂，營業不能發達。

（六）楊柳青電燈公司……民國十三年間創設於楊柳青鎮，資本四萬餘元，以當初設計不佳，機械廢舊，設有引擎機一架，一百廿五瓩發電機一座，每以負荷超過發電容量，供不應求，異常困難，其它機件亦易生障礙，其輸電配電，均不經濟，因此營業不振，賠累不堪，幸地方維護公用事業，得以維持現狀。

（七）昌明電燈公司……民國廿二年間，創設於滄縣資本三萬餘元，以所購機件陳腐，負荷超過發電容量，全部配置不合，發電成本過高，以致營業不振。

（八）泊頭鎮電燈公司……民國廿一年創設於交河縣泊頭鎮，資本二萬元，採用瓦斯機為原動力，其發電總容量為廿四瓩。

（九）啓新唐山電力廠……原名華記唐山電力廠，民國六年創設於唐山市，資本十五萬元，營業區域，計趙各莊馬家溝唐家莊林西等五處，居民約計二萬餘戶，其電源轉購自啓新洋灰公司，尤與經濟便利，廠內僅屬於配電設備，以唐山市而論，所有綫杆，均為洋灰方杆，橫架三角鐵線擠，杆頂裝有避雷針，變壓器之配置，導綫之架設，均合乎工程原則，其電氣方式，係採用交流廿五週波，惟該廠業務收支情形之比較，營業并不發達，蓋以竊電損失為鉅。

（十）北寧鐵路局北戴河海濱電廠……原名石嶺會電廠，民國廿三年間，創設於海濱石嶺會，原為外人組織之私人團體，辦理海濱一切公益事業，原有電機一座，每年夏季供給住戶電力，嗣後由愼昌洋行購置新電機一架，以備擴充，當以地方公用事業，不得由外人經營，改由地方組織之公益會管理，予以相當代價，嗣後該會以海濱爲北寧路沿綫惟一避暑之區，乃商請路局入資五萬元，自行經營，其發電總容量爲四十五瓩，電氣方式採用交流三相六十週波，現已呈領執照，開始發電，該處爲華北名勝之區，中外咸集，此種公用事業，亟爲須要也。

本省電氣通信，僅限於省有之長途電話，原有天津附近等十六縣電話，及大名等卅一縣電話，專爲軍政通訊之用，但以迭經兵燹，損壞頗多，民國十七年由建設廳接收主管，將以上各處電話，設法修復，並逐漸擴充，設第一長途電話局於天津，後遷移北平管轄平津保等處電話綫路，又設第二長途電話局於大名，後移至邢台，管轄石家莊邢台大名等處電話綫路，廿年十月將一二兩局合併，改組爲河北省長途電話局，原設北平，近移於保定，現在省有綫路，已達六十餘路各縣亦均能聯絡通話，其不能通話者，正在積極籌設，茲將省綫列表於後：

河北省長途電話線路表

綫路名稱	起止地點	經過分局名稱	里數	架設年月	整理年月	綫條種類	綫條號數	備考
平保綫	北平至保定	北平 宛平 良鄉 琉璃河 涿縣 高碑店 定興 徐水 保定	三三五	十八年十二月		鉛綫	一三	
平保專綫	北平至保定	北平 高碑店 保定	三三五	十八年九月		鉛綫	一三	
平津綫	北平至天津	北平 廊坊 天津	二四〇	十八年十二月	廿一年四月	鉛綫	一三	
平津專綫	北平至天津	北平 天津	二四〇	十七年九月		鉛綫	一三	
津滄綫	天津至滄縣	天津 靜海 馬廠 青縣 興濟鎮 滄縣	二二二	十二年		鉛綫	一三	

津保線	天津至保定	天津 靜海 馬廠 大城 任邱 高陽 保定	四一二	十年	廿一年十月	鉛線	一三
任故線	任邱至故城	任邱 河間 獻縣 交河 阜城 景縣 故城	三九一	十八年三月		鉛線	一三
平南線	北平至南口	北平 昌平 南口	一〇〇	廿二年八月		鉛線	一三
平喜線	北平至喜峰口	北平 通縣 三河 薊縣 遵化 撒河橋 喜峰口	四一三	廿二年八月		鉛線	一〇
遵唐線	遵化至唐山	遵化 豐潤 唐山	一八〇	廿二年十二月		鉛線	一二
平古線	北平至古北口	北平 高力營 懷柔 密雲 石匣鎮 古北口	二五〇	十九年八月	廿三年四月	鉛線	一〇
邢大線	邢台至大名	邢台 沙河 邯鄲 成安 大名	二六〇	十八年二月		鉛綫	一三
大長綫	大名至長垣	大名 南樂 清豐 濮陽 雙合鎮 長垣	三〇五	十八年五月		鉛綫	一三
邢石綫	邢台至石門	邢台 內邱 高邑 元氏 石門	二五〇	十八年六月		鉛綫	一三
邢清綫	邢台至清河	邢台 南和 平鄉 威縣 清河	二二〇	十八年三月		鉛綫	一三
平大綫	平鄉至大名	平鄉 曲周 永年 肥鄉 廣平 大名	二三〇	十八年四月		鉛綫	一三
石保綫	石門至保定	石門 正定 新樂 定縣 望都 保定	二八五	十九年七月		鉛綫	一三
石饒綫	石門至饒陽	石門 藁城 晉縣 辛集 深縣 安平 饒陽	三四五	十九年七月		鉛綫	一三

津鹽線	天津至鹽山	天津 滄縣 鹽山	三〇三	廿三年六月	鉛綫	八
津保另一綫	天津至保定		四一二	廿二年六月	鉛綫	一〇
津榆綫	天津至臨榆	天津 唐山 灤縣 昌黎 臨榆	五五〇	廿三年六月	銅綫	一四
武清綫	郎坊至武清		三〇	廿三年五月	鉛綫	一〇
津蘆綫	天津至蘆台	天津 塘沽 北塘 蘆台	一四〇	十九年二月	鉛綫	一〇
津寧綫	天津至寧河		一四〇	廿二年六月	鉛綫	一三
滄慶綫	滄縣至慶雲	滄縣 鹽山 慶雲	一五〇	十二年	鉛綫	一三
滄泊綫	滄縣至泊頭		七一	十二年	鉛綫	一三
泊寧綫	泊頭至寧津	泊頭 南皮 長官鎮 寧津	一五五	十二年	鉛綫	一三
泊吳綫	泊頭至吳橋	泊頭 東光 吳橋	一〇七	十二年	鉛綫	一三
泊交綫	泊頭至交河		五〇	十八年	鉛綫	一三
良房線	良鄉至房山		三〇	十九年	鉛綫	一三
高易綫	高碑店至易縣	高碑店 淶水 易縣	二六	十九年	鉛綫	一三
保安線	保定至安新		三四	廿二年五月	鉛綫	一二
保滿綫	保定至滿城		四五	廿二年五月	鉛綫	一三
高蠡綫	高陽至蠡縣		七〇	二十年七月 廿四年七月	鉛線	一〇
高肅綫	高陽至肅寧		六〇	二十年七月	鉛綫	一三
安蠡綫	安國至蠡縣	安國 博野 蠡縣	五〇	廿二年九月	鉛綫	一三

河肅綫	河間至肅寧		四〇	十八年		鉛綫	一三
肅饒綫	肅寧至饒陽		六五	二十年七月		鉛綫	一三
薊玉線	薊縣至玉田		八〇	廿三年四月		鉛綫	一〇
薊馬線	薊縣至馬蘭峪	薊縣 石門鎮 馬蘭峪	八〇	廿三年四月		鉛綫	一〇
通寶線	通縣至寶坻	通縣 香河 寶坻	一四〇	十九年十二月	廿二年十月	鉛綫	一二
三平線	三河至平谷		四〇	十九年十二月	廿二年十二月	鉛綫	一〇
邯磁線	邯鄲至磁縣		七〇	十八年三月		鉛綫	一三
內臨線	內邱至臨城		三五	十八年九月		鉛綫	一三
元贊線	元氏至贊皇		三五	十八年八月		鉛綫	一三
高欒線	高邑至欒城	高邑 趙縣 欒城	九五	八年九月	廿一年六月	鉛綫	一三
高寧線	高邑至寧晉		六〇	十八年四月		鉛綫	一三
高柏線	高邑至柏鄉		三〇	十二年		鉛綫	一三
威寧線	威縣至新河	威縣 南宮 新河	一三五	十八年三月	廿一年七月	鉛綫	一三
威寧線	威縣至寧晉	威縣 廣宗 鉅鹿 隆平 寧晉	二一〇	十八年四月	廿二年七月	鉛綫	一三
邢隆線	邢台至隆平	邢台 任縣 堯山 隆平	九七	十二年	廿一年七月	鉛綫	一三
平雞線	平鄉至雞澤		一一	十八年三月		鉛綫	一三
石獲線	石門至獲鹿		三五	十九年八月	廿四年六月	鉛綫	一六
辛束線	辛集至束鹿		二〇	十九年八月		鉛綫	一三

津勝線	天津至勝芳		九〇	廿四年五月	鉛綫	十分之八
高順線	高力營至順義		二五	廿三年四月	鉛綫	一〇
灤冷線	灤縣至冷口	灤縣 盧龍 遷安 建昌營 冷口	一四九	廿三年十二月	鉛綫	一〇
灤樂線	灤縣至樂亭		八一	廿三年十二月	鉛綫	一〇
昌界線	昌黎至界嶺口	昌黎 撫寧 抬頭營 界嶺口	一二五	廿三年十二月	鉛綫	一〇
臨石線	臨榆至石門砦		五一	廿三年十二月	鉛綫	一〇
寧盧線	寧河至盧台		三〇	廿三年十二月	鉛綫	一〇
喜潘線	喜峰口至潘家口		二〇	廿三年十二月	鉛綫	一〇
祁大線	祁口至大沽		一四〇	十九年	鉛綫	一〇
南苑線	北平至保定	北平 固安 新城 保定	三三一	廿三年一月	鉛綫	一三
	北平至小湯山	北平 黃金營 小湯山	五〇	廿三年一月	鉛綫	一六
	北平至萬壽山	北平 宛平 萬壽山	五〇	廿三年一月	鉛綫	一六
	北平至北安河	北平 黑小庵 山大覺寺 北安河		廿四年三月	鉛綫 銅綫	一三 一四

（完）

20261

河北省之路政與運輸狀況

紹 華

河北幅員遼闊，昔爲首善區域，今爲華北屏藩，形勢甚爲重要。然內部交通，水路失修，陸路除平漢北寧平綏鐵路外，公路之建設無多，較之浙江湖南江蘇及江西等省，相去遠甚。且近數年來迭經戰事，烽火劫餘，非但新路無力建築，而舊有公路反多崩壞，殊爲可惜。現在地方漸趨平靜，深望建設當局一本原有計劃，努力工作也。

現司省路之行政者，有河北省路局，而經費過少，幾失其行政活動之能力，以此而欲發展河北路政，豈非希望過奢？查公路之關係社會經濟之發展，人盡知之，是公路爲間接生產之建設也。然公路尤爲直接生產之建設，與鐵路輪船相等。要在其經營之道如何耳。蓋建設公路，即可經營運輸，如此則不特建設之費有所償，且可補救一般失業之問題。以其餘利亦可補助其他之各項建設。湖南省經營公路運輸，去歲盈餘二十餘萬元，是一明証，大可效法。

本年自商主席就職以來，又有興築津沽及津保公路之議，果爾，則誠爲現今之一大建設。深盼其早日實現，且能通車，而不僅以測量繪圖報告了事也。

吾河北之道路，固失修矣，然長途汽車營業則未曾因之稍減，蓋吾省之長途汽車公司，大都爲商辦，省公路爲僅負監督責任，此種長途汽車公司，規模甚小，組織簡單，每公司購車三五輛，行駛一綫，恆有一之上綫，有兩家以上之公司，同時行駛營業，各不相侵，民衆能普遍利用長途汽車，是以營業當稱不惡。商業長途汽車公司，分佈於天津與北平兩處，及附近各縣，約有七十餘家，以平津營業爲中心点，此項小規模公司，無近代科學之管理，除票價外，運行車時刻，亦無規定，因汽車公司極多，隨時有車向平津四郊開行，各公司亦須湊滿一車乘客，或預算除汽油及捐費需支外，稍有盈餘，即不滿一車，亦可開駛，職是之故，平津及附近各縣，公路交通極爲便利。河北省商業長途汽車公司發達之原因，不外下列數項：（一）規模小，開支省。（二）公司股東均為職員，因組織公司者，大多數均係汽車或機務人員，各籌若干資本，自任司機或售票職務。（三）票價低，民衆樂用。（四）因營業盛，各公司紛起設立。計平津兩地商業公司七十餘家，行駛路綫，幹綫十六，支綫十六。茲將商業各汽車營業情形列表如後：

河北省商營長途汽車概況表

路線	經過地方	里數	全程票價	備考
（一）津保路	自天津經過炒米店、靜海、唐官屯、馬廠、南趙扶、大堡、呂公堡、任邱、劉溝、高陽至保定、	三八七里	六•〇〇元	十八年三月修成
（二）津滄路	由天津經炒米店、靜海、唐官屯、青縣、興濟至滄縣	二四〇	二•六〇	十五年九月修成
（三）津沽路	由天津起、經白糖口、鹹水沽、葛沽、新城至西大沽	一〇三	一•八〇	仝上
（四）津臼路	由天津起、經青光、王慶坨、朗城、信安、李家口、霸縣、雙塘、督崗至白溝河鎮、	二三三	四•〇〇	十五年九月修成
（五）津鹽路	由天津起、經辛庄、小站、曹莊橋、小王莊、申旺、李村、曹家橋、韓村舊城至鹽山	三一六	五•四〇	十八年五月修成
A. 津子線	由天津起、由米店、獨流、王口至子牙、	一二五	一•五〇	
B. 津獻線	由天津起、經任邱、河間至獻縣、	四〇五	五•五〇	
C. 津新線	由天津起、經督崗、雄縣至新安、	二六一	四•〇〇	
D. 津永線	由天津起、經朗城、后奕至永清、	一五〇	二•六〇	
E. 津唐線	由天津起、經王慶坨、得勝口至唐三里	八四	一•四〇	

F. 津高線	由天津起、經雙口、岔光、馬頭至高魚城	一四〇	一・四〇	
G. 津勝線	由天津起、經楊柳青、楊福港、何家堡至勝芳、	九〇	一・四〇	
H. 津同線	由天津起、經小王庄至同居	一七〇	三・〇〇	
I. 津高線	由天津起至經韓村至高灣	三二一	五・〇〇	
J. 津慶線	由天津、經韓村、楊二莊至慶雲	三六一	六・〇〇	
(六)廬易路	由廬溝橋起、經長辛莊、良鄉、竇店、琉璃河、涿縣、松林店、黃俗、經水縣、十里堡、二十里堡、至易縣	二〇〇	一・九五	
A. 廬保線	由廬溝橋起、經涿州、定興、徐水至保定	二九〇	二・九〇	
B. 廬長線	由廬溝橋起、經琉璃河至長溝鎮	九二	二・九〇	
C. 廬房線	由廬溝橋起、經長辛店、良鄉、葛家莊至房山	五五	〇・五五	十八年五月修治
D. 廬河線	由廬溝橋起、經任邱至河間	三七〇	三・八〇	
E. 廬饒線	由廬溝橋起、經任邱至饒陽	四二〇	四・二〇	
F. 廬容線	由廬溝橋起、經白溝河至容城	二三〇	二・三〇	
G. 廬新線	由廬溝橋起、經白溝河至新安	二三〇	二・三〇	
H. 平霸線	由廬溝橋起、經固安、永清至霸縣	一八〇	一・八〇	
(七)廬任路	由廬溝橋起、經長辛店、良鄉、竇店、琉璃河、涿州、方官鎮、新城、白溝河、雄縣至任邱	三〇〇	三・〇〇	
(八)保安路	由保定起、經張登鎮、許村至安國鎮	一二〇	三・〇〇	
(九)大邯路	由大名起、經魏縣、成安、至邯鄲	一三九	三・五〇	九年四月完成
(十)保唐路	由保定起、經大激店、方順橋、完縣至唐縣	一一三	二・〇〇	

(十一)津喜路	由天津東二十里之大畢莊起、經潘莊、黃莊、林亭口、新安鎮林南倉、至喜峯口	四四五	五•三〇	二十年三月完成
(十二)平津路	由北平朝陽門外二十里之大黃莊起、經通縣、武窑、馬頭、安平、河西塢、小王莊、蔡村、楊村、淺溝至天津	二一六	二•三〇	八年九月底修成
(十三)平古路	由北平安定門外之立水橋起、經高麗營、懷柔、密雲、家峪穆、石匣至古北口	二一五	五•四〇	十二年九月修治
(十四)平榆路	由北平起、經大黃莊、八里橋、通縣、燕郊、夏墊、三河、嶺上、邦均、殷留、別山、彩亭橋、玉田縣沙流河、豐潤縣、榛子鎮、盧龍縣、撫寧縣、榆關鎮至山海關	六一〇	九•六〇	廿二年十二月完成
A.立湯綫	由立水橋起、經平坊、馬坊至湯山	三〇	〇•六〇	十五年一月修治
B.平湯綫	由北平西直門外西北旺起、經沙河至湯山	六〇	〇•八〇	五年八月修成
C.門頭溝綫	由北平阜成門外小黃村起、經磨石口、洋灰橋、門頭溝縣至峯口菴	五.五	〇•六〇	五年八月修成
D.北安綫	由北平西直門外西北旺起、經溫泉至北安河	三〇	〇•三	十五年五月修治
E.南苑綫	由北平至南苑營市街	一〇	〇•一一	十五年九月修治
F.明陵綫	由沙河分路起、經昌平十三陵	四八	〇•八〇	十五年五月修治
(十五)通夏寶路	由通縣北門起、經燕郊、夏墊、黃莊、辛集至寶坻縣	一一〇	二•八〇	
(十六)通三薊路	由大黃莊起、經通縣、燕郊、夏墊、三河、嶺上、邦均、薊縣、馬伸橋、石門鎮至遵化	未詳	六•二〇	

以上各路，除平津公路係民國十三年大水後，以工代賑興修，及二三軍用路而外，餘係舊時官道，草之改造而成。其現下僅有公路之名，而無公路之實者，概形從略。

河北省之林務

陸桐

造林之益甚大，其直接效用，可以供給木材增加財富。其間接效用，能使水旱調和，減少災禍，因而農產加增。至防止風沙，便利收畜，點綴風景，裨益衞生，尤其餘事。此種事實，人人洞悉，獨惜未能澈底力行，十年樹木之政，徒尙空言，是爲遺憾耳。

吾河北省東南兩方，林木較少，西北兩方，多爲崇山峻嶺，昔日林木尙多。在舊直隸省時代於東陵設有東荒墾植局，專事籌款，濫伐森林，以致童山濯濯，殊失墾植之本意。民國十七年河北建設廳成立，將該局改爲河北省第一林墾局，專以造林墾荒爲目的，所需欵項，即由林木收入項下開支。是年十二月，又以西陵一帶，山嶺重叠，林木稀少，夏雨時行，動增河防危險，遂成立河北省第二林墾局，所需經費，即由墾荒收入項下開支。民國十八年省府議决建廳將第一二兩林墾局改爲一二兩林務局，並在昌平獲鹿邢台三縣設第三第四第五各林務局，所需經費，均由林木及墾荒收入項下開支。

河北省之林務，因地勢之便，暫分爲五局。每局設局長一人，總理全局事務。第一林務局設於興隆縣（就第一林墾局改組）以興隆、遵化、豐潤、遷安、灤縣、昌黎、撫寧、臨楡、盧龍等縣爲經營區域。第二林務局設於縣易（就第二林墾局改組）。以易縣、淶水、淶源、涿縣、房山、宛平、滿城、完縣、唐縣等縣爲經營區域。第三林務局設於昌平縣，以昌平、懷柔、順義、密雲、平谷、薊縣等縣爲經營區域。第四林務局設於獲鹿，以獲鹿、元氏、井陘、平山、靈壽、行唐、新樂、曲陽、阜平等縣，爲經營區域。第五林務局設邢台，以邢台、內邱、臨城、贊皇、沙河、永年、邯鄲、磁縣等縣爲經營區域。

民國十八年河北省政府於北平德勝門外設河北省中山林塲，數年以來，成績頗著。

河北省建設廳爲考察育苗成績，曾規定各林務局及各縣林業機關每年育苗標準如下。第一林務局，每年至少育苗八十萬株。第二林務局一百萬株。第三第四第五各林務局至少八十萬株。中山林塲至少五十萬株。一等縣至少育苗十萬株，二等縣八萬株，三等縣六萬株。

關於造林之規定，一等縣林業機關，每年至少造林三千株，二等縣二千株，三等縣一千株。各縣各區每年須督飭人民至少造林一萬株。

河北省對於荒山林務亦極注意。曾公布河北省荒山荒地造林暫行條例及各縣荒山切實造林辦法六條，由建設廳分別通令遵照。而於保護方面，曾會同豫省建設廳，訂定太行山森林保護規則十三條，分別飭遵。

河北省之河務現狀及近三年來黃災概況

緒西

吾河北省河流綜錯，支脈分岐，準諸常理，宜乎水運便捷，灌溉發達，足以為吾省之一大富源矣；然而天時多故，人謀未臧，遂致利未能盡興，害未能盡除，近數年來水災之慘且多，史所罕聞。是誠吾省目前一最大之建設問題也。

茲者黃河改道之勢已成，冀省境內各河幸慶安瀾，懲前毖後，將來整理河防，興發水利之工作，均在在不可稍緩。爰將各河現狀略述如後，以喚起社會之深切注意。

（一）永定河之無定

永定河為吾省最大河流，除黃河外，為害亦最烈。其下游之海河，且因永定鉅量之泥沙，發生淤塞，影響天津港口之交通，至為重大。海河下游之疏浚工程（由海河工程局管理）及上游放淤除沙工程，已費去千數百萬之鉅，皆永定之所賜也。故言河北水利，當以此河為首要。

永定原名無定河，上游名桑乾河。入冀境經過宛平良鄉涿縣固安永清安次武清天津八縣。南北兩岸共長二百八十二公里四百二十七公尺。自石景山至盧溝橋下為石堤，北岸石堤長十八公里九百三十五公尺，南岸石堤長八百公尺零十五公尺，以下盡是土堤。盧溝橋下至固安縣河身皆係流沙，變遷靡常，險工最多。固安縣下至前第五村，水勢稍平，而險亦少。前第五村至河口，經三角淀河身分為三支，名南泓中泓北泓，水小時只走一泓，汛期後常有變遷。前整理海河委員會之大部份工作，即爲除永定河之泥沙，而在塌河淀建築放淤區城。該會結束後，未了工程已轉交華北水利委員會接辦。該會爲完成永定河治本工程，俾期一勞永逸，而免洪水氾濫計，經一年之精密研究，並派員測量之結果，最近已擬就兩項計劃，交省府採擇施行。一俟妥愼研究之後，即可籌劃施工。茲將以上計劃擇要錄次。

疏浚北泓工程計劃

查永定河在三角淀中，因漫流之故，時有改道之虞，因改道之故，使放淤工程之操縱機關，失其效用，而海河受其淤塞，救濟之道，根據測量結果，以疏浚北泓爲最經濟，而能持久，其計劃綱要爲（一）疏浚自南護村至城上故道，兼築南北二堤，兩堤相距四百至五百公尺，（二）疏浚城上至河口一股故道，（三）培修鳳河故道，東堤自城上至雙口，（四）自南護村至前第五新築南堤一道，（五）於齊營曹莊兩處，各設涵洞一座，以洩北部之水，（六）於南護村設滾坝一座，長二百公尺，以洩過量之水，而入中泓，（七）南護村及城上堤頭，均築護岸工程，上項計劃，連地畝及行政費共估計需洋百七十萬元，其工程計劃及所需工款，計甲、浚挖已淤河道，自南護村至史莊，需土方四三〇、四九〇立方公尺，每立方公尺需洋二角五分，共洋一〇七、六一三元，乙、疏浚故道，用土方三三五、〇六〇立方公尺，每方一角五分，共洋四〇、二五九元，丙、培修北堤，自老米店，接北運河西堤起至李莊以上，計共土方一、三九、六五〇公尺，每方一角五分，共計洋二〇〇、九三七元，丁、於南護村中泓故道，橫築滾水坝一座，以洩過量之洪水，共計一三六、七公尺，每公尺千元，並加西端護坂，共洋一八六、七〇〇元，戊、自滾水坝西端起築南堤至第五接永定河南堤，需一五七、一八〇立方公尺，每方一角五分，共洋二三、六七七元，己、用地一、二七〇畝，每畝二十元，共洋二五、四〇〇元，庚、青苗賠償費四、〇〇〇畝，每畝三元，共洋一二、〇〇〇元，辛、遷坟費每座十二元，共洋六、〇〇〇元，上項工程費共計六〇二、五八六元。外加行政費及預備費約百分之十，共六〇、三一六元，總計六六二、八〇〇元。

中泓河槽築堤計劃

查永定河三角淀中泓，自葛漁城以上兩岸，灘地較高，河槽尚稱固定，自葛漁城以下，灣曲特甚者，應裁直之，其河槽狹小者，應展寬之，務使其成為一至少底寬二零公尺，兩側一比二坡之固定低水河槽，低水時，水循槽行，洪水現，仍漫流於三角淀，惟北泓地勢較高，一旦漫溢，勢必南趨，則前整理海河善後工程處之覆轍，又將重現，不得不預籌安全，茲擬自桃園附近接三角淀南大堤起，沿東新堤，經劉家堡六道口南岸汊沽港，雙口，屈家店上游北運河西堤止，另築中泓南堤一道，以防水流南趨，并於六道口南岸留滾水埧一座，以資分洩洪水之一部，其工程計劃及所需工款數目，計甲、疏浚中泓河槽，需土方二〇〇、〇〇〇立方公尺，每方二角，共洋四〇、〇〇〇元，乙、修築中泓南堤需土方一、三四〇、〇〇〇立方公尺，每方一角五分，共洋二〇一、〇〇〇元，丙、中泓南堤護岸工程需土方一一、五〇〇公尺，每尺六元，共洋六九、〇〇〇元，丁、修築中泓南堤滾水埧工程，埧長共一四〇公尺，共洋一四〇、〇〇〇元，上項工程共需計四五〇、〇〇〇元，外加行政費及預備費約百分之十，共四五、〇〇〇元，徵用土地賠償青苗及遷墳等費四〇、〇〇〇元，總計共五三五、四〇〇元云。

按該河因水流急湍，且河身變遷靡定，故不能行船，亦無水產，惟山洪發時，若取浮水放淤或灌溉，則可多淤膠土，用以肥田，是其利也。民二民五民六堤工均有漫口，尤以民國十三年為最險。近年來河水較小，幸未釀成鉅災。將來治本工程如能一一實現，誠吾河北之一最大幸事也。

(二)北運河之水運

北運河在昔為北京漕運要道，河經過順義通縣香河武清天津五縣。長一百五十六公里四。兩岸堤身尚屬完固，惟距離殊不均勻，由百餘公尺至三四公里寬不等。在河西務以上，河道頗寬，以下漸窄，至楊村附近為最窄，該河道僅百三十餘公尺，且有灘地浸占河身及半。河底坡度在河西務以上約六千分之一，以下約八千分之一，河道轉灣處甚多且緊。有以上三種原因，故每逢汛大水盛漲時，常感下游宣洩不暢，以致上游兩岸險工迭生。河底在近二三十年之久，從未疏濬，淤墊甚高，在昔漕季用以運糧，各號大船均能通行，近則在五六月水小時期，較大槽船俱行停止。若無治本大計，非但航運無以發達，且難免決口之患發生。

（三）南運河之淤塞

南運亦漕運要道，自山東交界之景縣入境起，蜿延而北，經過吳橋景縣東光南皮交河滄縣青縣靜海天津九縣。至天津城北三岔河口止，共長二百七十公里。上游一段河身較寬，淤塞較輕，中游一段略窄，淤塞略重，下游一段河身頗窄，淤塞最重。全河灣深岸陡，大堤代久殘薄。惟防護得力，近年來尚慶安瀾，未曾決口。本河為通山東河南之水道，每年春秋兩季，水大之時，商船航運，頗稱便利。沿河居民，灌溉飲料，亦多賴之。惜久未全部整治，河水春淺夏盈，致交通時期，未能如前長久。民國廿年下游淤塞過甚，加以天旱水少，馬廠閘因小站營田灌溉關係，常起糾紛，近已整理，灌溉及飲水可以兼顧，惟天津市內及附近一帶河身通窄，僅餘丈餘，且往往淤塞，舟楫苦之，故曾有疏濬南運河委員會之設，由省市及關係各機關組織之，但以工款無着，數年以來，迄未興工，殊為可惜。

（四）子牙河之水利

子牙河自本省之西南來，經過安平饒陽獻縣河間大城青縣靜海七縣。連同滹沱滏陽兩支河共長二百公里。滏陽河床高仰，容量甚小，滹沱河因久失疏濬，淤墊日甚，以致流無正軌，遷徙無事，子牙河因受滏滹兩支河之灌入，當洪水之期，勢難容納，頗為危險。如能疏濬河道及補修北堤接長工程，水患或可根本解決。滏陽及子牙河對於航運及灌溉均尚便利，惟滹沱河遷徙無定，航行不便，如不設法整理，實無水利之可言。民國二十三年華北水利委員會與河北省政府合辦靈壽縣灌溉工程，以滹沱河為水源，本年六月竣工，為本省興發水利之先聲。

（五）其他各河之狀況

大清河長一三九〇〇公里。經過新城容城雄縣新鎮文安霸縣大城七縣。

潴龍河長一一九〇〇公里，經過安平博野蠡縣高陽四縣。

滋河長五〇〇〇公里，經過無極深澤安國三縣西流長一一二

20270

〇〇公里，經過任邱縣。

趙王河長三二五公里經過任邱雄縣新鎭三縣。

捷地減河長八十七公里經過滄縣。

馬廠減河長八十四公里經過青縣靜海天津三縣。

以上各河河身均無甚變化。間爲舟楫及灌溉之所賴，惟如興利除害，則均待於積極之整理也。

(六)黃河之水患

黃河經過本省長垣東明濮陽三縣，長僅九十二公里七。河槽遷移靡定，實爲沿岸居民之大害。由民國二年至十六年計決口一次，漫口六次。堵口經費共用三百九十六萬七千九百餘元，善後費一百一十六萬七千餘元。

自民國廿二年以來，黃災每年一次，爲害尤烈。玆略記之如下。

第一次，即二十二年八月十一日，在河北省境內，黃河南北兩岸共決口四十餘道，最大之口門，爲馮樓與石頭莊，故亦可名爲『石頭莊決口』或『馮樓決口』。當時河北之長垣濮陽，東明三縣，幾全部陷沉，被淹面積六千七百七十八方里，被淹村莊二千三百四十七村，被災民戶，七十一萬七千九百一十口，牲畜死亡四萬二千一百二十頭，房屋倒塌器十七萬零零三百七十五間，沙壓地畝四萬頃，財產損失總額八千八百二十萬元。經中央及本省極力救護，籌款施賑，本省前後共籌放急賑七萬元，春賑三萬九千九百二十五元，粥廠四千元，建築災民房屋費三萬元，又發放賑衣五千三百九十九件，賑米六千七百五十二包，麵粉五千六百四十八袋，麥種一千石。又委託移民協會向綏遠包頭移民墾荒一百戶，計男女大小三百十二口，補助移民費一萬元。第二次，即二十三年八月十二日，在河南封邱境內貫台鎭潰決，轉入河北長垣之九股路，東了墻，香里張，步占，四處決口，最大口門爲貫台，故亦可名爲『貫台決口』。當時河北長垣濮陽兩縣，大半淪沒，東明亦被波及，長垣縣城，幾至不保。統計三縣被災村莊六百八十三村，災民二十八萬一千二百零四人，死亡一百五十六人，牲畜死亡二千零五十頭，房屋倒塌十九萬六千九百八十間，糧食漂沒十八萬二千四百石，衣物器具損毀值二百三十三萬元，田畝淹沒一萬二千二百七十八頃，價值六百十三萬九千元，三縣損失總額，約值一千五百餘萬元。迭經撥款賑濟前後由省府籌撥急賑十四萬六千元，冬賑四萬元，春賑三萬四千元，工賑六萬二千一百元，農賑十五萬元，移民費二萬元，各機關維持費一萬元，小米粥廠費一萬八千元，診療隊一千五百元，前後發給棉衣褲被褥六千九百四十五件，蔴袋一萬條，抽水機一架，繼續移民四百五十三人。

第三次，即今年(二十四年)七月九日，在山東鄄城境內董莊與臨濮集之間，決口六道，亦可名為『董莊決口』或『臨濮集決口』。此次水災，雖在黃河兩岸，被淹縣份，以山東最多，但河北境內，長垣濮陽東明三縣，沿河一帶，亦遭淹沒。內中並有東明縣插入鄄城菏澤之十二村，或當董莊決口之衝，或被大溜所浸灌，情形至為慘重。迭據該三縣查報，被災面積共二千零八十九方里，被災村莊，七百九十村，被災戶數，三萬九千八百九十三戶，災民二十一萬九千二百九十七人，人民死亡三百九十七口，本省以三縣連年被災，人民喘息未蘇，復罹巨浸，實與尋常受災情形不同。經一面派員攜款散放急賑，一面電中央及各慈善機關請求救濟，除先由省撥出一萬元，分給長垣五千元，東濮兩縣各二千五百元外，復奉賑務委員會撥給賑款二萬元，行政院駐平政務整理委員會捐助一千元，軍事委員會北平分會捐助一千元，其他各慈善團體亦各有復電，或派員赴災區施賑，或組織診療隊，前往治療，防疫，目前復電賑委會，請再增撥賑款，賑委會已有復電，允於以後再有分配賑款時，酌增數額云。

查河北省黃河北岸河堤，係銅瓦廂決口後改道北流，長垣濮陽兩岸人民，於前清同治七年及光緒元年，各築民堤以自衛，公家既不發經費，民間又無力修防，漫決之災，靡歲不有。遠者不可考，自前清光緒十六年起，迄民國四年止，長垣濮陽兩縣民堤漫決三十二次。民國七年一月，改歸官民共守，從此歲修有費，水患久弭。南岸東明縣境內河堤(即今南二南三南四段)係前清光緒元年官款所修築，終清之季，惟高村於光緒六年決口一次。其南岸長垣縣境內河堤(即今南一段)舊歸民修民守，漫決之患，亦層見迭出。民國十二年一月改為官民共守，由冀省河務局負修守之責，其經費則由冀魯兩省政府各半分担之，然自十四年以後，魯省攤款即停止撥發。又查從前黃河南岸歷次漫口范菲皇姑廟郭莊黃莊四處。距離正溜尚遠，所過僅係漫水，其劉莊則係漫口與決口，秦溜者不同，故漫水均僅入濮寧運河，其決水將循黃河南徙故道，由冀魯皖直達江蘇海州入海。又北岸雙合嶺決口時，濮陽城南有金堤，二十年來，久已失修廢棄，類多傾地殘缺，倘臨河所守官堤，或有潰決則決水必越出金堤，直向北趨，仍循黃河北徙故，直達津沽入海。今年（二十四年）七月臨濮集決口，黃水滔滔怒流，改道一節，時時可虞。現在水勢漸殺，或可幸免，然黃河之根本治理未成，而河北省境之防黃治標辦法亦不可講求也。

本年江河水勢及堵口復堤情形

全國經濟委員會水利處報告

江河水勢及堵口復堤情形

甲、水勢及氾濫區域

（一）本年揚子江漢口水位，以七月十四日為最高，達五一、三五呎，較民國二十年最高水位僅低二、二五呎，此後水位逐日下降，至九月十日為四○、四呎，惟近據報告，四川嘉陵江陡漲，致巴縣水位於最近三日內增高三一、八呎，預計一星期後，漢口水位或將增漲一公尺左右，對於堤防，當不致有重大影響。本年江漢氾濫區域，依據本會八月十六七日派員航勘結果，約計二萬五千平方公里（約合四千萬畝）計鄂省一萬三千七百平方公里，湘省六千五百平方公里，贛省二千九百平方公里，皖省一千九百平方公里。

（二）本年黃河水勢，自七月八日陝縣水位暴漲至二九四、八三公尺，流量為九九八○秒立方公尺，豫冀魯三省堤防頓為吃緊，越二日，而魯境董莊竟告決口，自此以後，水勢日見低落，迨至八月八日，陝縣水位復又高漲，達二九六、八九公尺，較七月八日尚高出二公尺許，流量為一八五○○秒立方公尺，隄防益見危急，幸賴搶護得力，都獲化險為夷，近日各站水勢均報低落，九月八日陝縣水位為二九二、五○公尺，流量為二五六○秒立方公尺，按諸已往紀錄，似不致再有盛漲之虞。魯西蘇北黃水氾濫區域，依照航勘結果，面積達七千五百平方公里，災區中以山東甄城東平一帶為最嚴重，幾於全縣陸沈，水深約二三公尺不等。

乙、堵口復堤情形

(一)本年揚子江漢河幹堤共計漫潰二十九處，內皖贛境內各一處，鄂境二十七處，至現在止，已堵築合龍者八處，正在進行堵築者二十處，堵築經費約共需五十萬元，惟襄河鍾祥一二三四六工至十一工一處工情最為艱鉅，正在規畫堵築，該處堵口經費，約估至少需一百萬元。

(二)黃河董莊決口以後，魯西既告氾濫之災，蘇北亦有陸沉之虞，本會為統籌挽救起見，曾召集蘇魯兩省及有關各機關代表，議決辦法兩項，責成蘇魯兩省政府及黃河導淮兩委員會，分別負責，辦理分途導洪事宜，並責成黃河水利委員會與山東省政府，籌擬堵築決口及導引大溜歸入正河辦法，趕速實施，嗣由黃河水利委員會李委員長暨水利處技術人員馳往蘇北魯西一帶，詳細查勘規畫，國上蘇省府已將不牢中運六塘諸河堤岸興築培修，並將不牢河中十垻廣草剷除淨盡，以暢黃水自微經運入海流量，黃委會亦派員詳勘規劃導引黃水循趙王河故道，由黃花寺流入本河，藉減南注流量，惟微湖水位增漲不已，蘇北形勢日趨嚴重，前擬將甄城民埝抉開放水，由黃花寺流入本河，以統籌全局而論，自屬避重就輕之臨時救急辦法，藉以保全蘇北及導淮工程，惟魯省尚未見諸實行，幸目下水勢漸落，形勢或可減輕，因是暫從緩議。董莊潰決之第一至第五口門，業經落淤斷流，第六七口門已連而為一，寬達二千餘公尺，大溜南趨，約奪全河流量十分之九，除將附近東垻頭及江蘇垻各段埽工乘機搶護外，該處決口，已擬有堵築計劃，由堵口工程委員會積極籌備進行。

丙、經費之籌措

(一)揚子江鄂省幹堤修防費用，向由該省堤工專款項下支撥，本年該省境內襄江漢同時並漲，防汛費用竟達百萬之鉅，以致堤工專款現存無多，惟堵口工程所需一百數十萬元，仍擬在堤款項下設法挹注，至於鄂湘贛皖各省幹堤，垸圩大水以後，殘缺無多，亟待修復，前經行政院第二三八次會議通過江河標本兼治案內，議決擬補助沿江各省修堤三百萬元，一俟款工支配辦法確定，即可積極進行。

(二)黃河董莊決口堵築經費，預計約需一百萬元以上，已由本會補助三十萬元及江蘇省政府協助十萬元，此外，豫冀魯三省黃河大堤及魯西各河中運河堤防，經此次大水，亟須加以修復，所需善後經費，前經行政院第二二八次會議通過，補助三百萬元，一俟籌措就緒，即可積極進行。

江漢水勢及修防情形

、本會督促辦理修防之經過

查揚子江堤埦修防事宜及應支經費，屬於贛皖境者，曾經規定由各該省修防機關負責辦理，至鄂省境內堤垸，則由本會督責江漢工程局辦理，所需工費，並由本會就該省堤工專款項下撥發，本年春間，本會曾經規定修防注意事宜四項，通知各修防機關施行，並於汛期將屆時，派員督察，復以水勢暴漲，險工林立，地方財力，容有未逮，經先後撥發十萬元，作為補助湘贛皖各省搶險之用，統交揚子江水利委員會統籌支配，鄂省江漢幹堤防汛費，原於湖北堤工專款預算內規定為二十萬元，嗣以堤防危急，情勢嚴重，業經先後撥發江漢工程局八十萬元，以應急需，其鄂省民堤修防費，並已就堤款內先後撥助二十萬元，交由鄂省府勻配動支。

乙、本年揚子江之水勢

(一)最高洪水峯，本年七月、四日漢口水位為一五、六五公尺，較諸二十年最高水位略低〇、六九公尺。

(二)最近水勢，九月三日漢口水位為一二、〇七公尺，較最高時已減低三、五八公尺。

(三)未來水勢，揚子江河位按諸已往紀錄，本年洪水峯已過，似無再漲之虞。

丙、本年襄河之水勢

(一)最高洪水峯，本年七月九日襄陽水位為七一、五公尺，較諸歷年最高水位超過三、五公尺，七月八日沙洋水位為四二、四七公尺，較諸歷年最高水位僅低〇、六三公尺。

(二)最近水勢，襄陽水位站被水沖捐正在設置中，沙洋水位八月三十一日為三五、八〇公尺，較最高時退落六、六七公尺。

(三)未來水勢，襄河水勢，此後可望不致再漲。

丁、江漢幹堤搶險經過

本年揚子江水勢，較諸二十年大水相差甚微，而沿江堤埦，雖各修防機關及當地政府合力搶護得以保全者，爲數尙多，茲撮要縷陳如左。

（一）漢口張公堤之搶護情形，本年該堤，因受襄河盛漲之影響，堤外水位激增，洪水最高峯爲一七、一〇公尺，超過揚子江洪水峯一、四五公尺，坐是全堤吃緊，崩陷蝕蟄之處，所在皆是，尤以姑嫂樹禁口及黃家小灣等處，或堤身閃裂，或後戗滲漏情勢岌岌，以七月十三四日爲最嚴重，當經江漢工程局及漢市軍政機關拚力搶救，日夕防堵，得以化險爲夷，此後復由江漢局增募工夫，不分晝夜，將險工地段，加高培厚，以資防禦，歷時十餘日，始告平穩。

（二）其他搶險地段，本年汛期以內，江漢堤防俱告吃緊，各修防機關凡遇出險工段，莫不拚力搶護，積極防堵，除水越堤頂勢甚浩瀚，無法挽救者外，鄂省境內因特險而搶安全者，計有沔陽新堤，金口赤磯山橫堤，武昌武惠堤，黃陂團風萬壽宮幹堤及贛省之阿公堤，初公堤，同仁堤等。

戊、江襄幹堤決口堵築情形

查揚子江及襄河，自本年七月初旬同時盛漲以來，兩岸幹堤，迭呈險象，雖經拚力搶護而終不免漫決，計揚子江幹堤決口，二十一處，內計皖贛省境各一處，鄂境十九處，當由本會督促搶堵，截至現在止，已堵築合龍者計有五處，正在進行堵築者十六處，又襄河幹堤共決口八處，現正進行堵築者七處，正在計劃堵築者一處，至其口門廣闊，工情艱險，當以襄河之鍾祥一二三四六工至十一工爲最重，該處潰決地方計有十二口門，尤以保堤觀上口門長四公里餘爲最大，茲經本省國聯顧問蒲德利氏偕同技術人員馳往該處勘估規劃，擬定規復舊堤新築遙堤，或在三四工一段裁灣取直三項治標辦法，現已由江漢工程局派隊前往分別測量設計，以便比較優劣，決定施工，估計經費，至少需款在一百萬元以上，又該處工程浩大，運輸困難，將來施工，需用蠻石必多，已先撥發三萬元，交江漢工程局趕速採運，以資應用，其他各處堵築及搶險工程，亦經遣本會水利處工務科科長林友龍，技正楊保璞等，分沿江襄察勘稽核，並督促進行，藉期早日完成，至江襄兩岸氾濫區域，前經本會派遣飛機及技術人員會同航空測量隊勘察，約計面積爲二萬五千平方公里。

黃河水勢及修防情形

甲、本會督促辦理修防之經過

查黃河修防事宜，向由冀魯豫三省修防機關負責辦理，並受黃河水利委員會之指揮監督，本年汛期將屆，本會又經派員督察黃河防汛事宜，至各該省修防經費，原應由各省擔負籌撥，惟以本年洪水暴漲，沿河各堤險象紛乘，工情異常緊迫，本會因又酌度艱險之情，熟察修防之勢，經撥發防汛經費十五萬元，交由黃河水利委員會妥酌支配，嗣魯省自董莊決口以後，水勢漫溢益廣，又經先其所急，由會就二十四年度水利事業費項下發撥魯省三十萬元，以爲堵築口門之用。

乙、本年黃河之水勢

（一）最高洪水峰，（1）第一次在本年七月八日，陝縣水位爲二九四、八二公尺，流量爲九九八〇秒立方公尺，（2）第二次在八月八日，陝縣水位爲二九六、八九公尺，流量爲一八五〇〇秒立方公尺，（3）第三次在八月二十五日，陝縣水位爲二九四、三 公尺，流量爲七八〇〇秒立方公尺，（4）第四次在八月三十日，陝縣水位爲二九五、二八公尺，流量爲一一五〇〇秒立方公尺。

（二）最近水勢，近日各站水勢，均報低落，九月二日陝縣水位爲二九三、一七公尺，較第四次洪水峯落二、一一公尺，流量爲三六七〇秒立方公尺，較第四次洪水時減七八三〇秒立方公尺。

（三）未來水勢，黃河秋汛，按諸已往紀錄，當在每年八月上中旬間，本年洪水峰已見四次，似不致再有盛漲之虞。

丙、魯境臨濮集董莊決口及籌堵之經過

（一）最初潰決情形及籌堵辦法，七月十日河決，魯境鄄城縣臨濮集董莊共計口門六處，寬約三千餘公尺，區域遼闊，災情慘重，經派員前往察勘，並會同魯省商定臨時搶護及將來堵築辦法四項，（一）魯省府督促河務局負責堵築決口，並由黃委會予以協助，（二）堵口工款，請國府特予撥發一百萬元，未撥到以前，暫先由經委會魯省及有關各省共同墊撥，計經委會三成，魯省二成，有關省分一成，（三）目前補救辦法，爲掛柳落淤，防護江蘇埧，相機裹頭，迅擬堵築計劃，並先備物料，（四）材料齊備後相機九築，現在魯省已組織堵口工程委員會，正在積極進行，堵口工款，除本會撥發三十萬元外，蘇省並已協助十萬元矣。

(二)氾濫區域及分疏黃河決口水流辦法，(甲)自董莊決口後，大溜南移，漫溢彌廣，舟行既極不便，察勘亦匪易事，當經本會於八月十五日派遣技術人員，會同航空測量隊派員，乘坐飛機，前往勘測，茲將勘得重要情形簡述如下。(1)由決口流出之水，大部份趨向魯省東平湖一帶，小部份趨向洙水河及南陽湖注入微山湖，(2)魯西黃水氾濫區域，大約西北以黃河為界，東北以運河為界，西南以萬福河為界，面積達七千五百平方公里，災民約計二三百萬，(3)災區中以山東鄆城東平一帶為最嚴重，幾於全縣陸沉，水深約二三公尺不等，災民被困巨浸之中，正由魯省府僱用民船，載運救濟。

(乙)黃河大溜大部既由董莊口門南注，因之東平南陽獨山微山諸湖，殊難容此巨浸，大勢所趨，行將奪運入淮，殃及蘇北，江蘇省政府乃將微山湖等處隄防趕事增培，以資防護，而魯省方面則以決口，大溜宣洩無由，力請挽救，以濟沈災，當經本會於八月五日召集蘇魯冀豫兩省及有關各關代表來京，討論分疏辦法，經議決兩項如左，(一)黃河由決口南流之水，應分途導洩，(子)將流入南旺湖之水，設法導入東平湖，挽歸黃河，應由黃河水利委員會及山東省政府負責辦理，(丑)將流入微山湖之水，由湖口閘藺家壩導經中運河、六塘河、灌河出海，自微湖入運，水量以中運河所能排洩之最大流量為標準，應由導淮委員會及江蘇省政府負責辦理，(二)堵築決口，導引大溜歸入正河，應即由黃河水利委員會與山東省政府迅速派員，實地勘察形勢，擬定引河地位及挑溜掛淤辦法，即日派員迅速實施，本會並為明瞭實際情況，施行議決案起見，復經派員馳往蘇北魯西一帶，詳細查勘規畫，藉收統籌兼顧之效，目下蘇省府已將不牢、中運、六塘諸河堤岸興築培修，並將不牢河中土壩蘆葦剷除淨盡，以暢黃水自微經運入海流量，黃委會亦正派員詳勘，以便計畫黃水循趙王河故道北行，由姜渭鎮及十里堡黃花寺一帶流入本河，藉減南往流量，惟微湖水位增漲不已，入運水量已達九百秒立方公尺，超出所能排洩之最大流量，不牢河北岸首先出槽成災，形勢嚴重，旋據李委員長儀祉電請轉電行政院及各省府，嚴令鄄城一帶限五日內將高粱收訖，抉開鄄城民埝放水，由黃花寺流入本河，以期減少口門流量，易於堵合，並以第二師兵工搶修靑石頭至津浦路之民修土埝，一面由會發款一萬元，交由蘇省府通籌支配。

(三)最近口門形勢及堵口工程進行狀況，(1)董莊決口一二三口門，業經落淤斷流，由江蘇壩至臨濮集已可行人，四五六口門已進而爲一，寬度達二千餘公尺，大溜由該處南趨，約奪全河流量十分之九，東堤頭因大溜側注已坍陷，東民修格埝，現已修成魚鱗埽三段，並加廂護，暫告平穩，(2)口門外江蘇壩，前以大溜頂沖，五六七各埽及第十壩均告潰落，已用磚石蔴袋柳機搶護，并由堵委會添購料物，積極廂護，(3)堵口計劃，經李委員長儀祉，韓主席復渠等商定，擬擇李升屯民埝南端至楊樓間作爲堵口口址，江蘇壩方面築壩挑溜回岸，李升屯民埝外挑引河吸溜，(4)已商准鐵道部，調撥車輛七列，並調集輕便鐵道，以爲運輸材料之用，(5)各壩堵口需用材料，已由堵委會積極購備，(6)所擬由李升屯向東開挖之引河地位，大半均在水中，但不過深，現正由黃委會派員詳細測勘，以資規劃。

丁．冀魯豫三省搶險之經過

本年黃河自四見洪水峯後，各省河防同告緊急，有業經搶護，已告安全者，有現尚搶護，未脫險境者，茲將最近重要各段分述如左，(1)關於豫境者，(一)南汛虹橋工第三四壩頂衝大溜，坍塌不已，形勢危急，現正拋石壩各一道，以資防護，(二)北汛趙樊工河勢上堤，大溜頂沖，現經掛柳搶護，(三)陳蘭汛東壩頭上首先做護沿，疊見蟄陷，已加拋石料搶護，「四」中牟上汛透水壩，已塌去百餘公尺，仍在繼塌中，現已拋石搶護，(2)關於冀境者，(一)老大壩第五十五埽因廂料脫胎，現正拆廂搶護，(二)南一冷寨莊西北內沖坍入水，已做成柳壩一道，截堵串溝，以資防護，(三)南四段劉莊第五第十七埽一帶蟄動，正分別搶廂。(3)關於魯境者，(一)朱口大堤工，步步加緊，現第四次洪水峯已至，勢極洶猛，新修各埽，屢搶屢蟄，險象環生，已調集河兵，拚力搶護，一面借撥黃委會關封存石一千餘方，及貫台堵口剩餘材料應用，一面嚴催荷澤縣政府上夫千名協助，現尚未報脫險，(二)王坦大堤背河堤身，前被決口水流淘刷四十餘丈，勢頗危急，經加廂搶護，漸就平穩，現仍繼續加廂中。

(完)

20281

會務報告

第二十四次執委會議紀錄

時間　二十四年六月二十八日下午七時

地點　法租界蜀通飯莊

出席者　高鏡瑩　李書田　王華棠　李吟秋　張蘭格　劉家駿　宋瑞瑩　雲成麟　尹贊先

討論事項

(一)審查新會員資格

(a)通過于以城馬樹滋為初級會員

(b)學生會員左席豐以在工業學院卒業函請升級應即照章辦理准予升為初級會員

(二)本會執行委員不在津者應有代表一人以便推進會務茲經議決人選如下

(a)主席委員呂金藻在保其職務由執委李書田代理

(b)會務主任王華棠不久離津其職務由會員尹贊先代理

(c)執委張錫周在保由會員代理

(d)執委劉振華在平由會員代理

(e)執委石志仁在滬由會員姚文林代理

(三)為謀本會經濟充裕及會務進展起見決徵求永久會員至少二十五人則可有千元之基金其會費四十元

可分期繳納

（四）省府移保四函執委呂金藻張錫周在保組織成立保定分會以資發展

第二十五次執委會議紀錄

時間　二十四年八月二日下午七時

地點　法租界登瀛樓

出席者　閻子亨　尹贊先　劉家駿　雲成麟　李書田　宋瑞瑩

討論事項：

（一）本會執行委員不在津者除上次執委會議決各選代表行職務外茲又議決二代表如左

（A）執委張錫周在保由會員于桂馨代理

（B）執委劉振華在平由會員閻書通代理

（二）本會擬徵求永久會員至少二十五人業經第二十四次執委會議決但至今尚無一人應徵上次提議「本會執委十五人應全體參加爲永久會員餘數由會員中籌徵」一案應即促其實行

（三）關於本會今年度年會開會期日及地點李委員書田提議三種辦法如左

（1）仍照例年辦法於九月十八日在津舉行

（2）於九月十八日在新省會保定舉行

（3）於十一月十日與中國水利工程學會同時在津聯合舉行期得多數會員出席

決議：仍在天津與中國水利工程學會同時聯合開會詳細日程及地點俟與該會接洽後另定通知

第二十六次執委會議紀錄

時間　二十四年九月二十六日下午七時

地點　法租界老北安利

出席者　于桂馨　宋瑞瑩　張蘭閣　雲成麟　姚文林　李書田　李吟秋　高鏡瑩　尹贊先　劉家駿　王華棠

討論事項

（一）本屆聯合年會應由本會推選籌備委員若干名以便

與中國水利工程學會接洽辦理關於年會事宜經公推李委員書田張委員闓闓李委員吟秋高委員鏡瑩尹委員贊先王委員華棠雲委員成麟等七人為年會委員

(二)本屆年會會費水利學會已定為每人五元本會不便有所增減亦定為出席費每人五元如有不足即按與會出席人數照比例分担

(三)本屆年會時擬請女師學院作一音樂演奏會除由本會逕函該院外即請李委員書田代表本會前往接洽演奏日期時間等

(四)本會徵募永久會員尚未足預定人數即請李委員書田任北洋工學院力加勸募

(五)永久會員會證應即籌備作製即由會務主任照辦

(六)本屆年會徵求各會員之提案論文及改選執委等事項即責成會務主任辦理

(七)會員會費多未交納此後除由會計主任力加催索外於各地或機關學校團體內應委託一人負責辦理以收實效

20286

天津

恒康泰五金行

天津電報掛號五〇〇八號

天津日租界新壽街

電話二局

一五〇五
〇八〇七

上海電報掛號一五六二號

本號經商津埠垂茲廿載專售歐美各著名機器廠暨鋼鐵廠出品機械舉凡鐵路礦局船塢機場所需鋼鐵物料水電船紗等廠應用各種工具其他如油漆電石帆布以及五金雜貨等莫不臻備且定價低廉無論遠道供應門市零售素承遐邇贊許現值我國銳意建設策重工商之際本廠不惜重資加聘專門技師力求工精物美藉酬各方之

惠顧信譽可徵非敢自詡也特此披露報端諸惟

鑒照

編者言

編者輯建設專號之稿既竟，復欲爲文以論本省建設之先決問題，而形管拈來，感慨叢集，不知其如何着筆也。爰弗獲已而拉雜記其時時之印象與概念，用弁於篇末，藉供芻蕘之獻云爾。

× × × × ×

近數十年來，吾國凡百事業，多處於被動地位，然即此被動後之動作，亦恒不澈底。因之各種糾紡與問題，遂不得解決，且往往歧路之外又有歧路，問題之後，又生問題焉。就建設而論，吾河北之路應修也，礦應開也，棉業應改進也，當局亦知之稔也，然而不爲，或爲之而不澈底，卒之人將起而代爲之謀，於是又有盈庭之議焉，然能否坐談而起行，又待實事之証明也。

× × × × ×

「自古治水空談禹。而今患水鯀亦無」。所謂無鯀者，非無鯀鯀之失敗也，無鯀之受殛刑者也。試看三年來江淡之災，黃河之災，爲古所罕見。然而負其責者，所得最嚴厲之處分不過免職或停止任用幾年而已。以數千百萬生命財產之代價，而僅換得此數字之公布。宜乎其「災害年年有。今年害事多」也。

× × × × ×

昔賢以「治官之官多」爲一大憾事，現在治水之官亦復不少，恐亦非美談。以黃河而論，則有黃河水利委員會，甘陝晋冀豫魯各省建設廳，河務局，事權既不統一，權限時有衝突，一遇事變，動輒掣肘。於是每事必議，議而未必決，決而未必行，幸而行矣，善焉者爲局部之堵口，局部之救災。再次爲上下游之測量，繪圖，設計。而治本治標之政，不聞也。及事過境遷，又爲堵口，救災，測量，設計焉。周而復始，循環不已，宜乎吾民永嘆「其魚」也。

× × × × ×

官既多矣，政復多變。民十七以後，政府革命，吾河北之實業廳，分而爲三曰工商廳，曰農礦廳，曰建設廳。似乎官有常守，責有攸歸矣，而工商農礦以及河務路政各項之建設，可以蒸蒸日上矣。然而此數端之政績，其在河北也，唯河北之父老知之也，嗣後三廳併而爲二，二者又

20289

歸於一，是為現在之建設趨。羅貫中曰「合久必分，分久必合」吾河北之建設，即其一例。

× × × × ×

吾國公路建設之成績最著者，首推湖南江西兩省。湖南之路綫，總長為八一一四公里通車路綫為二〇七六公里。其二十一年度之營業收入，為二百二十二萬餘元。營業支出為一百九十七萬餘元。收支相比，計淨餘二十餘萬元。江西之路綫，總長為九九一六公里，通車路綫為四六五二公里。其二十二年份之營業收入，為一百二十六萬七千餘元。至支出方面，則以受剿匪軍運及其他之影響，擔負較重，幾無盈餘之可言。吾河北省路綫總長為三二四三公里，通車路綫為一七九三公里，（經委會公路處統計據本年二月報告），至於營業方面，除視各路為徵收車捐之釐卡外，無盈餘之可言也，如仿湖南之官營汽車運輸事業，則可年餘利十七萬五千餘元。其間接對於農村經濟所生之利益尚不計也。

× × × × ×

發達公路，即應經營運輸，已為顯著之事實。然經營運輸又有重要之問題，應行解決。其一，汽油，須謀自，此可以木炭，酒精代替，現經諸專家之試驗，已有相當之成功，可以繼續努力，由官方予以實力之輔助，以期獲最後之成功。其二車輛須謀自給，聞上海擬設製車廠，由實業部與美國福特公司合辦，此可解決是項問題之一部份，尤望能擇重要地點，多設分廠，以宏其用也。此二問題不解決，則每年之漏卮，實屬不貲，其影響與國家經濟至為重大。其三公路既修，均限制舊式大車之通行，為保護路身計，故不得而出此。然無形中已減少其用途矣。若能改良舊車之構造，改良大車之輪瓦，則似可許其行駛於公路之上，如外國之郵車(Stage Coach)也。英商鄧羅普曾有大車橡皮輪之製造，在天津馬路上試驗頗著成績，如能行用於各公路上，亦增加運輸能力之一道也。

德盛成美記建築公司

修築整理海河委員會進水閘工程攝影

啓者，敝公司自經營建築事業以來，迄已數十餘載，圖樣新奇，工料堅美，早已馳名中外，而於市政建設，溝渠路政，橋樑河工，以及河埽碼頭，各項偉大工程，歷年承辦，更有特別經驗，諸如前包華蒙冷汽房，及特別第三區河沿洋灰碼頭，並近年東馬路灑青道，及整理海河委員會常家莊附近之進水閘工，均為本埠有一無二之偉大建築，頗蒙中外工程專家所贊許，餘如各區馬路溝渠歷年承包各項偉大建築，指不勝屈，俱有過去事實可考，茲敝公司為求工作完善起見，不惜鉅資，並特購備新式打洋灰椿大小汽挖二架，及大小水火電磅，大小煤油電磅，大小起動機，大小擣練，以及做溝渠用大小各樣鐵管皮約數十餘種，凡屬工作應用各項傢俱，無一不備，絕無因傢俱不完，中途發生障礙，延無期限之虞，如蒙委辦各項工程，尤為歡迎之至，謹啟

天津德盛美記建築公司謹啓

坐落特別第三分局大王莊八緯路門牌一號電話三局二五三八號經理住宅電話四局一七一號

文興洋紙行

繪圖 建設 工程 教育
家請大注意！！！！

新到大批價廉

繪圖測量物品

三稜尺　測量儀器

三角版　塔尺標杆

比例尺　晒圖藍紙

鋼帶尺　臘紙臘布

皮帶尺　曬圖大鏡

其他各種華洋文具名目繁多不及備載倘蒙

惠顧無任歡迎外埠函購郵寄迅速

天津　東馬路東門南路西
電話二局二三二五

河北省工程師協會職員

執行委員

呂金藻（主席委員） 李書田代
王華棠（會務主任） 尹贊先代
張蘭閣（會計主任）
李吟秋（編輯主任）
魏元光 張潤田 高鏡瑩
石志仁 劉振華 張錫周
雲成麟 劉子周 朱瑞瑩
李書田 劉家駿

中華民國二十四年十月出版

河北省工程師協會月刊

發行者 河北省工程師協會 天津義租界東馬路六十五號
編輯者 河北省工程師協會編輯部
印刷者 天津寰球印務局 鍋店街金店胡同南口 電話二局三四八五
代售處 北平天津各大書局

本刊價目表

期數／地方	國內	國外
一冊	二角	三角
半年	一元	一元五角
全年	一元八角	二元八角

廣告價目表

地位及面積		半年價目	全年價目
封面裏面	半面	八元	十四元
底頁外面	全面	十四元	二十四元
底頁裏面	半面	七元	十二元
加頁	全面	十二元	二十元

中華民國二十四年十一月出版

年會號專刊

河北省工程師協會月刊

商震題

20295

會員諸君注意

一、凡住趾或通訊處有更動者請即通知天津總會

二、望將個人或其他會員工作狀況時時報告天津總會

三、望調查各地經濟及建設情形報告天津總會

四、望各地多設分會以期會務發展

本會啟事

廿四年十月八日

本會初級會員謝君錫珍聲稱將本會第三十三號徽章遺失特此聲明作廢

編輯啟事

廿四年十月八日

本刊發行以來多承諸會員協助現亦出版三卷十期以後仍希同志時賜鴻文以光篇幅又各地工商業情形及資源之蘊藏更望加以調查以爲發展之張本此外我會員同志最近行止亦望函知以便互通聲氣聯絡感情

會計啟事

廿四年十月八日

本會成立業經兩年有餘凡二十二三年度會費尚未繳納者統希即早繳納爲荷

河北省工程師協會月刊目錄

（第三卷十期）

年會號專刊

會務報告

民國二十四年十一月出版

20299

敬賀第三屆年會並祝本會進步

李吟秋

本會成立於國勢阽危之際，光陰荏苒，於茲三載。在此三年中，雖無顯著之建樹，幸能粗具規模，已立進展之基礎。衡諸本會成立之初衷，及本會組織之宗旨，凡我同仁，均應繼續努力，以圖會務及事業之精進。現值第三屆盛會在即，不揣謭陋，敬獻數言，以為賀。且用以互相勗勉焉。

檢討過去努力未來

過去三年中，本會曾為黃河治理及水災預防，努力工作；曾為本省礦業，建議整理；曾為職業教育，鼓吹提倡；曾從事於本省工商業及一切資源之調查。就一般言，均不無相當之成績。惟茲數端者，事體重大，非可一蹴而就；皆有待於繼續工作者也。且此外亟應進行研究提倡之建設與技術事業，尚不勝枚舉。胥賴我會仝志，竭力團結，熱心會務，以期收互助分工，集思廣益之效。

密切聯絡實質合作

集會團體活動力之強弱，視其分子聯絡之弛緊為消長。本會諸仝仁，因種種關係，消息每感遲滯散漫，故於聯絡上，不無困難。深盼此後各級會員，均與總會常通訊問，以期增長會務推動之效力。其最低限度，亦為時常報告個人服務之狀況，各地經濟之情形，以及會費捐款等等勇躍輸將，以表現實質合作與團結之一點精神。

安定職業介紹工作

吾工程界諸仝仁，均屬勞動階級，自食其力。然當此百業蕭條之際，已有職守者，恆感不安，未有任務者，求事不易。本會團體，集四百餘人之工程專才，對此兩種問題，應切實注意，以謀實際互助之效。鄙意以為當前亟務，厥為職業介紹之工作，及互助儲蓄之籌劃。前者雖有職業介紹委員會，專負其責，其內部尚有充實力量，擴大組織之必要。後者則尚待舉辦研究。蓋經濟壓迫，人所難免；有無相通，朋友常事。本會將來如倡辦一種儲蓄制度，以資諸會員彼此挹注，亦實行互助之一道也。

○……認定目標……○
○……集中力量……○

大凡一團體組織，須有一認定之目標及進行之事業，始能引起全人之興趣，而收羣策羣力之效。現在本會對於會務進行，在過去年中，雖有些相當成績，惟本會之獨有事業，尚付缺如。查本會現有會員四百餘人。若每人出資百元，即可得資四萬餘元。以此資本，創辦普通工藝，足爲發軔之始。擴而充之，其範圍尚不止於是也。如開發礦產，整頓棉業，及其他各種建設，或專門學術之研究與試驗，莫不可爲本會進行工作之目標。目標既定，然後集中力量，分期分地而實行之，其造詣必大有可觀者焉。

以上數端，均爲本會將來之重要工作。蓋團體組織，本一有機結構，須有固定之意志，然後不空疏；須消息靈通，然後能團結；須能實際互助合作，然後其團結乃能鞏固，而團體乃可發達。本會成立未久，譬如孩提之童，其遭遇困難與罹災病，乃爲當然之事。然在此孩童期間，須由同人等之努力將護，始能漸至於長大盛壯之地。是以深盼凡我同志，始終不渝，努力會務，則本會之發達，庶乎有冀。爰取古人座右爲銘之意，敬弁數語以相警策。其辭曰：

稽古燕趙，泱泱大風。河山帶礪，靈氣所鍾。載生秀士，爲國之屏。

惟我秀士，可文可武。不恬不嬉，實學是篤。利我百工，便我庶物。

時洎晚近，海運斯開。立國之基，工商是胎。闢不以力，機巧相摧。

顧我敦樸，瞻視在後。不謀於臧，而安於苟。三十年來，幾罹其咎。

嗟我秀士，兆謀惟先。不鬭於廷，寧默於田。載懷其寶，倘有過焉。

天演公論，實富於理。不競則亡，不奮則己。國之不振，身其餘幾。

其各黽勉，爰貯爰藏。用資經綸，還資餱糧。豈以榮身，抑邦之光。

20302

德盛成美記建築公司

修築整理海河委員會進水閘工程攝影

啓者，敝公司自經營建築事業以來，迄已數十餘載，圖樣新奇，工料堅美，早已馳名中外，而於市政建設，溝渠路政，橋樑河工，以及河壩碼頭，各項偉大工程，歷年承辦，更有特別經驗，諸如前包華蒙冷汽房，及特別第三區河沿洋灰碼頭，並近年東馬路濟寺道，及整理海河委員會當家莊附近之進水閘工，均為本埠有一無二之偉大建築，頗蒙中外工程專家所特許，餘如各區馬路溝渠歷年承包各項偉大建築，指不勝屈，俱有過去事實可考，茲敝公司為求工作完善起見，不惜鉅資，並特購備新式打洋灰樁大小汽挖二架，及大小水火電磅，大小煤油電磅，大小起動機，大小捲練，以及做溝渠用大小各樣鐵管皮約數千餘條，凡屬工作應用各項傢俱，無一不備，絕無因傢俱不完，中途發生障礙，延無期限之虞，如蒙委辦各項工程，尤為歡迎之至，謹啓

天津德盛美記建築公司謹啓

坐落特別第三分局大王莊
八緯路門牌一號電話三局
二五三八號經理住宅電話
四局一七一號

文興洋紙行

新到大批價廉

繪圖測量

物品

繪圖建設工程教育家請大注意!!!

三稜尺　測量儀器
三角版　塔尺標杆
比例尺　晒圖藍紙
鋼帶尺　臘紙臘布
皮帶尺　曬圖大鏡

其他各種華洋文具名目繁多不及備載倘蒙
惠顧無任歡迎外埠函購郵寄迅速

天津 東馬路東門南路西
電話二局二三二五

河北省之紡織業

姚鳴山

一、序言

(1.)論述範圍

所謂紡織業者，因使用原料之不同，其方式頗別頗繁，如絲毛棉麻，及人造纖維，其尤著者也。其他如石綿金屬絲等，莫不可紡而織之，製爲服著衣料，因之其事業之形態，亦頗不一。經營上之盛衰，尤多上下。一一敍述，非無必要；顧以河北省所處地帶氣候環境之關係，絲麻終未發達，毛及人造絲，近年頗見利用，然仍不足與棉紡織業相抗衡。其他纖維更不足道。玆尤因限於篇幅，僅就棉紡織業纔述如次。

(2.)河北省紡織業之沿革

河北省之棉業，發達極早。其西河流域所產之棉花，由來已久，所有晉陝甘及內蒙東省，皆其供給之範圍。是以西河一帶之農民，利用農閑，女紡男織，幾成普遍之家庭工業。至今此一帶之居民，仍相沿業此，在農村經濟上，尚未可輕視其重要性。唯近來少受機製紗之影響，多改爲經用機十支紗，緯仍用人工紡紗，織爲大尺布，運銷晉北察綏一帶。爲數雖無確實統計，可資參考，但據業此者地帶之寬闊，產額必仍可觀。是以此種織業，在西河一帶農村經濟上，關係仍既重且鉅也。此可謂河北省最古之棉紡織業。

嗣後國人見舶來之機製洋布，源源而來，全國大起仿造洋貨之風，河北棉業，亦受同樣影響。於是改良棉種，創立紗廠之議，風起雲湧。於棉種改良供獻上，先有張季直長

20305

農商部時代正定棉業試驗場之設，繼有三菱在石莊，三井在河頭，對美種棉花放資產運之經營。雖在當事人當時皆未得到美滿結果，而開近來河北美種棉植之先聲，其功洵不可沒也。

於機械紡紗事業，當首推前直隸省立模範紡紗廠，（後歸併於恒源紗廠）繼受民四歐戰物價暴漲之刺激，於民七裕元，華新兩廠先後成立。繼之者如雨後春筍，民九恒源，民十北洋，民十一裕大，寶成，及唐山之華新，石莊之大興。設不受民十二物價暴跌之打擊，河北紗廠之繼立者，正不知尚有若干廠，此可謂之全盛時期。民十二後入於保守時期，萎靡不振，僅可支持。民十七八九受金貴影響，物價增漲，本大有可為，乃竟有不加意識，反其道而行之者，坐是招受極大損失，數廠幾難支持。民二十東北事變，日本宣佈禁金出口。民二十一英國繼之以變相的停止金本位。民二十二美國施行現金集中令，亦等於停止兌現，民二十三更頒佈貨幣金銀並用，大行購銀政策。一切物價，皆受國外匯兌影響，紗價慘落，經營困難。於是先之恒源停廠，繼之裕元清理，寶成亦於今夏竭業，此可謂之衰落時期矣。

河北省之織業，可分之為手工業，及機製工業兩種。所謂手工業，又可分之為純人力，及半人力兩項。純人力機，除西河一帶，織大尺土布之農村，尚有沿用舊式投梭機外，其餘新興工農區域，多用手拉梭機，及半人力機，（即足踏式俗稱鐵輪機。）

手工業發達地帶，可分之為四大區域。

1.高陽——織業發達最早，販路亦頗廣遠，幾乎華北全部，無處不穿高陽布矣。盛極一時，洵屬大觀。惜於製造上毫無統制，偷工減料，標格不一，於大量販賣上極不便利，商人病之，遂年式微。近年多改織人造絲，冀挽頹運，但值此百業凋敝之秋，究恐難以為力也。

2.平東八縣（即香河寶坻等縣）——織業發達不亞高陽，製造雖多粗布，而標格品質，頗能劃一、信譽超著，尤為邊遠省份所歡迎。因此帶人多經商東省之關係，販路多在東北，自東北事變，販路斷絕，大受影響。近來頗致力於西北，但終難脫衰落之情也。

3.天津——織戶亦不在少，除西關外家庭織戶外，多係小規模之工廠經營，其製品多為細織品，或加工品。近年來改織人造絲者居多數，販賣遍於華北。近亦受物價跌落，販銷不振之害，多半停工。

4.北平——昔受崇文門稅關影響，有許多織品，原料與成品之稅率，大相逕廷，儼成一獨立國家。因是有許多織品，在北平織造，反較外來為廉，而城內人口既繁，銷路亦頗可觀。此北平織戶發達之主因。嗣後崇關撤銷，而販路反寬，亦足維支。近年來受一般不景氣之累，各織戶亦多在困難撐持中也。

二、河北省紡織業之現狀

(1.)手工業——河北省手工織機之台數，素乏詳確之統計，欲捉住真象，頗非易事。按全盛時代各處銷紗之數量，估算四大區域之織機台數如次

高陽一帶　手織機約兩萬台。

東八縣一帶　手織機約一萬五千台。

天津　手織機約一萬台（但織人造絲者約有半數）。

北平　手織機約五千餘台。

西河一帶手投梭機，直無法估計。

現在受種種影響，停工者恐在半數以上。

(2.)機製工業

廠名	紡機錠數	織機台數	備考
華新津廠	二七、〇〇〇錠		
裕元紗廠	七一、三六〇錠	一、〇〇〇台	停工
北洋紗廠	二七、〇〇〇錠		
恒源紗廠	三五、四四〇錠	三一〇台	停工
寶成紗廠	二七、〇〇〇錠		停工
裕大紗廠	三五、七一二錠		
華新唐廠	二四、七〇〇錠	二五〇台	
大興紗廠	二四、七六八錠	四〇〇台	
寶記紗廠	一、三八四錠		停工
達生紗廠	三、九二〇錠		
共計	二七八、二四八錠	一、九六〇台	
共停工	一三五、一四八錠	一、三一〇台	

僅觀上表，可知河北省棉紡織衰敗之一斑矣。

三、河北省紡織業衰敗之原因

試觀上項，河北省之棉紡織業，無手工機製之別，停工竭業，俱在半數以上。其衰落之情況，可謂嚴重已極。然細考所以致此之故，必有其一定之原因在。爰就管見所及，約可分爲八項，玆分述如次。

(1.)受對外匯兌率變動上之影響

自民十六年起，銀價因生產過剩，逐步降落，外匯日升，而海外棉價，受世界不景氣之累，逐步慘落。至民二十年十月美棉作出四分五之最低價，同時日本三品標花（美棉Stsick micldling. 7/8 Staple)作出二十圓之最低價，三品二十支標紗打破一百圓之關口，世界棉業，均遭打擊。日本自民十九迄民二十年末，凡經六次之縮工停錠，亦可見其嚴重之一斑矣。獨中國受金貴之賜，棉業尚有利潤。年內地尚有三數新廠成立。無他，因中國素爲棉花及棉製品之輸入國，每年棉花棉紗及棉布之進口，總在兩萬萬乃至三萬萬元之譜。是以海外棉價之漲落，及金價之高低，其支配我棉業之力量至鉅。同年對日滙兌，最高曾至日金一圓合華幣二元五角。突然東北變起，日本內閣改組，犬養登台，宣佈禁金出口令，放棄金本位制，對日匯兌，一線下降，迄今春打破日金票一圓合華幣七角關口。而日本各棉棉商紗廠，自禁金出口令宣佈之日起，大長其棉花。試檢其阪神棉花庫存報告，莫不較前增加數倍，而在紐約及大阪三品套進者且不在內。日本素不產棉，所需要者，概須輸自美國印度。試以二十圓之棉花，若以當時匯兌率與現在者較，得非折合華幣五元有奇。以如此之廉價棉花，製爲布疋，國人宜明其所以能傾銷之原因矣。反之我國棉花，在民二十上下，於三十五兩至四十五兩之間，至今亦不過由兩變元，打六七扣，而紗價有減半不止者，紗業如何能不衰落。是以河北紡織業與全國同運，皆受對外匯兌率變動之影響也。

(2.)販路之縮小

河北機製布業，素屬寥寥。各廠所出棉紗，多銷於高陽寶坻及平津四處，織爲布疋。除一小部分銷於本省外，主銷在於西北及東北。今東北被佔，關稅高壘，布疋去路，幾減一半。而西北又以皮毛海外銷路不振，無從交換。內省亦受物價低降，百業凋敝之累，購買力大減，販路既狹，繁榮自難期許矣。

(3.)原棉之不適

河北省每年產棉，上下於一百四十萬擔至一百八十萬担之間，惟有百分之七十以上係粗絨，不適於紡紗之用。細絨棉年產不過五六十萬担；尚有一部分運銷青島上海，而全省有紗錠二十七萬餘支，按平均紡十六支計算，每年需用原棉七十餘萬担，以配用細絨七成計算，即需五十萬担。紗廠用棉，時感不給者在此。且河北產棉，有數處品質極優，供中支紗之原料，優有餘裕。祇以各廠所紡，多係粗支紗，市場需要不殷，棉商慨行攙雜販賣，減低產棉價值不鮮。總之河北紗廠，多紡十六支及二十支粗支紗；而產棉優者太優，粗者太粗，幾不能供紡紗之用。為遷就市場需要計，挾粗攙紅之弊，乃因勢而生，亦可謂之為市場自然趨勢也。坐是之故，欲在市場購求純淨細棉，幾不可能。原棉既劣，成品可知。按全國所出棉紗，天津最次，售價自低，此亦河北紡織業經營上之一弱點也。

(4.)工人運動之盲目

民十五六年之頃，河北工界，受南方容共之影響，各大工廠，皆有共黨份子，秘密組織工會之舉。其持論多偏過激，不切實際。然終係暗中活動，應付得法，尚可避免銳鋒。十七年北伐成功，工會變為法人團體。而主其事者，又多持翻譯來之理論。遇有爭端，概取偏袒工人，而予廠方以不利之解決。馴致工人驕縱，員司束手，人數增加，產額降低，成品變劣，成本加大。河北紗業之衰落，受工人運動者之賜不可謂不重也。

(5.)資金利息上之吃虧

按紡十六支之紗廠，統年每包紗能得十二三元之餘利，股票儘足年利一分之股息。而河北各紗廠，除一二廠外，多屬舉債成立，負息既重，經營自難。其最重者，每包紗負息竟在十七八元以上。在舉世棉業凋落之秋，自難望其競爭得利也。

(6.)技術上之落後

近數年來，紡織技術上，殊有長足之進步。如減少工程程序，改善工廠設備等，莫不與增加生產量，減低生產費，有絕大之關係。而我河北各紗廠，或竟不知，或即知之、而無力舉辦，坐視外貨之廉價傾銷，而無法與之抗，以底於自消自滅、殊可惜也。

(7.)人事上之未盡

河北各紗廠，多於歐戰得利時成立，組織龐大，指臂不靈。主其事者，又多存倖進之心。由民十八迄民二十，銀塊大落，物價暴騰，果欲投機，亦祇宜長不宜空。竟有一二廠大空其紗，而補進原棉。及棉價暴漲，心荒手亂，乃大存其花。又値新花上市而降落，前後三數錯步，而廠基搖動矣。夫紗廠係製造業，生貨變熟貨，本應有相當之餘利。若長虧折，非經營上錯誤，即該事業在該處根本無存在之餘地。玆該數廠之關閉。與其謂爲人事不盡，無寧謂爲人事太盡之過歟？

(8.)營業上之不合理

天津爲華北棉紗布之主要市場。每年自天津轉入內地之各支棉紗，由靑島上海輸入者約十五萬包，由天津自製者約十五萬包，共計約三十萬包，各種棉布約二十餘萬包。紗布合計約値洋八千萬至一萬萬元之譜。有如此龐大數字之貿易，途養成燦爛一時之商業機關。即號稱天津精華之竹桿巷，及針市街內之紗布莊是也。此類商業，發達於天津租界之開闢，而全盛在歐戰時代。擁資量百萬者，大有人在。其業務本全在代外人銷貨之經紀。自紗廠成立，乃利用多財，視紗廠爲外府。凡紗號稍有資財者，必設法操縱紗廠。力小者三數家把持一廠。力大者一家獨佔一廠成數廠。各分勢力範圍，嚴同上邦之週屬國。紗廠出貨，惟紗號之馬首是瞻。其常套手段，即在紗廠售貨於紗號，必爲留利。而紗號旣能操縱紗廠凡廠家之內容，盡爲所悉。批貨必俟廠商存貨成數，乃故意將紗價壓下，批票成立，再行提高。一轉手間，得利如操左券。設受他種影響，紗到手而價落，可以要求廠家再批予小價貨以均低。或竟存而不取，以待市價之變遷。甚有積壓過年而不動者。但倒帳不起者。尙未有聞也。自民二十至民二十一，紗價暴落有出人意料之外步。凡持以前坐以待時之紗號，虧折倒閉者甚衆。經此一次打擊，精華殆盡。至今竹桿巷針市街，已呈路見人稀之慘狀。設於近期內，紗業無轉機，此二路恐終成後人憑弔之遺跡。此無他，廠號雙方，皆視營業爲孤注，而不知合理經營之過也。

四、挽救之道

河北紡織業一落千丈，終無挽救之道乎？曰、有。是亦在人爲耳。顧茲事體大，有非事業家自身所能爲力者。爰就管見所，及分有待於政府，及廠家自身應努力之點兩項，敘述如次。

（1）廠家自救之道

甲、減低製造費

民二十之頃，舉世紗業不振。英國擁有紡錠五千餘萬隻，停工減錠，幾達半數。日本於二年間，亦經六次之縮工停錠。其嚴重性，較河北現狀，有過而上之者。適值東北變起，舉世驚慌。日人上下，互相警戒大倡其國難來之高調。又恐各國臨之以經濟制裁也，凡百事業，痛加減縮。在民二十前，日本紗廠製造費，每包每支約以二元爲標準，經兩年之努力，於民二十一年之末，即減爲每支一圓。其成績較佳者，竟至七角以下。其努力之神速，頗足借鑑。回顧我國紗廠如何，沿海商埠，上焉者每支兩元。次焉者三元不等。而內地紗廠，竟有需四五元者。如何與人競勝圖存哉？好在工運者漸銷聲，金融界似徹悟，減息縮工，改善設施，提高產額，皆有待於廠家自身之努力也。

乙、改善營業法

竹桿巷式營業法之不合理，終至紗廠紗號，兩敗俱傷，前已言之矣。夫紗廠乃製造工業，既不可有倖進投機之舉，尤不宜有貪圖厚利之心。隨製隨售，利在其中。縱以市場變動，長空勢所難免。亦應以一二個月份之原料或成品爲度。過此程度，即屬涉險。幸而成功，亦非正規。殷鑑不遠，不可不戒也。

（2）有待於政府之補救

甲、提高原棉質量

河北產棉不宜於紡紗，前已言之。且受國內棉花需給之變遷，粗絨棉大有無路可銷之慮。著者曾於客冬撰文，倡議棉種極宜改良，（原文登之益世報及本刊）主張由河北建設廳，招集各棉業公私團體，組織河北棉種改進委員會，統籌全省棉種改進事宜，雖爲前胡廳長所採納，終以款絀，未見實行。近閱報載，此機關業已實現，殊堪差強人意也。茲更不能已於言者，我國紗廠所紡，多係十六支二十支等之粗紗，（河北尤然）需要原棉在細而不在長。即現在河北所產之普通細絨，儘可應用。祇要當局設法，推廣原有細絨種籽即足，無須過事鋪張。聞中央有將華北吋絨以下之棉種，盡行淘汰之議。此說如確，竊殊未見其可。因我國現有紗錠四百餘萬錠，華商及英日商各半，而華商所紡，多係粗紗，外商所紡概屬紗細。外商因華棉不足應需，每年輸入美棉之量甚巨。一則政府尚可得稅金之滋潤，再則華商亦可藉外商原棉本重之故，減少幾分傾銷壓迫之力。今後主棉政者，果如所聞，是非救濟棉業，實等於自相催殘耳，深望傳聞之不確也。

乙、減低國外匯兌率

晚近市場不景氣，已成世界普遍現象。各國為求挽救計，窮盡人類智慧，多所設施。其尤著者，厥維貨幣政策。生產力最大者，如英美日三國，皆先後取銷金本位制，而降低其對外匯兌率。日貨傾銷於世界，其最有力之武器，匯兌率低亦其中之一也。我國近受美國購銀政策之累，銀匯提高，物價降低，現銀流失，金融閉塞，凡百事業，莫不呈凋敝搖動之象。其癥結所在，莫非受銀本位之累。停止兌現，降低幣值，專家論述不知凡幾。反對者每以外債償還率為主要問題。想我國外債，多以關稅為担保，幸喜關稅例行金單位制。即行匯兌率減，當不致發生嚴重事態。且縱屬附帶發生些微不良影響，不較全國各業同歸於盡之為愈乎？總之，各國經濟演進，已視貨幣為生產工具之一種。我國人屯集現金之夢想，大可醒悟。為求救濟各業破產計，深望當道速定貨幣政策，而有以降低對外匯兌率於相當程度也。

丙、增加機製布疋統稅率

我國人口，有百分之八十係農民，其衣著布疋，除城市都會居民外，概係以二十支以下之粗支棉紗，經鄉村手工業織成者。村民以織布為副業，利用農閒，增加收入，其於富裕鄉村經濟，增厚農民購買力量之功用不小。近來各外商紗廠，多自置布廠，甚且附設染色整理，因規模宏大，設備周全。其出品概係工精價廉。鄉村手工業，自難與之爭勝。於是各主要織業地，大半停機。因之棉紗銷路大減，華廠隨之受累，而農民購買力減，布疋銷路亦狹。洋廠亦同時受困。夫手工業終不能戰勝機器工業，乃工作條件上優劣不同，自然之趨勢。但此層祇可以漸，不可以速。速則交受其困，此必然之理也。為救濟計，政府應分別精粗，課機製布疋每疋五毛以上之增稅，以蘇鄉村手工織業之困，而購買力自增，自織布廠之廠商亦受其益，而不致大影響，因按照現行稅率，其加之布疋之稅，雖較棉紗微重，但不足以抵其大規模經營及自紡自織之利益。此層如經當道主辦，於紗業救濟上，裨益不淺，幸勿輕視之也。

五、結論

總之我國擁四萬萬人口之衆，市場銷路，不虞缺乏也。土地肥沃，氣候溫和，棉產地帶，增加原料不虞困難也。民勤工廉，人工不虞供給也。按天惠於我國棉業者，不得謂不厚。顧以國家多事，政治未上軌道，凡百事業，同受其困。近更遭東北之變，失地數千里，固有市場，半被攫去。而我之棉業，遂至一蹶不振。但經濟狀況，係循環的。政治情形係人為的。多難興邦，古有明訓。祇要我上下一心，羣策羣力，挽救危局初非無道也。

（二十四、九、二十七、脫稿）

天津

恒康泰五金行

天津電報掛號五〇〇八號

天津日租界新壽街

電話二局一五〇五 〇八〇七

上海電報掛號一五六二號

本號經商津埠垂茲廿載專售歐美各著名機器廠暨鋼鐵廠出品機械舉凡鐵路鑛局船塢機場所需鋼鐵物料水電船紗等廠應用各種工具其他如油漆電石帆布以及五金雜貨等莫不臻備且定價低廉無論遠道供應門市零售素承遐邇贊許現值我國銳意建設策重工商之際本廠不惜重貲加聘專門技師力求工精物美藉酬各方之

惠顧信譽可徵非敢自詡也特此披露報端諸惟

鑒照

石棉之應用及石棉礦之開採

誠君

石棉之應用，在吾國甚古。吾河北省之淶源、易縣、井陘、平山、昌平等縣，及綏遠之包頭，大青山等地，藏量極豐。現天津中國石棉公司在淶源等處用土法開採，年可得原料二千餘噸，以供給津市廠家之製造，與外洋之需要。按石棉在現代科學及工藝上，應用甚廣。惟迄鮮詳細之記載，社會人士向少認識。誠君此篇對於石棉之用途及製造，論列甚為詳備。茲特誌於後，用以介紹於讀者。

編者誌

○石棉之應用○

石棉在昔羅馬時代，僅於寺院中，用作燈心，呼為「不斷之燈火」。其後歷經多年之發展過程；或研究其耐熱性，或察知其具有熱之不良導性，或發現其電氣的絕緣性等。後於西歷一九〇〇年，石棉洋灰板發明後，其需要遂急劇增加，對於石棉之採掘，精製，亦隨之而日見進步，得有今日長足之發展。

耐熱性及熱之不良導性，因一般機械工業與化學工業之發達，其用途亦隨之而日見擴大。或用為保溫材料，或用作包裝，以之為絕緣體。在電氣界，其用途尤廣。此外因發現其具有耐酸性及對於藥品之抵抗性，在藥學及化學工場，亦得開拓其用途。迨至石棉洋灰板作出後，對於土木建築界，無異起一大革命。

現在各都市區域，對於防火設備，已見需要。石棉之用途，亦因之增多。或用於屋頂，及作種種墻壁。或為擬墻之代替品。此外有時用作煙筒，或作為水道管，溫泉導管等。又單獨可作為濾過材，或紡為線，再撚之成繩，或織為布，製成紙，壓榨為板。或製耐火磚，防火塗料，瓦等。又如汽車之制動機之夾裡，亦多用之。此外一般家庭，用為石棉製鍋，熨斗，熱器墊物，及不燃性金庫等。其用途之廣，殆不勝枚舉也。

石棉以一種礦物，今利用其各種特性，加工製造，其製品數之多，與夫用途之廣，對於機械文明之發達，及人類生活之向上，其裨益實匪淺鮮。茲將其製品中之重要者，略述如下。

I.石棉纖維及其加工製品。

II.石棉系織布及其加工製品。

I.石棉纖維及其加工製品。

(一)石棉纖維

將石棉原礦粉碎，經過風車篩，梳棉機，及其他工作，即可得等級不同之數類纖維。外觀頗似綿花，或毛絨。重量甚小，有彈力性，且富於耐熱，耐酸，耐鹼，耐油等性質。高壓蒸汽之汽門蓋襯(gauge)之包裝，又酒，醋及其他藥品等之濾過材，多以石棉爲原料。此外又可作爲彈藥用填充原料，及爆裂彈用等。最近美國某影片公司，且用爲雪之佈景，其結果甚爲良好云。

(二)化學分析用曹達石棉

在化學分析上用爲炭酸瓦斯吸收劑，頗獲優秀成績。曹達石棉，普通呈灰色。吸收炭酸瓦斯後，則形成炭曹達，而呈白色。即可証明其已受炭酸瓦斯之作用也。

(三)石棉製熱絕緣材

石棉對於熱之抵抗力絕大，故作爲熱絕緣體，爲最有價值之物。就其用途可大別之爲二種，即(甲)保持現在所有之熱(乙)避絕不要之熱。(甲)係防溫度降下，如火床爐礦爐，電氣爐，及蒸汽管之保溫等用之。(乙)係將周圍之熱使之絕緣，不能侵入，如冷藏庫等用之。

一般作爲保溫材料之石棉，由於用途之不同，其形狀亦有多種，略述如下。

(子)石棉板　多用於試驗裝置

(丑)石棉纖維　用爲填充材料

(寅)石棉繩　用石棉紗編成之繩，狀細長袋，其內填以石棉纖維，其最輕而質堅，保溫效率甚佳。輪船工場等震動激烈之汽管，多用之。

(卯)石棉塗料保溫材　用輕質之硅藻土爲主，加以石棉纖維，及其他防銹劑，凝結劑，粘着劑等，使爲泥狀，塗於蒸汽管，或其他被保溫物上。

(辰)保溫帶　將上述塗料，納於一定長寬度之木匣內，壓榨使其凝固後，一面貼以綿布，即成帶狀之保溫材，其質堅牢，價值低廉，蒸汽膨脹出管多用之。

(己)保溫用覆蓋　其種類甚多，形狀不一，結縛於蒸汽管直管部，以其使用便利，工業家多用之。

(午)保溫用石棉塊　中低壓鍋爐，溫水槽，煙道或防火屏，屋頂裏，乾燥室等遮熱用之。效率甚高。有時與塗料並用。

(未)保溫磚　其形狀較石棉塊稍小，密度甚大，故耐壓力甚強，煙道各種爐灶，及窰等多使用之。

(四)石棉塗料

石棉塗料，約各分爲四種，(1)石棉油漆，爲液狀之塗料，多用於建築。(2)石棉防水塗料，用途甚廣，不但防水，且有耐酸，耐鹼，及電氣絕緣性。一般化學工廠，製煉所，釀造所等多用之。又可爲地下室，暗渠等之防水塗料。(3)耐火防腐塗料，其種類甚多，用途亦廣。(4)耐火耐水塗料，此多用爲木材，或金屬之塗料。兼有耐火，耐水及防腐之功。又可用作電氣絕緣材料。

(五)石棉洋灰板瓦

此在世界產業界，尤其建築界，占極重要之地位。於西歷一九〇〇年，爲奧人L. Hatschek所發明。其後經多數人之改良製造益爲完善。其製法及形狀種類不一。普通市場上所出售之貨品，計有壁板，波形板，石棉板瓦，石棉洋灰管等數種。此種製品，有耐震，耐火，耐水，耐寒遮熱，防溫等特性，且富於彈性。重量甚小，易於搬運。

壁板普通爲灰白色，亦有栗色，淡黑色者。表面平滑，有光澤。多用於大建築物之牆壁等處。波形板呈爲波狀，使雨水不致停滯，故用於屋頂。如化學工場，車站室，止波場之上屋，造船所，機關庫等處，多使用之。石棉瓦亦用於屋頂，其形狀色彩種類甚多。各國製造工場，依其需要，日加改善，以求美觀。因其施工容易，運搬便利，各學校醫院，兵營，發電所及住宅等亦多用之。石棉洋灰管，各工廠製品大致相同。其特徵爲較其他管類強韌，富有耐久力，耐火性甚大。此外不受雨露，潮風等之腐蝕，但容易切斷，或穿孔，又爲電氣之不良導體，其用途甚廣。

家庭中可用爲各項煙筒。他如下水管，上水道，溫泉引水管，地下電線埋設管，送風排氣，柵欄，門柱，水榭柱等，均可使用。

(六)羅拔特遜金屬物 (Robertsor metal)

是爲美人羅拔特遜所發明，用鋼鐵板加以土瀝青及石棉作成之。其形狀有瓦形，波形，及平板之三種。重量甚小，對於鹼性瓦斯，及液體，或亞硫酸，亞硝酸等之氣體酸類不受任何影響。此外具有耐震，耐火，耐水防腐各特性。雨水之流下迅速，且施工簡單，用作屋頂瓦，或天井，墻壁等均可。凡常受震動之場所，如車站，發電所，車庫及造船所等處，最爲相宜。

(七)石棉聯結片 Asbesetos joint sheet Packing

是爲奧人克林歇 R. Klinger 所發明，對於蒸汽之耐久力甚強，且對揮發油，重油，以及酸鹼類瓦斯等亦不受侵蝕。其抗張力，則因溫度愈上昇而愈強，故凡管類之聯結，如高壓及過熱蒸汽或送油管，瓦斯，亞摩尼亞管之聯接包裝等，多用之。

(八)石棉板 Asbestos mill board

利用石棉短纖維所作之一公尺方角板，其用途可用於住宅之墻壁，天井上，爲防火，調節音響之需。此外電氣絕緣，蒸汽瓦斯等之保熱用包裝亦多用之。

(九)石棉紙

其原料與石棉板同，惟較薄耳。用途亦不如板之廣，又作電氣絕緣材料，管類覆蓋等。他如用水玻璃，油漆等，及需要耐水性與著色處亦多用之。

(十)波形石棉紙

將上述石棉紙作成波形，可用作熱絕緣，及其他絕緣材料等。

(十一)石棉銅塡隙物 Asbestes Copper gasket

有手製及機械製之二種。其形狀依其用途之不同，約可分爲(1)普通形，(2)閉塞形，(3)法蘭西形之三種。凡內燃機關，均爲必需之物，如軍事用戰車，裝甲汽車，航空機，又自小汽油機以至於大內燃機等，使用極廣。

(十二)石棉製便利瓦

石棉紙，塗以土瀝青製造而成，每捲長五〇—一〇〇尺，寬一公尺。其質強靱，作爲建築材料，耐久力可達二十）年以上。並富有防水，耐酸耐火，及不導熱等特性。用爲瓦下墊，及其他屋上被覆，或貼於地下室，建築物下層部等處，甚爲相宜。又普通住宅亦多鋪用之。

（二）石棉紗，織布及其加工製品

（一）石棉紗

石棉纖維，單獨紡績，甚爲困難，必須混合棉花，方可紡織。但由於其纖維品質之不同，而混合量亦異。普通品質優良，最適於紡織用之加拿大產石棉，亦須混入百分之二之棉花。如短纖維者，則須百分之十以上。又依其用途，或其他關係，有時須加入多半數之棉花者。

石棉紡織作業，首須用粉碎機，將塊狀原礦石，壓榨使爲纖維狀。再入混綿機，將纖維精製，切斷，使石棉與棉花配合適當；然後再入梳綿機，使各纖維排列整齊。更切爲適宜之帶形，捲於軸上，以送於精紡機。最初紡成單紗，有時因用途上之必要，於單紗中一夾以一根，或二根之金屬線。

上述製成之單紗，強度不大，粗細亦不平均；故用合紗機，將二三根合爲一股，以增其強度，並使粗細均勻。有時合紗與撚紗分別行之。普通撚成之紡、由1/64吋，至3/8吋，粗細不等。成品捲於紙管軸上，每捲重一公斤，。日本製品，則不用紙管，每捲有重二磅，及五磅等。

石棉紗之用途甚廣，如作爲蒸汽管，汽瓣，汽油及瓦斯機等之包裝用。蒸汽管熱水管之保溫，電線外皮及電熱器等亦多用之。又可爲石棉織布，編織包皮，或石棉繩等之原料。其夾入金屬線者，則可爲制動機帶，石棉帶，人孔包裝等之製造原料，消行極廣。

（二）石棉綫圈包裝

此亦石棉紗加工品中，使用甚多之製品。其目的爲使用於高壓過熱蒸汽，故須用純良之石棉紗，製法將單紗浸於礦物油，與粉末「葛拉海」之混合物中，俟其完全滲透後，用合紗機，撚成適宜粗細之線，則爲成品，可用於高壓過熱蒸汽，酸，阿爾加里，空氣及瓦斯等之小型汽瓣，或軸，及填料函等。其耐熱度之高，及耐沉力之強，爲其特徵。

（三）石棉編織包裝

石棉編織包裝者，係以石棉綫爲心，其外用石棉紗編以一層或二層之繩狀物，有圓形及圓角形之二種，直經大小不一，大者有半吋至二吋，或因特別用途，乃至二吋半者，作爲各種熱用包裝。尤以特別須用粗大者之處，最爲相宜，如機械工場，化學工場，用之最多，又如機關室爲必要不可缺之物。如以之浸於滑潤油及「葛拉海」中者，則可爲高壓蒸汽及耐酸等處之用。

(四)石棉織布

石棉布有平織及綾織之二種。平織即以經緯紗各一根交互織合而成。綾織係三根以上之經緯織合而成。其外觀係由斜紋線連續而成。爲增加其強韌力，將經緯均夾入眞鍮線所織成者，名爲加金屬線石棉布。又有織成窄幅之布條者，名爲石棉帶，多用爲電氣絕緣材料之各種電綫被覆，或地下埋設綫於人孔內者。又可爲熱之絕緣用。捲於管狀物者，織布機器，則有木製手織機與鐵製力織機之二種。

石棉布可以製造防火幕，被服，手套，或用爲酸類之濾過，電氣分解之隔膜等。此外用途甚廣，玆分別略述如下：

(1)石棉防火幕　又名爲劇場幕，係以夾眞鍮線石棉布，照所要大小縫合而成，爲起火時隔絕之用。歐美各國之戲院，法律上限制其必須設備之，以備由後台起火時，即將幕垂下，使觀客隔絕，不致受災。他如大百貨店，醫院，飯店或學校等處公衆場所，均有設備之必要，以便火災時，垂下保護一部人命，或重要物品之用。又電影院內，常有由映畫機內之膠片發火者。故近來各影院亦多利用此布，將映畫機，包掩，以防火災。

(2)石棉被服類　利用石棉布之不燃性，及熱絕緣性，作成石棉服，手套，綁腿套，及靴等，凡消防用，或製鐵所，製鋼所，及玻璃工廠等，多使用之。又化學工場，以其有耐酸性，亦多用之。

(3)石棉製防火傘及防火壁　防火傘與普通洋傘構式相同，其上穿孔，於消火時，可將水龍口置此孔內，將水射出。防火壁係用鋼鐵作框，中間設以石棉布，上作一薄雲母板之小窗，下部留一口，爲置水龍袋口之用。二者均可摺疊，便於携帶，外國消防隊多用之。

(4)石棉膠皮帶　又單稱石棉帶，爲石棉布加工品中之用途最廣者。製法係將溶解於揮發油中之膠皮糊，塗於石棉布上，俟將油分揮發後，截成斜條，將各條用線縫合，成一長帶。其上覆以塗膠皮糊之棉製條帶，再塗以耐熱性膠皮糊，俟揮發油全部發散後，摺疊爲捲，加以整理，即爲成品。此物用途甚廣。其原料爲加金線者，則用於高壓蒸汽管之接合，或鍋爐之人孔及泥孔(Mud bo-si)等。此外與無金屬線者同，可爲空氣，水，阿姆尼亞各種酸及亞爾加里等化學的溶液用之管接頭用。

(5)石棉輪形墊　其製法與石棉膠皮帶略同。形狀依用途有圓形及橢圓形等。用途亦由於原料布之加金線與無金線而有別。大致與石棉帶相同。如用於空氣，阿姆尼亞等氣體之輸送管接口，及酸鹼類各種化學藥品溶液管之接合等。又於鍋爐之人孔，手孔及泥孔等，使用最多。

(6)石棉角形包裝　由於用途之不同，其種類及形狀甚多。製法係用純良之石棉布，一面塗以耐熱性膠皮糊，乘其未乾透時，作成種種形狀，以爲包裝之用。

(7)石棉褥　外皮用石棉布，內填以石棉纖維，或海棉氈等之輕量保溫材，用優良石棉線縫成普通之褥形，或其他種種之複雜形狀。以爲保溫之用。

上述各種，爲石棉布加工品中，比較用途最廣者。此外尚有多數製品，如作成石棉布袋，爲航空機上裝郵便物之用；又以石棉布塊，作爲電氣分解之隔板；或塗以耐熱膠皮，可用於種種接頭之包裝等。其用途已遍於一般機械，化學及電氣界。現在各專門家，正在潛心研究。將來用途之擴張，方與未艾，而各種新製品，亦必日見增多，可無疑義。

(五)制動帶，及接合子面 (Brake liuing and clutch faciug)

汽車爲今日交通之利器，在都市交通頻繁之區，爲用尤大。故其制動機部分，最關要重。而此制動帶之原料，則以石棉為理想的材料，因其抗張力強，對於磨擦及高溫之抵抗力極大；故雖在如何危險之際，亦可安全盡其職能。其製法及其他配合原料，並表面塗料，各製造者均有特許，各保守其秘密。

接合子面，為石棉織成之平面輪形片，周圍穿有維絲孔，以之釘於接合子上，各機件多用之。

此外尚有模製制動帶，及摺疊制動帶等，汽車上亦多用之。

○……石棉礦之開採……○

(一)採掘方法

石棉礦，依其蘊藏之狀態，一般多係露天採掘，然亦有坑內採掘者。又依其產出狀態，又分為下列四種形狀。

(1)線狀　(2)網狀　(3)條狀　(4)扁桃狀(囊狀)

線狀者，其礦脈之斷面，呈直線狀，挾於母岩(蛇紋岩)中。網狀礦，則存在於母岩中，不規則之裂紋間，而呈網狀。其礦脈之厚薄，方向，及長度等，均無一定。凡細石棉礦脈多屬於此類。條狀礦，其礦脈互相平行，橫斷存在於母岩中。據石棉之產出狀況，屬於此形者為最多。扁桃狀礦，在母岩中呈塊狀形，如扁桃，故以得名。在加拿大地方，大者有長至二百公尺，寬六十公尺，深五十公尺者。以上數種，由於礦區不同其形態亦異，然亦有一地域內，存有數種者。

坑內採掘，其坑道有三種。向地球中心開鑿，而直立者，為豎坑。向水平方向掘鑿者，為橫坑。又向二者之中間方向進行者，為斜坑。至於露天採掘，其礦石埋沒於地表附近，開採時無須掘坑。故最初之測量甚易。他如礦物之運搬及採掘作業等，亦極簡單。反之埋設於深處者，必須掘鑿坑道，設備昇降機，排水及通風裝置，以及坑道之維持保存，坑內運搬，其他點燈等諸設備，更加之坑內作業之種種困難，故較之露天採掘，其設備費及採掘費，實高出甚多。

石棉礦山所在地之地形如何，對於礦石之採掘作業，影響甚大。如礦脈露出於山之傾斜面者，其開採最為簡單，可以隨掘隨將不要岩石，棄積於山下。

開採石棉礦時，其最重要之條件，為試驗原石之品質，及含有量之多寡。此不限於石棉，一般礦業莫不如是。蓋由於品質及含有量之如何，即為決定能否成立為營業的第一要素。例如某種厚石中之純石棉，含有量極少，但其品質則甚優良。或如品質甚劣，而含有量極多時，二者均可成立為礦業，而予以經營之可能。一般石棉礦，其含有量必須在百分之五以上，方可成立，否則必至營利困難。又採掘方法，亦為左右其礦業之莫大要素。即如加拿大地方，因其多為露天採掘，作業簡單，費用不大，故含有量達百分之三即可充分經營。含有最豐富之處，為南非之「羅果希亞」約可含百分之十五。加拿大約百分之五至十二。蘇聯及塞浦拉斯各約百分之五至十。其他則只百分之十以下而已。但據天津中國石棉公司之調查，河北淶源之石棉礦之含有量為百分之二十，綏遠礦之含有量為百分之五十。

石棉礦山，最初施行試掘，再試驗其品質如何，以決定其營利之能否成立。既經決定，即着手開採。

無論露天採掘，或係坑內採掘，均須先用人工或機械穿鑿放置炸藥之細孔。因炸藥之爆發，可以向目的之礦床，逐漸前進，俟露出礦脈或達到礦床時，即可開始採掘礦石。開掘時，或用鑿，或用特別設備之鑿岩機，有時亦用發破法。露天採掘時，係向下方開掘，故其採掘場須成階段式，方可漸次向下進行。此階段又可為敷設搬運礦物線路之地基。

露天採掘場，既成階段式之坑形，故受雨雪之影響甚大。必經預置常用水泵，以備排水於場外。礦物則裝載於礦車，用人力或牲畜，拉至選礦場。然在加拿大完全機械化之礦山，則用起重機，裝於貨物列車，拉運於場外。亦有使用鐵索搬運者，即於採掘場之周圍，樹以木材，或鐵塔。於反對側二塔之間，繫以強力之繩索。其上吊以可裝載五—二〇噸之筐籠。用鐵索運轉，可以將礦石載於場外。此名為空中吊運車。

露天採掘，既如上述搬運簡單。故其生產費甚輕，且危險亦少，惟雨雪甚時，有不能作業之缺點耳。

坑內採掘，必須穿鑿坑道。如係豎坑，則須設備昇降機。橫坑斜坑須用小鐵道車，或敷設輸送用之貨物列車軌道。並須常点用安全燈，以防坑道內之黑暗。排水泵，亦須時常運轉。又爲供給新鮮空氣，扇風機亦爲必要之物。坑內採掘作業及礦石運搬，均極困難。且坑道內，有時充滿惡性瓦斯等，尤爲危險。

(二)抽出及精製方法

由礦山抽出之礦石，其中尙有不要之岩石或脈石等混合在內。此混合物，有時可用機械分出，然多半由婦人勞動者，以手將不要者檢出，即得純粹之石棉原礦，再運至粉碎機，而精製之。

在石棉工業最初時期，只有長纖維方有價值。彼時以人工將原礦用鎚敲碎，使岩石與纖維分離。現在則中，短纖維均可應用。且精製之機械的選礦方法，以日見精妙，雖長度在〇二—〇．〇五簾之纖維，亦可完全抽出。如石棉技術最發達之加拿大地方，King 礦山所有採掘以至抽出等全部工程，均已理想的機械化。不過手工精製法，亦有其特殊之優点，故雖加拿大之礦山，對於品質優良長纖維之石棉，亦採用此法，以其對於纖維之物理的性質，不致損傷故也。

手工精製法者，將掘出之原礦，先用人手選礦。此時務將優劣檢分清楚，再施行乾燥。乾燥之方法，有利用太陽熱力者，即以之攤於寬闊之場上用日光曬之。亦有放置於空氣流通之小屋內，使之行空氣乾燥者。俟其充分乾燥後，復用人工將纖維與岩石分離。更以重六七磅之鐵鎚，將岩石敲碎，儘量將所有纖維分抽出，次將選出之纖維分用篩之，分爲一號二號各等級即成爲商品。以上方法，在產額較少之礦山，多採用之。以其既無須設備高價之機械，並可利用土人極低廉之勞動力。且精選手續，亦極簡單，爲其特徵。惟只能將較長纖維，容易由母岩分離者選出。至於短纖維，則甚困難，且其能率低劣，是其缺点。

機械精製法，亦有種種。加拿大 King 礦山，所用機械大畧如下。將原石送到精選所後，即用礦石粉碎機軋碎。此粉碎機有二種，一爲嚙礦機（有齒，依彈簧之作用，其運動如顎，將礦石嚙碎，）一爲遠心分離機，（圓錐形之粉碎機）最爲普通。礦石粉碎後，即送於乾燥室，施行乾燥。現在所用之乾燥器，爲裝於稍傾斜軸上之圓筒形乾燥室。其外部覆以蒸汽離熱套，自動可以回轉。將原石由稍高端裝入，由於徐徐之回轉，漸漸下降在內受充分之乾燥後即由低端吐出。此與洋灰工廠所使用之士敏土焙燒窯相同。能率極佳。各礦山多使用之。乾燥後之礦石，即暫貯存於倉庫內。

次將乾燥礦石，送於俗稱為「呆西拍塔米路」工場內，此處有二個回轉方向相反之回轉器，將礦石裝入其間，再磨碎之。此工場內亦有用普通之粉碎機者。礦石被壓搾粉碎後，纖維性之石棉，即與母岩分離。然尚有少量附着於母岩者，再入於鼓形罐內，用回轉之刀齒使僅存之纖維，與礦石完全分離。此時再將纖維與岩石之混合物入於震篩機，利用壓縮空氣，使吹於混合物落下之處，則由於比重之差，礦物碎片可以完全除去，而得純粹之纖維。再導於集收器，及沉澱室內，即得精選之石棉纖維。依其長度分別等級，即成為商品。

此處被除去之岩石片內，仍含有工業上可以利用之極短纖維，故須再用機械使之分離，此工作在石棉礦山亦極重要。

蘇聯之精制方法，與上述稍異。即將乾燥之礦石，用手工使長纖維與礦石分離選出後，再用其特殊之平板精製機，加以精製。

上述手工，機械精製法之外，尚有濕式法，將原礦使在水中粉碎，則纖維與岩石分離，而浮於水面。其方法簡單，惟尚在研究中。將來能否實施於工業方面，尚屬疑問。

附石棉產地表

(1)中華民國河北、綏遠、山東、陝西、四川
廣西、貴州等省

多量產地
(2)加拿大　(3)蘇聯邦
(4)南亞非利加聯邦　(5)羅呆希亞

少量產地
(1)美國　(2)英領塞浦拉斯島
(3)芬蘭　(4)澳洲
(5)意大利　(6)日本

（完）

20327

20329

天津市西河建橋工程誌畧

吟秋

緣起

天津市新萬國橋建築完成以後，海河工程局以廢物利用起見，建議財政部將折下之舊萬國橋鋼鐵材料重建於西河之上（重修大紅橋）。至所需工款，則逐援照修建新萬國橋成案，由津海關稅務司按照值百抽五進口稅則所征稅額附征橋工附捐，以便應用。自民國二十一年十月間繼續征收西河橋工附捐，迨至二十二年五月間捐款積有成數，迺由海河工程局函由津海關監督公署轉請河北省政府建議由關係各機關會同組織天津市西河建橋委員會，負責辦理建橋事宜。嗣經擬具組織章程，呈請財政部核准，旋於二十二年七月間正式成立，開始辦公。委員共五人，計河北省代表建設廳技正呂金藻，天津市政府代表技正李吟秋，津海關監督韓麟生，海河工程局代表程樂（先係哈德爾）津海關稅務司。公推韓麟生為主席，李吟秋呂金藻程樂為工程委員，負責工程事項之計劃，韓麟生及津海關稅務司為會計委員，負責動支款項事務。均為名譽職。

工程進行經過情形

在橋梁施工以前，規定先行探驗橋基，試打基樁，以為設計之根據，結果探驗地質甚佳，故試打基樁一節，遂緩舉辦。

橋梁設計

經測量西河公義斗店一帶地方河身地形，遂召標設計，結果以東方鐵廠得標，計監工與設計兩項費用共為全橋工款百分之三。建築工程由法商永合營造公司得標。

護岸設計

大紅橋橋基以遭河水冲刷，以致塌陷河內，是橋基之保護工程甚為重要。於是該會自行設計，招標承建，結果，由德盛成美記建築公司承攬。

全部費用

全部工程預算總數為六十萬零七千九百一十二元，內計收買土地費九千零九十六元，折除房屋費一萬七千九百元，堤路土工費洋三千七百六十二元，護岸工程費二十二萬九千五百六十元，橋梁工程費二十九萬九千五百元，諮詢工程師費洋八千八百三十元，二年行政費共洋三萬九千二百六十四元。

橋梁及護岸工程之形式

河內設兩橋墩，構成大小三孔。本橋中間為固定橋孔，長五十四公尺，上架為鋼鐵製之拱架，北端臨岸一孔長六公尺四，以洋灰築成。南段活動橋孔，長十公尺，裝有電機，用司啓閉以便大水時得以行船。

橋面大架中間為汽車路，淨寬五公尺五，十六噸汽碾可以通過。兩邊各有人力車道及人行便道。

護岸工程南北計木坝一百六十餘公尺高低洋灰坝約長三百公尺。

現在工程進行狀況

建橋一切材料現正預備。護岸工程，木坝業已建築完畢，洋灰坝現正在建築中。

西河橋設計規書範

第一章　概要

一、位置

建橋地址在天津市西河上公義斗店地方。設橋之中心線在河兩岸地上，各記有一水準標點。

二、橋孔數目及大小

該橋擬設二孔。一為固定大橋孔，孔闊約五十四公尺，用鋼筋混凝土或鋼鐵建造。一為活動小橋孔，孔闊須在十公尺，以上用鋼鐵建造。固定橋孔與左岸(北岸)連接，活動橋孔與右岸(南岸)連接。此橋兩端各設橋塊一座，大小橋孔之間設橋墩一座。由橋墩南面起至右岸河坝止，其在水平面七・五公尺處之距離，不得小於十四公尺，以便船隻往來無阻。

三、水平

汛期及旱季各水位尚應見所附橫斷面圖。

所有水平，皆按大沽水平線上計算，其所定零度，約與大沽春潮時低水位相等。

橋中心綫兩端之水平標点，在右岸者為五、五二公尺，在左岸者為五、六二公尺。

四、橋身高度

各涵孔之樑架最低綫之各点，其水平不得低於大沽水平綫上七、五公尺，以便汛期水流無阻。

橋身北頭及南頭之橋面上層水平，不得高於大沽水平綫上八、五〇公尺，以便與附近各馬路相接連。如大橋樑架較低部分在中間稍爲拱起，則橋面水平可以稍高，但其拱起坡度不得超過百分之二。

五、活動橋孔

活動橋孔應以鋼鐵建築，以期輕便。其形式爲活葉吊橋式，或爲升降吊橋式均可。但凡橋架完全提起時，其最低部份須在大沽水平線上一〇、五公尺，以便在高水位時往來船隻可以通行無阻。

六、橋墩厚度

橋墩之最低部分，厚度不得超過四公尺，以免縮減河面寬度。

七、橋面空間

橋面之空間規訂如下。

兩面橋架之距離爲五、五〇公尺，以便載重汽車大車及汽車等之通行。

橋之兩旁，橋架外邊，各留二、五〇公尺，其中一、五〇公尺爲一人力車道。與橋架貼接其水平則與橋面相等，另留寬一公尺爲人行便道，其水平應較人力車道高〇、一五公尺。

在橋架以內，橋架與橋面馬路間兩旁，各建一狹道，寬爲〇、五〇公尺，以免往來車輛與橋架相觸，以致損壞。該狹道水平應較橋面馬路高〇、二五公尺。上述各項空間，須與橋門路燈欄杆司機房或其他部分均不發生障碍。橋面馬路，應按鐵軌二道，以備往來大車通行，不致損壞馬路。

八、鋪設橋面

鋪設橋面工程做法及所需之材料，由諮詢工程師决定之。

九、活動橋孔之啓閉

活動橋孔之啓閉，由一小發動機管理之，并在河右岸（南邊）建一小房，內安發電機爲司機所。

第二章　諮詢工程師應供給之設計圖及說明書

十、諮詢工程師之責任

關於建橋工程及保護河岸工程，應由諮詢工程師將橋之設計及各種橋式，按照規範書所列各項先行斟酌，認為適宜計劃，完備後送交本會選用，本會對於諮詢工程師所擬各項設計，將擇優採納。

諮詢工程師所擬之設計圖暨說明書等，由本會開會討論決定之。

關於橋梁工程司機房橋門欄杆及燈柱等之美觀方面亦應由諮詢工程師特加注意。

計劃橋梁各部份，應對於查驗及油漆等項之便利上加以注意。

十一、說明書設計圖抗力推算表估計單

諮詢工程師應將所擬建橋工程各項設計連同詳圖及其他附圖全部送交本會，以便審定。如各項建設之特別部分，鋼筋混凝土橋孔各端之詳細構造，鋼橋鉚釘之打法，活動橋孔之啓用機關，司機房橋堍及橋墩等之詳細設計圖表，尤關重要，均應一併包括在內。

上述各項工程設計圖，均應附註詳細說明，并示各圖所負相當抗力之計算。各項工程詳細計算及各種抗力計算表，應由諮詢工程師交由本會審核之。抗力計算表內，應分別標明每段能載之死重量及活重量，活動橋孔及固定橋孔能載之死重量及活重量，并橋堍及橋墩能載之總壓力等。

抗力計算表內應標明橋身各各部份之斷面尺寸，並註明「旋轉直徑」(Radi of gyration)。諮詢工程師送交本會各項工程設計，應包括下列各種圖樣，活動橋孔及固定橋孔之平面圖，斷面圖，側面圖，裝橋設備工事圖，及混凝土工程圖樣等。此外尚有橋堍橋墩及其附屬構造工程各圖。餘如啟閉橋機用電力或人力方法，亦應製圖說明。如有電力，此處可以供給三象五十轉之電力，其電壓為二百二十弗爾特。

活動橋孔及固定橋孔在下述最大載重之下各部份，彎下狀況，亦應製圖說明。

建立橋墩及下沈方法亦應製圖說明。

諮詢工程師送交本會各項設計，將來無論選用與否，概歸本會所有。

各項工程設計圖表，應由諮詢工程師簽字，并由本會各技術委員核定簽字。如有修改之處，亦應由上述人員核定簽字。但關於本橋工程堅固及抵抗能力，應由諮詢工程師完全負責。

各項工程所需物料，應在圖內用中文或英文詳細標明。

十二、估計

下列各項工程價目應由諮詢工程師核實估計，將估單送交本會審定。

一、固定之橋孔用鋼筋混凝土建造，全部橋身工料價目若干，保固年限若干。

二、固定之橋孔用鋼鐵建造其價目若干，保固年限若干。

以上二者係先從簡設計須於簽立合同後十五日之內辦理完竣，將估單及圖表等項交會審查，以便再擇一交付詳細計劃，按合同規訂日期完成。

三、司機房活動橋孔橋塊橋墩等工料價目，均應分別估計，以茲比較。

四、其他如建築油漆及監工等費用亦應分別估計。

十三、計算方法

無論何種計算方法，均可採用，惟計算原則，應按工程所用工料之抵抗力為標準，至所用之計算方法，應先詳細解釋。

十四、米突制計算

各項工程設計及圖表之尺碼及計算，概按中國通行之米突制為標準。

十五、本工程應用之材料

關於本工程所用之材料，諮詢工程師應分別將其性質詳細規訂，對於下列各項尤應周詳。

鋼鐵之種類（建築牌鋼鐵鋼板鋼條等）說明最大引力引長度數等項。

洋灰製造廠號。

石子或渣石，說明最大及最小之塊粒。

沙子，說明來源，及最大最小顆粒。

本會對於下列各廠所出之品允予採用，惟將來承包人可准另行選擇。

洋灰　唐山啓新洋灰公司出品。

砂子　龍口或北戴河砂子。

石子　唐山碎石或盧溝橋圓石子。

第三章　載重及載重情形

十六、載重

橋之載重如下

一、死重量，死重量應與工程設計所規定者相符。

二、活重量、活重量按下列二式交互比較計算之。

(甲)橋架中間留有大車道兩條，每條上有五噸重之大車兩輛。大車以外每平方公尺荷重四百公斤，橋架以外，人力車道上，每平方公尺荷重二百公斤，人行便道上，每平方公尺荷重三百公斤。

(乙)橋上僅十六噸重之汽輾一輛，別無他載，其詳細載重分佈方法，見所附第二圖。

三、震力　所有最大之活重量以上、須加震力，其計算法如下。

(甲)橋板及橋板過木等加百分之三十。

(乙)所有橋架各部份加百分之十。

十七、溫度

在天津戶內之氣候溫度變化，約自攝氏零度下十五度，至零度上三十八度，在日光下鋼鐵之溫度可達攝氏五十度(華氏一百二十二度，)混凝土之溫度可達攝氏四十五度(即華氏一百一十三度)。

十八、風力

據天津氣象台之記錄，天津風速超過每小時五十英里者僅有數日，惟速度在每小時五十哩左右者，在天津尚非絕無僅有。如採用單葉活動橋式，當暴風雨時，本會不擬規定開橋，但所建之橋當開橋時，應能抵抗吹向橋方每小時五十英里速度之風。設計者對於固定橋孔及活動橋孔工程之計劃，關於橋身表面直立各部，應先計算能抗風力每方公尺四十公斤。

啟閉機抗力之計算，亦以上述同樣風力為標準。

十九、最大抗力強度

橋工程各部最大抗力強度應按照上述各節計算之。

二十、橋基

凡所擬訂之橋基做法，須能保障全橋穩固安全者，本會始予採用。

本橋橋境及橋墩探驗工作業經完備，其結果見附圖第三，按以上土質而論，橋基壓力在深度二十公尺者，每方公分不得超過二公斤。

二十一、河流狀況

關於西河河流之情形，下列調查，可供諮詢工程師之參考。

一、潮流最高速度…………每秒七公尺
盛漲最高速度…………每秒四公尺

二、夏汛時期（六月底至九月底）在河內搭架頗為危險，應特加注意。

三、冬季（十二月初至二月底），如無特別設備，泥水工不易進行。

四、冬季及冰溶後，河內冰塊對於工程，亦時有阻碍。

諮詢工程師對於上述各點，在設計時，應加注意，并應擬定詳細工程進行表，連同工程說明書，送交本會。

護岸工程施工說明書

一、總則

一、護岸工程位於新計劃橋之兩端，係用以保護西河南北兩岸。其全部護岸工程及各處碼頭台階，均以紅線標明於附圖之上。

二、護岸建築，包括三項（甲）洋灰樁深打入於現在河床之下，（乙）鐵拉筋距離五呎，用螺栓緊牢，（丙）砌石坡及頂上堤墻以上各項，均應照圖修做。

三、板樁與原來地平線之間，須填以好土。此項用土，須經本會工程師証明方可使用。每層填厚一英呎，務打堅實。在板樁之後，砌石之下，須先填紅磚，再打四六比例之灰土，每層十吋、打落六吋，照圖承做。

四、堤墻砌石完成之後，為抵抗水流冲刷計，外拋一呎半大小之石塊，於板樁之下，其數之多少，照圖承做。

五、在混凝土樁蓋頂之上，每四十呎之間，置瀝青油氈伸縮縫一道，厚一吋，照圖承做。

六、凡板樁及大樁順水頂梁等以外之洋灰工程，其所用洋灰沙石等項之規範，與板樁所用之材料相同，但其石塊大小如左。

甲、一三六混凝土摻和之石塊為二吋大。

乙、一二四混凝土摻和之石塊為一吋五大。

七、碼頭台階，按照圖樣承做，并加一三洋灰泥漿舖面，其上面入口之處，按置手扶欄杆，以鐵管製成，各上紅黑油兩道。

二、混凝土椿

一、混凝土椿，須按圖承做，椿上鐵筋之露出部份，須用木塊保護，作爲錘打之木墊。板椿截面爲長方形，大椿截面爲方形，均見附圖。

二、混凝土之比例如下

混合體積比例爲一二四，即洋灰一成，沙子二成，石子四成。

每椿之兩端，在五呎以上之處，其混合爲一與一又二分一與三之比例。

三、混凝土之配和材料，爲唐山碎石或盧溝橋圓石子。石塊須堅硬，洗後須無泥土，或其他礦質及有機物質摻雜其內，并經本會工程師認可，方得應用。其石塊大小，須能全數通過三公分（一吋）之篩孔，而無一塊能通過〇、五公厘（八分之一吋）之方篩孔。

四、所用之沙爲龍口或北戴河沙，用清水洗過，須無粘土或其他軟質礦物與有機物質，其泥土量不得超過百分之一。

沙子須多能通過三公厘篩子，其能通過〇、五公厘者，不得超過百分之二十。

五、洋灰須爲啟新公司出品，或其他同等材料，爲本會工程師認可者。

六、在工作之時，洋灰須存儲於通空氣與避水之房屋，其漸濕洋灰，不准使用，如洋灰袋顯有凝結之情形時，即須運出工地以外。

七、拌合洋灰之水。必須清潔，無泥土油質酸質鹹質及其他有機物質。所用之水量，每百公斤之材料，不得用水過八公升。

八、混凝土椿內所用之鋼筋須用竹節形者，并應合下列條件。

甲、鋼質須爲建築用鋼。

乙、最大抗引力如平方公分四二二〇公斤（每平方吋六〇三五〇磅）。

丙、最低引力降落点，須在每平方公分二三二〇公斤（每平方吋三二九八〇磅）以上。

丁、鋼筋表面須無銹痕漆跡及油脂等弊。

九、混凝土椿須照圖指定地点製造。

十、混凝土須用拌和機拌和之，每小時出量至少須有六立方公尺，拌和機之容量不得大於半立方公尺，其旋轉速率每分鐘不得過於五十公尺，每次拌和時間至少須二分鐘之久，每次拌勻之後，即須完全傾出，再作第二次之拌和，不得用手拌和之，其勻和之混凝土，須由拌和機運傾入模型之內。

十一、承做混凝土之本型須用四公分厚之美松毛板，但必須堅實無孔及鬆節之木板，并須釘製堅固，免漏灰漿，更須平置地上。其鐵筋安置於型內後，須經本會工程師查驗無誤時，包工人方得將混凝土傾至型內，混凝土傾入後須用鐵錘打實。

十二、混凝土工作完畢，至早須三日後方得折去，模型側板，其底板仍不得動。已折卸之木板，洗淨後可再作其他木型之用。木型折卸後，須將混凝土全部用蔴袋蓋好，每日洒水三次，至七日之久，即將混凝土樁用土掩蓋，至二十一日後，方得預備驗收。

十三、橫型折去後，基樁面凹隙之處，須用一比二之洋灰沙子填抹平整。

十四、混凝土樁做成二十八日後，本會得派工程檢察驗收，於樁上如發現十分之三公厘寬之裂縫，或灣曲情形，又由兩端之中心点連成一直線時，中心線距此有一線超過五公分者，概不驗收，須另行改做新樁。

三、木樑

一、凡檔木拉筋穩樑須用美國上等白松承做，或其他同等木材而爲本會工程師所認可者。所有木料須無嚴重之疤節裂紋及朽腐等痕跡。其尺寸大小，並須與圖樣完全相符。

二、一切檔木在，安作以前，均須塗以黑柏油一道。

三、所有木料須運至天津公議斗店處，以便本會工程師查驗。

四、交貨期限，於簽訂合同後，不得逾過三星期。

四、砌石工程

一、石塊須唐山石或其他同樣石料，其最大尺寸，不得大於一英尺。

二、石塊須照圖安置穩固緊湊，內盛一三洋灰沙子漿，外塗一二洋灰沙子泥。

五、鋼鐵工程

一、鐵拉筋及鐵拴之質地，須與混凝土樁所用之鋼條同。

二、螺旋蓋及鐵墊須甚堅強，足以應付拉條之抗引力量。

三、拉條須塗以柏油，繼以白漆，然後再塗以柏油。

四、一切拉條及鐵拴，均須堅固裝置準確。

六、灰土工程

一、在石坡及碼頭台階之下層上基，先拋填紅磚一層，至出水面為止。其上再打四六灰土，其廣表尺寸，按圖承做。白灰須唐山白灰，潑解至少三天方得應用。土必須過篩，并經驗明者方得應用。每灰土十吋打落六吋，方得再打二層。打第二層時，須將第一層上洒以適宜水分，并使平整。在錘打之時，舉夯須舉高六英尺半，每層用夯打過之後，再用四十八公斤鐵夯錘打之。在填打灰土之前，倘槽內有水，無論多少，須汲出方得工作。

七、打樁鉈

一、錘打灰樁處之河床深度均見附圖。打樁鉈必須汽鉈，且能在指定地点運用，工作如意者。錘之大小須適合於所應打之樁之大小及輕重。

二、投標人須將打樁鉈之詳細情形列舉如下。

甲、打樁鉈之普通情形及構造說明。

乙、汽塞擊打空間之長短(Stroke)。

丙、每分鐘錘打之數目

丁、汽鉈之重量

戊、動作單式或雙式

巳、動作時汽壓若干

庚、鉈架頂點離架底之高度

辛、製鉈之廠名

壬、焗爐之發熱面積及爐條面積

癸、浮船之寬度及長度與吃水深度

三、投標人須說明在何地点可以驗視該項錘鉈及浮船。

橋址南北岸兩段木堤施工說明書

（甲）地位　在天津市西河橋址南北兩岸修築垂直式木堤各一道，詳註如圖。

（乙）施工說明

（一）按照監圖指定之地位安設美松木樁一排，俱二五公分（十吋）見方，九、二五公尺（三十呎）長，相距各一、五二公呎（五呎），計每一、五二公尺（五呎）長，共設二根，打入河底或河灘，深入六、一公尺（二十呎），上露三、〇五公尺（十呎），捶打時務取垂直，不得歪斜。

（二）每木樁下端，削成尖形，外包鐵樁尖，用釘子釘固，上端圍以鐵箍，防備捶打時，木樁有劈開之虞，計按每一、五二公尺（五呎）長，設木樁二根，需用鐵樁尖樁箍一份。

（三）緊靠木樁裏面，自樁頂以下一五公分（六吋）處，用七、五公分（三吋）厚，三〇公分（一呎）寬，三、〇五公尺（十呎）長之美松木板七塊，橫貼嚴密，每塊中間，用二十公分（八吋）長，一、三公分（四分）粗，羅絲帽釘一個，與方木樁連合，木板兩端，再以一五公分（六吋）長洋釘六根，與木樁釘固結實。計每三、〇五公尺（十呎）長，用木板七塊，羅絲帽釘七個，洋釘四十二根，此項木板及木樁連合堅固，使其保護堤岸，致免外傾。

（四）於各木樁之間，緊靠木板裏面，用七、五公分（三吋）厚，三十公分（一呎）寬，六、一公尺（二十呎）長之木板樁五塊，嚴密排擠，打入河底，或河灘，上端與第二層，順水木相齊，用十五公分（六吋）長，一、三公分（四分）粗之羅絲帽釘二個釘固，計每三、〇五公尺（十呎）長，用木板樁十塊，羅絲帽釘二十個。

（五）順每方木樁之頂外往下三、〇三公尺（十呎）處，釘順水木二道，此木五公分（六吋）厚，二十公分（八吋）寬，其連接於方樁之法，用直徑一、九公分（四分之三吋）兩端羅絲帽釘，由順水木方樁中間穿過緊固之，其上一層緊住於方樁上，其下一層於穿過方樁後，再穿一層十公分（四吋）厚，十五公分（六吋）寬，美松加板，此加板與第二層之順水木平行，復再穿所打之板樁，以至於相當之距離，而達於通材攬樁之處，但每羅絲釘兩端其緊靠于順水之外，及通材之外，隔以十五公分又十五公分又一、九公分（六吋又六吋又四分之三吋）之鐵板一塊。

（六）於工程師指定地位，正對方樁之距離，打一排通材欖樁，直徑十五公分（六吋），長三、六六公尺（十二呎），其頂約在大沽水平九二公分（三呎）處，第二層擬絲帽釘，即穿此圓樁而緊牽繫於方樁者也，其於第一層順水木之牽引，則用徑。五公分（十六分之三吋）之鐵絲緊繫之。

（七）在岸牆上面與方樁頂中縱鋪紅磚一層，寬約一、八三公尺（六呎），其下打三七灰土，厚三十公分（一呎）再下拋塡碎磚爲基，其厚及寬均爲一、五二公尺（五呎），緊靠貼板打築之，照圖承做，但其下層之土，須用木夯打堅實，不得有鬆軟之處。（完）

20342

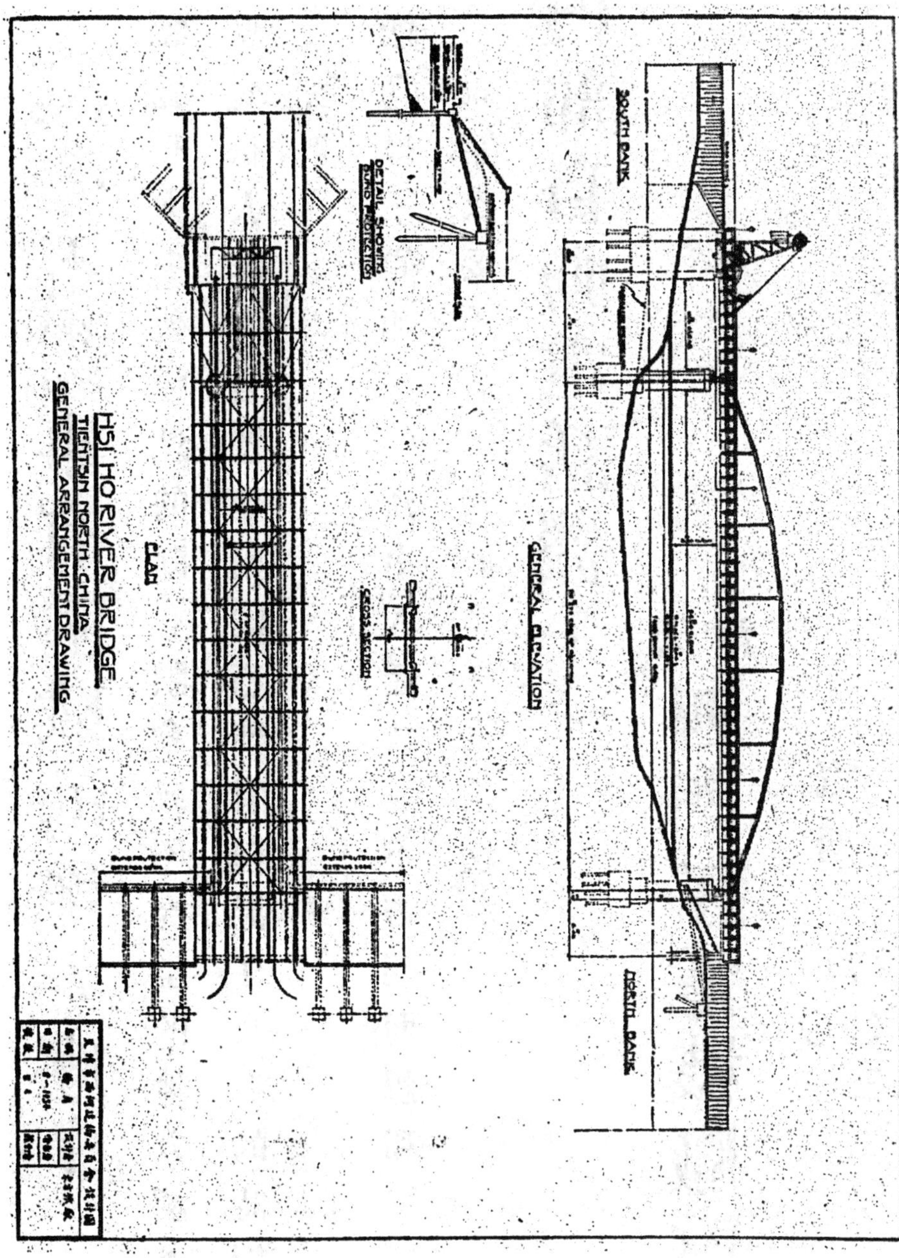
HSI HO RIVER BRIDGE
TIENTSIN NORTH CHINA
GENERAL ARRANGEMENT DRAWING
PLAN
GENERAL ELEVATION
CROSS SECTION
DETAIL SHOWING GUARD PROTECTION
SOUTH BANK
NORTH BANK

20343

20344

河北省工業概況

紹華

本會正在調查本省各項工業狀況。紹華君先報告油漆、製革、及造紙等數廠工作情形，本刊極表歡迎。仍盼諸同志將此項材料，源源惠寄，是為至荷。編者誌

(一)天津中國油漆公司

○……○概況……○ 我國油漆事業，向來墨守成法，自最近十餘年來，物質文明，漸趨發達，油漆需要因亦日見其多，外洋機製油漆，充斥市上，因其色澤鮮豔，人多樂用，每年輸入額不下千餘萬元之多。實顧國人自營之油漆廠，不過寥寥六七家。就中規模最大設備最全者，其在天津當首推中國油漆股份有限公司為巨擘。該公司係於民國十八年十月間就前大成油漆公司改組而成，二十二年一月二十三日，經實業部核准發給設字第三五一號執照，其發起創辦諸人，皆華北銀行實業兩界知名之士。技師周維森，係河南商城縣人，為工化專家，對於油漆技術具有十五年之經驗。公司組織，於經理之下，設事務廠務兩科。事務科下分營業、採購、出納、庶務、文書、各股。廠務科下分廠務管理及廠務技術兩項。其資本額雖定為二十萬元，但因其現有前大成公司巨量之設備，現時不動產之價值約在四十萬元以上。每月經常費二千元。用飛龍為商標，出品精美，確能駕乎舶來品之上，總廠設在天津河東新塘口，門臨鐵道，佔地約三十畝。

○……○原料……○ 所採原料多係國產，油料部分，係用蓖麻油、桐油，及華北特產之核桃油。顏料部分，除黑白兩色暫由市面購買外，其餘各色，皆係利用國產原料自行製造。

○……○設備……○ 該廠規模宏大，設備完善，一切機器均購自德國。其製罐部分，係用電力。碾磨部分，先用煤油引擎，現亦改用電機。全廠共有電機十餘架，總動力

20347

爲一百匹馬力。其分部設備詳下節製造條內。

製造　該工廠內計分製色，煉油、磨漆、製罐、四廠。

（甲）製色廠，有陶質溶化池二十四座，鐵筋洋灰沉澱池十二座，製橙色顏料用溶化缸八座，製普藍用沉澱缸十八座，水漂裝置兩組，機械方面有齒輪打石機一架，四輪打粉機一架，直立式篩粉機一架，雙輥石礦兩架，水磨一架，烘乾房兩所。製色手續，略分溶化，沉澱、洗淨、壓濾、烘乾、碾碎、磨細、過篩、包裝、九步。

（乙）煉油廠，有高大之方桶二十個，羅列室中，每桶可儲油五噸，此外有二十噸之儲油池一個，及二千磅之存油桶數十個。平時室中溫度，用氣管保持在三十度左右，俾油質不至過凝，能自然澄清一切渣滓。該廠煉過之油，照例存儲一年以上，方放出使用。煉油部分，有鐵骨磁面之小煉油鍋十具，每具可容油四百磅；有鐵骨磁面之大煉油鍋三具，每具可容油兩噸半。煤火係由屋外節制，油烟總匯處，有大風扇一具，助其排洩，故室內非常潔淨，毫無刺鼻臭味。另有油泵一具，壓力濾油機一具，煉油時所用之溫度，係以最新式鋼殼長壓表節制之，該廠共有長壓表二十六支，表之溫度可達三百六十度，但平時所用溫度多在三百度以內。

（丙）磨漆廠有大小攪拌機共五架，花鋼石三軸磨三架，鋼三軸磨兩架，平石磨十架，三百二十五目之濾漆器三十餘份，磨漆手續，約分拌和、過磨、對稀、過濾、裝罐、等五步。

（四）製罐廠，有大小悶子機共三架，捲邊機二架，壓邊機一架，壓口機二架，切鐵機二架，大小鋼質悶子二十餘套，製罐手續，約分切鐵，壓圓、壓邊，悶底、悶蓋、捲邊，等六步。

統觀以上四廠，不但設備完全，即產量亦大有可觀，此外尚有裝璜室，係塗飾罐蓋粘貼標簽刷製樣版及樣本等用；包裝室，爲包裝顏料之所。

出品　該廠出品，有魚油，各色鉛油，磁漆、亮光漆、調和漆、地板漆、墻漆、金磁漆、銀磁漆、汽車磁漆、打磨漆、耐水漆、防銹漆、各種瓦力斯，各色顏料，及最近所出之特號清漆。特製罩層磁漆等，凡數十百種，據謂關於纖維漆之製造，近日原料已到齊，不日即辦正式出品。

該公司除天津總工廠而外，近在上海並立有分廠。於天津、北平、南京各地，均設有發行處。貨品除由發行處銷售外，並由各地五金行顏料店代售。天津法租界發行處並設有顧務部，專代主顧計劃一切油漆工程，並代介紹妥靠油漆工匠。

(二)華北製革廠

○概述○ 該廠原分東西兩廠，西廠在天津三條石，東廠在金家窯福星里街。前者司準備工程，及植鞣工程。後者司完成工程及鉻鞣工程。於民國十六年開辦，民國十八年就西廠舊址新建廠室，將兩廠合併，洋灰池及各種機械設於樓下，晾乾，加脂及完成工程，則於樓上行之，資本約十九萬元。經理兼技師王晉號健生，為留美學生，經驗豐富。

○成品○ 為花旗琺瑯兩種，平均每日產量約五十張，二者各居其半。售價每方尺約九角。廢皮屑多隨地售於製膠業者。

該廠出品，在社會上頗著信用。外人多仿造以侔利。該廠所出琺瑯皮，背部現白色，本為不良現象，正在研究避免之法。不料仿造者，反故意塗以白色，以期肖似，可笑之至。

○原料○ 普通分四種，即鮮皮，鹽皮，乾皮，鹽乾皮，其中當然以鮮皮為最佳。不過原料供給及製時處理之數量，難期一定，且不能屯積太久，故不能認為最適宜之原料。普通用者，仍為鹽皮及鹽乾皮兩種，多來自口北山東等處。山東產者最佳，河南次之。鹽乾皮在市面購得者，多含有摻入之砂石，既占重量，而質亦劣。該廠所用，係派專人，就地醃好，故絕少流弊。四肢完全之生皮，重約五十斤，醃好後，約為原重之半強。五十斤皮，費鹽須十餘斤。

花旗皮所用植物之鞣料，東三省森林中，產之甚多，惟無人採發。現所用者仍仰給舶來。至鉻鞣原料，則多購自英法。

據該廠技師談，國內原料皮之供給，品質價格，多不一致，若不乘時屯積以備應用，常有青黃不接之虞。且植鞣工程頗費時間，故營斯業者，關於資本支配，應有以注意焉。

○……○
○…營業…○ 出品優良，營業獲利，暢銷華北，頗負盛名。年可獲利二萬餘元。

○……○
○…製造…○ 製法雖有植鞣及鉻鞣兩種，然大部則為鉻鞣，因植鞣需時太久，非大資本不能用也。鉻鞣無論羊皮馬皮均用一浴法，浸鞣時間，約須十餘日之久，植物則用廣東之柯子及東三省之樹皮，時間約須二個月。鉻鞣所用之皮宜厚。植鞣則厚薄不論。浸鞣用木桶易漏，乃大缺點。因其易於設備，且便搬運，故用者仍多。該廠自建新廠後，業已改用洋灰池矣。

○……○
○…設備…○ 浸灰浸鞣洋灰池二十餘個。轉鼓大小共十餘架。磨裏機一架。壓花機一架。壓光機三架。

以上各機械多為本市鐵工廠製，頗合用。

(三)裕津製革公司

○……○
○…概況…○ 廠址在天津特一區小劉莊海河沿。民國五年開辦。為中日合資。資本總額一百萬元。收足四十萬。總理為施肇祥。協理技師均日人。廠地約十畝。監工及工人約七八十人。

○……○
○…設備…○ 工廠地皮約值三萬餘元。機器各國產均有。約值五萬餘元。內部設備。計有單寧池四十餘個。洋灰池十六個。轉鼓兩個。壓光機三架。洋井四個。

○……○
○…原料…○ 牛皮多來自山東。計分鮮，乾，鹽乾，鹽皮四種。或直接赴原產地購買。或赴本地經紀處購買。丹寧材料。用柯子。橡樹皮外國丹寧膏。

○……○
○…工程…○ (一)丹寧材料之浸出法木製圓筒形桶數個。高約一丈。深約六七尺。每桶可容丹寧材料一千磅。直接通入蒸氣煮之。溫度約六七十度。約經半個月。(每日工作十小時)即可得濃厚之丹寧液。流入下方槽中。再用唧筒送至各鞣池中。桶內丹寧殘渣。晒乾可充燃料。

(二)革之製法(1)水洗洗鼓二個。可以迴轉。生皮浴其中。通水洗之。約時許即可潔淨。

(2)浸灰　石灰池數個。容積約六尺立方。每池容牛皮五十張。一星期後即可取出。脫毛劑除石灰外。加硫化鈉以為促進劑。

(3)脫毛　浸灰後之皮。置於弧面斜板上。以鈍刀行脫毛工程。再浸入水槽中。蓋恐石灰與空氣中之炭酸氣化合。成炭酸鈣之沉澱於皮之表面也。水槽亦有數個。大小與石灰池同。

(4)除灰脫毛工課既畢。分別行除灰工程。

(A)靴底革將皮置弧行板上。以兩柄之鈍刀去其肉塊及脂塊。幷削去其周沿最厚之部分。使成厚薄平均之皮。次以銳刀從中脊分皮爲兩半張。浸入稀硫酸液槽中。使皮中殘留之石灰與酸中和。並使皮膨脹。而成便於吸收丹寧之狀態。

(B)靴面革　牛皮先入洗鼓。次行削裏工程。再經一度之洗滌。行鳥糞去灰法。(Bating)次用劈分機(Splitting machine)剖分爲兩張。帶表面者用以製造靴面革。帶肉面者則晒乾售與日本。

鳥糞去灰法　係用攪槽。(Paddle)槽中滿貯鳥糞液。(乾鳥糞及水。靜置五六日即發酵而成鳥糞液。)脫毛皮浸於其中。約八九小時。即可移入水槽中洗之。攪槽之液。不可過舊。故每隔一月或數月。即須全換一次。

(5)施鞣　靴面革及靴底革之鞣法不同。茲分述如下。

(A)靴底革　靴底革鞣施法有三。丹寧液由淡而濃。蓋濃度驟增。則丹驟與外面之皮化合成革。而內部乃不易透入矣。(懸垂法)法以木棍皮懸於丹寧槽中。槽有二十個。長約七尺。寬深爲六尺。內空一個。以備替換之用。濃度自己氏表(Bameter)十五至二十六度。每槽浸一日。共計十一日此項工完畢。(平鋪法)法將皮之表面上向。逐一平舖於槽中。利用本皮本身重量。壓平皮質。所用丹寧液。須較見濃厚。槽共二十個。每槽浸三日。計二月可完。(層積法)將皮層積於空槽中。每層之間。撒以粉狀丹寧材料。更加濃厚丹寧液。以達上層之皮爲度。增加溫度。歷一定時間。即成完全鞣就之革矣。

(B)靴面革　靴面革較靴底革爲軟。故浸漬時間較短。而所用丹寧液亦較少。計有丹寧槽十五個。乃以圓形木桶供用。每桶浸二日。一月可畢。濃度亦由淡而濃。最高濃度爲十六度。

6.完成　鞣就之皮。置於迴旋鼓中洗之。取出掛於室中。使半乾後。行加脂工程。加脂法。靴底革採用刷擦法即以油擦皮晾乾。以大輪磨機 (Roller machine) 磨之。靴面革則在大鼓中行之。晒乾。用磨光機 (Grazing machine) 磨光後。再由人工用弧形之皮裝物。將革逐步磨擦。使其柔軟。即成光滑美觀之革矣。

(銷路)暢銷北平，天津，奉天一帶。年可賣五十萬元。

(備考)此廠原爲法人創辦。當時名葦良。民國六年法人病故。遂由裕津乘倒。倒價甚廉。故未至開辦。即已獲利。規模宏大。華北三大廠中。以此爲第一。

(四)河北工業試驗所

該所停閉甚久。至十七年八月。始恢復工作。該所爲河北省唯一工業研究機關。共分三科，即分析科。化學工業科，窰業科。全體職員及工人共有四十餘人。近因經費支絀。無從擴充。殊可慨也。現每月開支約三千五百餘元。

(a)分析科　陳列各種藥品。外界有請求分析者。即由此科擔任。天秤室有天秤數架。內有一架。名波蒲氏天秤。精密度可至百萬分之一。電解室分析金屬時用之。從前自己發電。現用外電。製革室由工專韓君管理。韓君皮革知識甚豐富。有製就之兎皮。係用明礬鞣法。頗佳。

(b)化學工業科陳列小規模之蒸溜器洛夫爐等。

(c)窰業科陳列各種陶瓷器甚夥。原料爲磁縣青土。鄉下藍花。即用此做。因不透明。不適於做細料瓷器。其製造工程。可分下列幾段說明。

(1)搗碎　將堅固原料。在搗碎機中搗碎之。經過機旁之篩箱。即得粗粉。次將粗粉置於球磨機 (Ball mill) 碎成細末。

(2)精製　天然原料。每含有砂質。其精製手續有三。曰攪拌粘土。曰分離砂塊。曰沉澱細土。攪拌粘土。用縱軸攪拌機。軸位於機之中央。旁有兩攪拌臂。原料與水。攪拌均勻後。即成泥漿。分離砂塊後。可將泥漿移入大木槽中。流入他木槽中。槽之上部。設有出口。重者下沉。輕者流出。再經過灣曲之溝。除去砂石。沉澱細土。再將除去砂石之泥漿。流入沉澱槽。(三個相連) 使粘土沉降。并除去水分。即可使用矣。

(3)配合　數種原料混合適量。用縱軸攪拌機調和之。再用壓力機壓去水分。即可行成手續矣。

（4）成形　此段普通有三法。曰手工法。曰機械法。曰石膏模法。該所有手轆轤二座。機械轆轤二座。用人工將原料放在轆轤上。作成各種物品。

（5）灼燒　成形之品。乾燥後行灼燒。該廠設有倒焰式窰二座。一爲高溫。一爲低溫。火焰由四周升上。由中部下降。直焰式窰大小各一。由中部出焰。四角下降。成形之器。貯匣鉢內。置於窰中，經一定時間後。再行取出。行塗釉工程。又有馬夫式窰。火焰僅由四周圍火壁通過。器不與火焰直接接觸。有細緻花樣之磁器用之。火度約1000°C，直焰式者。窰門留有一孔。供視察內部用。頂部有孔出潮氣。火度約 No8 至 No10。即 1250°C 至1300°C。時間約須五晝夜。每次須費煤七噸。

（6）塗釉　釉以鉀，鈣，鋅養化物製成。與玻璃質類似。以器浸漬。取出。入窰燒之。經一定時間取出。

（五）遷安縣之桑皮紙工業

遷安境內多山，土多砂礫，不宜農產，以致地方甚爲貧瘠。二十年前，本縣有李顯庭者，熱心於造紙工業毅然決然，親赴朝鮮，研究造紙，歷時三載，始告成功。回國之後，即在遷安城東三里河地方，購買民地數畝，建築廠址，成立顯記紙廠，製造高麗紙。其初完全人工製造，後又購買機器一部，利用機器製造。工人共計百餘名，日出高麗紙二百餘刀。不數年，獲利甚豐。本縣各界人士，見顯記紙廠之成功也，遂急起直追，羣起倣效，紛紛設廠製造：數年之間，紙廠林立。今計製造高麗紙之大紙廠，共有二十四家之多，小紙廠復不計其數，甚至各家住戶，亦皆以造紙爲副業。全縣造紙工人，據去年統計，約五千五百餘人。紙之出口量，每年價值約在百萬元以上。以本縣貧瘠多山之地，浸浸然有儕於工業區之勢，直接間接蒙其利者，不可數計焉，本縣各紙廠，皆在三里河沿岸，率皆利用三里河之水，以浸漬原料。顯記紙廠，並且利用該河水力，以推動發動機。該河有一特異之點，即冬季不凍，土人呼之爲暖河，其實水并不暖，蓋因沿河皆泉，水流湍急之故，故各紙廠得以終年利用，雖冬季亦不致停工。各紙廠所造高麗紙，以桑皮爲主要原料，故又名桑皮紙。本縣農民，因桑皮爲造紙原料，遂利用磽薄沙地，盡植桑條。每年秋季將桑條剪下，用鍋煮之，剝下其皮，賣之各紙廠，用以造紙其桑條即用以編筐；故桑皮桑條之出產，竟佔本縣農產物之大宗，九一八，以前，各廠毫無聯絡，互相競爭，甚至偷工減料，冀以低廉之成本，低落市價，於是遷安產紙，大受影響，銷路因以減少，各家皆賠累不堪。目下各廠為恢復昔日信用，推廣銷路起見，遂聯合組織合作社，所有各廠出紙，不能自由單獨買賣，皆交合作社，評定貨色高低，訂定價目，由合作社統收統銷，以免互相競爭。今各廠之出品，已較前增高甚多，銷路亦已大增。長此以往，再行努力研究，藉資改良，則遷安造紙工業，實有不可輕視之勢云。（本節完全章待續）

唐山試驗特種抵抗海水洋灰

錢塘江橋工程處擬購用啓新洋灰公司之海水洋灰(Sea Water Cement)，特委託交通大學唐山工程學院，代爲試驗比較。第一批試驗結果，即7天及28天兩組，玆將試驗結果節錄如下，全部報告則需待3個月，6個月，9個月及1年試驗後再公布。原報告爲英文，詳載試驗方法，及每號樣子之力量，以下不過節譯其平均數，以示一斑，大概海水中鹽質，對於抵抗海水洋灰之侵蝕，比普通卜德倫洋灰爲少也。

1:3洋灰沙塊		海水洋灰 每平方公分公斤	(每平方英寸磅)	普通洋灰 每平方公分公斤	(每平方英寸磅)
(I.)1天潤濕，6天在淡水中，	拉力	14.2	(204)	19.3	(273)
	壓力	110.0	(1,560)	113.0	(1,602)
1天潤濕，6天在海水中，	拉力	16.0	(226)	22.0	(310)
	壓力	121.0	(1,706)	127.0	(1,805)
(II.)1天潤濕，27天在淡水中	拉力	18.4	(263)	26.1	(376)
	壓力	220.0	(3.110)	184.0	(2,613)
1天潤濕：27天在海水中	拉力	15.2	(215)	23.4	(332)
	壓力	185.0	(2,613)	176.0	(2,546)

（交大唐院週刊，24—6—24，）

20355

您覺得辦事有困難的地方麼？

您覺得人家傳達您的話有誤會或不完全的地方麼？

您覺得人家報告您要緊的事情會錯過了良好的時機麼？

您覺得不和您的辦事人面談的不方便而想和他們說話又要不費工夫麼？那麼請您裝

內部自動電話機！

天津 西門子電機廠啓

電話 三〇〇三一
三〇〇三二

20356

整理河北井陘煤鑛之重心問題

朱玉崙

緒言

茲值河北省營礦業整理委員會籌議整理河北礦業以開本省富源之際。爰就月來見聞所及比照歐美各國礦業實施情況認爲有關全局得失之重心問題，撮要提出，藉供關心省礦者之參考。整理河北省營礦業的重心問題，在現在經濟組織之下，痛快的說，不外是要賺錢以增加省庫收入（錢的用途不在本文討論之列）。由辦礦而要賺錢，首先要注意的，不外業營生產及市價三個基本條件。銷路要廣，市價要高，生產的成本要低，自然會賺錢的。所以要想整理河北煤礦，不能不就這三個基本條件入手研究。請以井陘煤礦爲例，分別說明營業生產市價的現狀及其整理之原則，以供研究討論之資料。言整理原則而不言整理辦法者，因爲原則沒有時間及空間性，隨時隨地在任何政局之下都可以施用的。辦法則係因地因時治宜之設施，非對某礦現狀認識清晰後，根據確實數字利害之關係，而爲詳細之設計、一切恐均成空談。所以本文只談原則。至詳細辦法，則應責成各負責部分，根據實際需要，詳爲設計，不願以一知半解之空泛議論，及枝節之統計數字虛耗讀者有爲之精神及時間也。

現狀說明

○關於營業者○ 自一九〇九年至一九三四年，二十六年之間，每年產煤額，由十萬零四千一百四十九噸。增加至七十五萬三千四百四十五噸。平均每年增加產量爲二萬五千噸。以最近五年核計。自一九三〇年至一九三四年每年產額由四十一萬五千九百六十三噸，增至七十五萬三千四百四十五噸。平均年增六萬七千五百十六噸。月增五千六百二十六噸。約合日增二百噸。以言銷售。則在最近五年內，亦由四十四萬零九百五十四噸增至七十三萬六千四百三十一噸。平均年增五萬九千〇九十六噸。當茲農村破產，百業不景氣，外煤傾銷中。又加以礦局本身之盡健全，管理未盡完善，而礦局近年產銷，在數量上猶能年增一年。則接收以後，最低限度，亦當較以前進度增高。方不負省政府及委員會整理礦業之至意。況就全國銷煤統計而言，每年銷量亦復年有增加。所謂供過於求者，純屬無稽之談。就煤質言，則老井陘之牌號，早已馳名中外，無待贅述。就成本言，則因煤層之厚薄適宜，井下水量不多，每噸工料費絕對不應較他礦為高。就運輸言，除開灤外，在華北市場獨佔優勢。市場需要，既年有增加。而井礦天付又屬獨厚。在此種情形之下，如能大盡人事。則推廣銷路，絕對不成問題，是亟應責成營業科格外注意者也。

〇關於生產者〇 生產之重心問題在減低成本，及改善煤質(同時還要注意工人待遇及工作安全)。查近年出煤砟子太多。用戶時常加以指責。為維持老井陘之牌號計，亟應設法改善。又查井礦每出煤一噸運至南河頭之成本為一元九角五分。較他礦產煤成本為重為輕，姑不具論。惟在前任中，尚能維持一元九角五分之成本。則接收後，如無特別原因，於同一情形下，最小限度亦當較一元九角五分之成本為低。就耳聞所及，礦廠浮員太多，工程管理大有改良之餘地。似此情形，如能大盡人事。則減低成本，亦絕對不成問題。是亟應責成礦廠資格注意者也。

〇關於煤價者〇 成本減低矣。銷路推廣矣。如果煤價低微甚或低於成本。豈非賣煤愈多，虧累愈重。採煤者欠支辦礦者賠本，用煤者感覺煤價太昂，已形成我國煤業之特徵。推其原因，不外各礦競爭過劇，煤商投機壟斷有以致之。因競爭而落價出售。所以辦礦者賠錢。因壟斷及重重之剝削(代銷批發零售等等)。所以用戶的買價反高。結果辛苦終年的工人，不得一飽。競競業業的企業家毫無盈利可言。此種病因不除。礦業前途甚難樂觀。惟此事經緯萬端，非一礦本身所能解決。是應請省政府及委員會特別注意早作通盤籌劃者也。

整理原則

〇關於組織及人選者〇 中國向來是講「人存政舉」的。西洋各國多偏重於制度。其實這兩個有同等的重要性。制度如果不好。好人，能幹的人，往往亦無用武之地。人如果不好，不能幹。在任何制度之下，亦不會辦出成績。那麼，井陘煤礦，究竟應採取何種組織，選派何等人物，來負此建設重責呢？具體的姑且不論。就原則上講，組織要簡單，要靈活，絕不可因人設事。各部分的職掌要劃分清楚。各個人都要有事做，每件事亦都要有人作。各部分所須要之統計表冊，帳簿登記等項，均須有劃一之規定。則不但手續簡便，亦且稽核容易。用人應絕對抱定因事擇人的宗旨。以品格好，能幹，肯幹者為合格。至於詳細作法，則應責成負責部分，為切合實際之規劃，再交由總負責者審核。施行時，稽查制度應特別嚴祕，以杜絕流弊。此係整理根本問題。成敗利鈍，關係至重。稍有不慎。勢必一切設計盡成泡影。當茲改組伊始。應請省政府及委員會特別注意者也。

○……關於推廣銷路者……○

過去五年內，在全國經濟不景氣顯象下，猶能每年增銷六萬噸。接收以後。當以此數為標準，責成營業科特別努力。負營業之責者，能否勝任，是人選問題，已於前節言之，茲不再贅。應如何方能使負責作事者，繼續不斷的努力，是制度問題，此時不能不略加研究。「負責耐勞，積極從公」固為成功之主要條件。但究不能以此種高尚道德希望一般無訓練之國民。故為維持職員時常努力繼續努力計，必借用名利。（如大家不能不斷的繼續努力，井礦前途最好亦不過維持現狀，甚或現狀亦不能維持）我國習俗太壞，負責任事，積極從公者，往往受人排斥，貽人譏笑。而從事「形而下」之機術工作，且久不見重於世。是名位實不足以勵工作者之心。然則必動之以利，不言自明。動之以利，必須使工作效率及所負責任之輕重煩簡與報酬發生直接關係。就營業言，以現在銷量及進度為標準，凡能推銷過此標準者（煤價當計算在內）以其獲利百分之幾，作為酬勞金，歸負責者依照定章支配。為慎防流弊，則稽核處應時常加以考核。果能如此辦理，則不但弊端可除，而營業當亦因繼續不斷的努力，而推廣矣。至於詳細辦法，須在知己知彼之中，為適當之措置，當另文討論之。

○……關於減低成本者……○

現時南河頭每噸成本為一元九角五分。接收後亦當以此數為標準，責成礦廠特別努力。負生產之責者，能否勝任，亦是人選問題，茲不復贅。欲使負工程之責者繼續不斷的努力，亦當以現時成本為標準，凡能將成本減低者，不論本礦盈虧如何，當以其所減成本總數百分之幾，作為酬勞金。以年產七十萬噸計，如能每噸減低一角，則每年可有七萬元之節省。以二萬八千元歸酬勞費。各部份負責者，依責任之輕重，而為適宜之分配，大家將莫不精益求精、減益求減。非如此，實不易提起工作者研究奮鬥之精神。礦局賴以生產工具者，不肯繼續研究奮鬥，天天坐在公事房內作些照例文章以敷衍了事。結果不過維持現狀甚或每況愈下。如此又何貴乎整理。或曰為減低成本，工程上不免有流弊發生，是誠然，但總局之稽核處，工務科，固負有審核設計使命者也。至減低成本之辦法百端，當就實際情形，根據數字利害得失，另文詳述之。

關於平定市價者

平定市價之利益有二。在賣主亦不至賠本，在買主亦不至受奸商壟斷之剝削。平定市價之辦法。不外由政府督促各礦作聯合營業之組織。並斟酌實在情形，作最低及最高價格及市場分配之規定。最近盛行歐美各國所謂統制經濟者。亦不過如是。惟此事經緯萬端。必經專家慎密研究後。方不至行之有弊，是應請省政府及委員會早為通盤籌議者也。

最近將來應具之設計

以每年每日產額增加二百噸計算（若產銷僅能保得如此進度，我認為是整理失敗），則五年以後每日產額勢必增至三千八百噸。絞車之力量，雖可勝任，而現時井下設備，及搬運效能，實不易辦到。此對於工程上不能不急謀擴展者一。由礦廠至南河頭之運輸，現時日產二千八百噸，已不敷用，五年後日產三千八百噸，則更不敷用矣。此在運輸上應急謀設計者二。礦廠產煤，矸子太多，用戶時常責難，為維持老井歷信用計，此應在選煤上，急謀擴充設備者三。煉焦廠所出焦炭，灰分過大，不適煉鐵爐之用，為擴充焦炭銷路計，礦廠洗煤設備，不能不急謀改良者四。營業工程材料諸端，均須有合理之統計，然後進行方有正鵠，而不至渺茫無稽，或誤入歧途。此應在各部中或稽核處內添派設計人才者五。業務之興盛，絕非局部發展所能收效，總是礦者，必能關照全局，既要提綱挈領，又須細察毫末。一人之精力既屬有限。則對於相助爲理者，應極端採取人材主義。此在組織伊始，不能不特別注意者六也。

結論

整理河北井陘煤礦之最近目標，在增加省庫收入，在賺錢。要想達到賺錢的目的，必須推廣消路，減低成本，平定市價。要想這三者都能盡量發揮，必須組織健全：任用得人。要想被任用的各部人員，都肯繼續不斷的努力，必使其日常工作，與所獲報酬，發生直接關係。欲使工作與報酬發生直接關係，則適當之獎勵制度。絕不可少，凡此所談，雖涉理論。但確係整理礦業的神經系統。關係最爲切要。苟能切實施行。假以十年。吾敢斷井陘煤礦每年銷售可達三四百萬噸。每日產量可增至萬噸。年可獲利數百萬元。則今日之整理。不謂盡此一舉矣。短期間之觀察。掛一漏萬。在所難免。拉雜詮列。尤望閱者諒而教之。

六、九、一九三五

※ ※ ※ ※ ※

世界最高天線塔

美國登納西 Tennessee 省，拿虛維爾 Nashville 城曾建 MSW 無綫電台一座。其天線高塔之建造，最爲新穎。塔上之天線係豎立式，爲畢次堡 Pihsburph 城卜羅諾克斯公司 Blaw-Knox Co, 所製造，已經享有專利權者。塔用鋼製，高達二八六公尺，聞爲世界最高之天線塔云。塔基係三公尺見方之三合土基座而建於石地之上。塔之形式恰爲兩隻尖塔相接而成，形如橄欖。塔低寬度僅七一一公厘，至中部繫鋼索處放寬至一一•六公尺，近頂又縮至九一四公厘。所有鋼料約一百五十噸。塔本身高約二二九尺，再上爲桿，高約五七公尺。塔之周圍用八根鋼索繫持，每根直徑五〇公厘，長逾一七一公尺。本台電力爲五〇，〇〇〇瓦。

※ ※ ※ ※ ※

修築滄石鐵路工程計劃

雪廬

第一節　導言

滄石鐵路乃一開發實業之鐵路，爲河北及山西兩省農礦物產運輸出口之孔道；即以軍事運輸而言，亦爲聯絡平漢津浦兩路最捷便之幹線。查山西全境及河北西部礦產蘊藏最爲豐富，然礦業之發達與否，須視銷路之暢滯，而銷路之暢滯，攸賴交通之便利與否。故井陘礦務局在未受戰事影響以前，其煤斤頗暢銷於平漢路沿線各站，且可由保定運至天津，以與開灤相抗衡，蓋其煤質甚佳，爲商民所樂用也。迨近年軍事頻仍，交通阻塞，附近銷路常感困難，漢口津滬各地更無論矣，以致該局營業極受影響，良可慨也。他若臨城，高邑，內邱三縣之煤田，南北延長七十餘里，礦區之大，罕與倫比，雖現時該地礦業辦理不善，幾於停頓，然將來如着手興復，運輸問題，首先解決，其前途實未可量也。此外若山西之晉城，平定，潞縣，以及太原，陽曲，五台等處之煤，產量之富，甲於歐美；而其唯一出路，則賴正太鐵路。現時該路運輸擁擠，已苦不敷應用；且須恃平漢及北甯兩路以爲出口要道，其困難可想而知。故就現時交通梗塞之狀況而論，山西之煤不啻無出路之可言，欲求其盡量發展，戛戛乎難矣。而救濟之策，非修滄石鐵路不爲功：且此路以滄縣爲止點，與津浦路相接連，南可達京滬，北可達津沽，以與外洋相聯絡，其轉運極爲捷便。

日後如營業發達，可由滄縣車站，將該路展修至大沽口，以謀轉運貨物之直接出路，其便利當不止倍蓰於現在之計劃也。惟是項工程費用，甚爲浩鉅。又天津爲華北要埠，亟待繁榮，未可遽爾舍棄，故大沽開埠之說，一時尚不易於實現也。

第二節　滄石鐵路之沿革

查興修滄石鐵路之議，倡始甚久，而屢作屢輟，迄未觀成。究其經過可分四期：

(1)倡議商辦時期　民國二年六月，有商民曹禎祥等，創議集股以一千萬元修築滄石輕便鐵路，曾呈由直隸民政長咨請交通部立案，當由部令行京漢津浦查復。據津浦復稱，應改修普通鐵路，自興濟至石家莊，俾資聯絡。九月，曹等呈稱照改，於十二月遵部頒民業鐵路法，將路綫圖說，及股本二百一十萬元憑證，續行呈部，蒙批暫准立案。迄民國六年五月，有人控其有外款關係，經部註銷前案，決由政府興修，令京漢津浦籌辦，並咨直省長將曹禎祥等所設之滄石鐵路籌備處撤銷，此商辦之經過情形也。

(2)工賑辦理時期　查滄石鐵路，本正德路之變名，商辦計劃，即行失敗；至民國八年十一月，交通部復呈請大總統募集國內八厘實業公債，建築石德鐵路，惟應募寥幾，卒未果行。迄九年秋，北方奇旱，交通部乃議修滄石煙濰二路，實行以工代賑。十月，令京漢津浦兩路，任滄石一切工程，並派工程師分頭測勘，購地，定路基費為百八十萬元。十一月一日，在石家莊行開工典禮，十年一月中旬測量告竣。自石家莊起，經藁城，深縣，以達滄縣，計長二百二十一公里。擬設車站為石家莊，白佛村，崗上，藁城，賈莊，晉縣，新壘頭村，東大陳，李家莊，深縣，韓莊，武強縣，小范鎮，老周家莊，李村，淮鎮，相國莊，辛莊，山呼莊，滄縣，是月，部令設立滄石鐵路路工處。十一年一月改路工處，為路工局。惟該路工費，初仰給於交通部所收賑捐，嗣循辦理賑務人員之請，以賑款一半交賑務處散放，至該路經費，大受影響。至十一年五月，卒以無款應付，部令將路工局裁撤。六月，部電京漢接收保管。綜計自九年十月測勘日起，至十年六月裁撤時止，凡歷二十閱月，共用銀一百六十八萬六千餘元，均由交通部陸續撥付。自該路停辦後，所有前修路基，均日形毀壞，不啻前工盡棄矣。此以工代賑辦理路務之經過情形也。

(3)倡議借用外資時期　民國十五年，商民劉錫恩等，倡議借用外資興築滄石鐵路，因介紹華義銀行董事，義國資本家馬朝利，接洽投資我國鐵路。馬氏曾因此回國進行鐵商，並得其政府同意，派代表萬膽希來華測量路線。爰建設延長滄石路綫，以岐口為起點，以便山西非陘之煤，可以運輸出口，行銷海外也。綜計延長線約一百華里，需用資本約壹千五百萬元。據劉氏聲稱，此議曾得交部允許，並由省政府與資本家雙方訂立合同，惟以戰事影響，終未克施行也。此倡議利用外資之經過情形也。

(4)工程局辦理時期　民國十七年，首都南遷，鐵道部成立，派何澄為滄石路工程局局長，何氏於十月二十二日就職，是為工程局成立之始。何氏就職後，建議發行公債，敷設窄軌，以觀速效。經鐵道部查復，謂窄軌鐵路運輸之能力較小，按之經濟便利問題，既不相宜，對於鐵路技術統一，及全國聯運政策，亦屬不合。該路線既為平漢津浦兩幹線之聯絡，應作長久根本之計劃，不宜僅圖與正太一時聯運之小利，至目前之敷設雖屬較省，而將來改建，所有工費材料之損失，必且不貲，故仍主張採用寬軌。十八年七月，何氏以路務亟待進行，而國內籌款維艱，乃與日商華昌公司，訂立借款合同草約，嗣以手續不合，旋經鐵部明令將該約撤消，並將何氏免職。迄至今日，工程局因底款無着，對於路工仍難積極進行也。

縱觀滄石路已往十餘年之歷史，或議商辦，或募公債，或借外資，或辦工賑，大抵舉凡籌款之方，無不嘗試殆遍；而其結果除工賑時期，匆匆將路基築成而外，其餘均無若何成績之可言也。究其原因，以受時局之影響，為最大。

第三節　路綫經過及沿路風土

滄石路起自石家莊，與正太鐵路接軌，沿滹沱河南岸東行，經白佛寺，崗上集，至藁城縣治，又經賈莊，而至晉縣，再經舊城，深縣，過大李村，而入武強縣治，由此經小范鎮，迄老周家莊，跨滏陽河，而東北行，經李村，獻縣，淮鎮，相國莊，渡古漳河，至辛莊，山呼莊，而達滄縣，總計全綫共長二百二十一公里。所過地帶，為滹沱及古漳流域，悉為平野，除橋梁外，無艱鉅之工程，茲將沿路重要站點之風土，物產，及實業狀況，分述於左。

(1)石家莊　在正定縣南二十五里，屬獲鹿縣領轄地，當非陘口，夙為要衝，俗名曰枕頭。未築鐵路以前，特一寒村耳。自京漢正太兩路交點於此，驟成巨鎮，工商各業，均甚發達。將來滄石告成，東接津浦，同成再修，互衔隴海，將爲數省中心，其貿易更當殷繁。現人口約八千五百家，街市佔地一方里有半，南北稍長。繁盛街市在車站西北，自迭次兵燹後，該市實業頗受影響。嗣後時局平靖，其發展正未有艾也。該處出產，除五穀以外，尚有焦炭，臭油，肥料等物。輸入以棉花煤鐵五穀爲大宗。惟其輸入數量雖多，然瞬即輸出，本地用者爲數甚少。至輸出品，除農產及煤鐵而外，尚有大興紗廠之粗細布，每年約輸出七萬疋，棉紗約五百包。將來對於工業製造品，如鋼鐵，紗織，麵粉等極力改進，則石家莊之發達，不可限量也。

(2)藁城縣　人口約二十四萬，出產物以農品爲大宗，而以木棉爲最著名，所產棉分絨花，白花，紫花三種，歲出八百四十餘萬斤，多運銷於天津。蓋河北爲我國產棉地之一，而滹沱滏陽等河流域，所產之棉，曰西河棉，產額甚豐。其沿滄石路者，如藁城，正定，無極，欒城，衡水，深縣，束鹿，晉縣，深澤，安國，蠡縣等屬，歲出不下六千餘萬斤也。

(3)晉縣　人口約二十二萬，出產品以棉爲大宗，分白花紫花兩種，產額數約九百萬斤，運輸於天津，西北口，及山東者，約四百餘萬斤，餘銷於本縣西北。臨無極縣境，多以桔槔灌田，得免旱災，以是農產甚豐，東南束鹿，爲一絕大平原，棉田居半，歲產一千萬斤以上，民頗殷實，束鹿城西北二十里之辛集鎮，爲該縣工商之中心，以皮毛業爲最盛，惜以迭年軍事影響，日就衰退矣。

(4)深縣　故直隸州治，地勢位河北平原之中，極目莽平，不見拳石，人口約三十六萬。農產以粟，麥，棉，落花生爲主。近年迭遭天災，農產及工商各業，均極蕭條。縣城西北產桃絕佳，行銷平津保一帶，甚著名。

(5)武強縣　人口約十二萬，境內除農產外廠製五色綫布，條布，小白布等，銷路甚廣，可達於山西，山東，陝西，河南諸省。自此以東，經交河及獻縣境，其農產以梨棗著名，惟工商則均不發達。兩縣人口約七十九萬餘。

(6)滄縣　縣城北距天津，南距德縣，皆二百四十里，西距河間，二百里有餘。有鐵路，運河，交通之便，爲軍事及商業上之要地。將來滄石路落成，益當繁盛。滄縣全境平坦，東北東南俱窪下，南接鹽山縣境，處地瀕鹹性。運河縱貫全境，兩岸沃野相接，南減河自捷地洩運河水東流，匯石牌河注歧口西大漳窪，與海水相吞吐。南運河每氾濫爲害時，則東北區域，盡成澤國，故地較磽瘠。再東北迄海百餘里，沮洳蘆葦，遍地皆是，夙稱磽瘠。全境人口凡四十五萬餘。境內主要農產爲高粱，小麥，玉蜀黍，豆類等，並產獸皮魚蝦（每年約一百六十餘萬斤）燒酒，蘆布，葦蓆。南減河下流多葦窪，故蘆葦輸出甚鉅。沿海港窪多淺水，故產魚甚豐，每歲銷天津不少。工藝品以草帽辮爲最著，多運至馬落坡，由女工製成草帽，或運至興濟鎮，由公司製成草帽，運銷安南。暹羅。又產冬棗，運銷緬甸。

第四節　工程標準

現時滄石路工程標準之規定，首應解決者爲軌距問題。惟主張寬軌窄軌，兩方各據相當理由，然修築鐵路，宜以將來發展及路務經濟爲前題，不宜僅爲目前便利計也，如此則寬軌則較之窄軌，似爲相宜。茲將兩方主張之理由，分述於後：

（1）窄軌　（甲）建築費用較輕，（乙）可直接與正太鐵路接軌，（丙）軌距與他路不同，可以免軍事時期扣車運往他路之弊。

（2）寬軌　（甲）國有各路，俱爲寬軌，如此可以施行國內聯運，（乙）路軌統一，易於管理。

究之窄軌之弊，在於妨礙路政統一，及施行聯運之困難，此均淺而易見者也。至於經濟方面，則其問題較爲複雜，茲就工程費用，及運輸能力兩項比較申論之。

查滄石鐵路正太之延長綫，如用窄軌，則宜以正太路之米達制，爲標準。又滄石一帶，悉爲平野，施工較易，費用亦輕。據京奉鐵路英工程師司特令格氏(H. Stringer)之估計，如同在平原修築，則窄軌鐵路每哩之建築費，約三萬三千五百餘元，寬軌鐵路約需三萬五千元。窄軌所省者，僅寬軌費用百分之七而已。然由滄轉運他路之裝卸費，與此相較，已得不償失矣。加以此路爲開發實業之幹綫，將來運輸發達，乃在意料之中，苟以窄軌，則運輸不便，必貽無窮之悔也。更考正太所用之鋼軌，重五十六磅，車行速度，每小時平均不及二十英哩。而以煤運著名之北寧鐵路，其軌重為八十五磅，車行速度每小時可及三十英哩。是以就建築及速度言，窄軌路之運輸能力，約為寬軌之三分之二而已。至於營業費用，則兩者幾於相埒。蓋每列車每哩之行駛費用，在正太約為兩元二角，在北寧約為二元零四分也（一九二二年統計）故自工程費用，及運輸能力言，終以修築寬軌較為相宜。

如為節省建築工費起見，則下列工程標準似宜採取。

1.軌距採標準規定四呎八吋半。

2.軌重每碼六十磅。

3.枕木以寬六吋，厚六吋，長八呎為合度。

4.路基坡脚排水溝渠等均依鐵路標準格式。

5.鋪碴厚度自鋼軌底面計下深十二吋為限。

6.橋梁十呎者用木，二十呎以上者用木架鋼板，溝渠涵洞酌用砌石或洋灰建築。

7.路床，軌道，橋梁，及其他有關行車之建築物，均以能容庫波氏規定載重E35為標準。

8.最急坡度為百分之一，最小曲徑為六百呎。

9.各種急需之建築，先行施設，其他站務員住宅及養路員住宅等，可以租借民房者，均暫行省略，候將來在為興修。

10信號標誌，及軌閘等之位置與施設，均照部訂規範裝置。

第五節　工費估計

本路西起石家莊，東訖滄縣，中經獻縣之相國莊，河城街，及小範鎮，武強，深縣，束鹿縣之舊城，及晉縣藁城等，共長二百二十四公里，較部訂綫約短三公里。茲為節省起見，擬設二等站三處，三等站三處，四等站七處，五等站五處，共計大小車站十八處。除幹綫外，應加副綫約三十六公里，統計全路長二百六十公里，預計建設各費如左：

一、築堤及購地各費

前由交通部興修土堤時，測量購地以及修築各費，約計銀一百七十萬元，應照數歸還。將來補修各費，須俟實測後，再爲核算。

二、補路工料各費

(1)軌條　按六十磅鋼軌，每條以十公尺（六五六磅）計算，每公里需二百條，計五一、四三噸。全路共長二百六十公里，計合一三，三七二噸，每噸連運費價銀一百一十元，合銀　　一，四七〇，九二〇元

(2)枕木　每公里計需一千四百根，外加百分之三遺失，計全路共需三七四，九二〇根，每根連運費價銀二元，合銀七四九，八四〇元

(3)狗頭釘　每公里計需五千六百個，外加百分之五遺失，計全路共需一，五三八，八〇〇個，計重三七八，七〇噸，每噸連運費價銀二百一十元，合銀　　七九，五二七元

(4)魚尾板　每公里需四百塊，外加百分之一遺失，全路共需一〇五〇四〇塊，計重一〇〇噸，每噸連運費價銀一百七十五元，合洋　一七、五〇〇元

(5)螺栓釘　每公里需螺栓釘八百套，外加百分之二遺失，全路共需二一二、一六〇套，計重一二四、〇〇噸每噸連運費價銀二百三十元，合銀　　二八，五二〇元

(6)轉轍器約一百四十付，連運費每付計銀六百元，合銀　　八四、〇〇〇元

(7)道碴　每公里需六百方，全路共需一五六，〇〇〇方，每方連運費價銀三元、合銀　　四六八、〇〇〇元

(8)鋪路工價　每公里鋪路工價約一百五十元，全路約　　三九、〇〇〇元

(9)搬運費　每項材料在路上搬運，計每公里約需銀一百元，全路計　　二六、〇〇〇元

以上合計二，九六三，三〇七元

三、橋梁及涵洞各費

(1)滹沱河，滏陽河，南運河各大橋一座，每座平均六孔，各二十公尺。每孔計需鋼料約四十噸，每座計需鋼料二百四十噸，每噸價銀

二百六十元，合六萬二千四百元，修橋工費計每座需銀五萬五千元，共需一一七，四〇〇元，三座合洋　三五二、二〇〇元

(2)大橋防護工事，約銀　六〇〇、〇〇〇元

(3)涵洞及便橋　全路約二百處，約需　七〇六、四〇〇元

以上合計一、六五八、六〇〇元

四、車站局所，工廠及道工房各費

(1)路局房舍連地基，約需銀二〇〇、〇〇〇元

(2)二等車站三處　二四〇、〇〇〇元

(3)三等車站三處　九〇、〇〇〇元

(4)四等車站七處　七〇、〇〇〇元

(5)五等車站五處　二五、〇〇〇元

(6)工廠一處，分廠一處，機車房三處，約銀十五萬元內部設備等費用約十六萬元，共需銀　三一〇、〇〇〇元

(7)沿路給水設備十處，各約需五千元，共合銀　五〇、〇〇〇元

(8)道工房　每五公里設道工房一所，全路約需五十所，每所計需銀四百元共　二〇、〇〇〇元

(9)員司及警察住所，全路約需　一〇〇、〇〇〇元

以上合計一、一〇五、〇〇〇元

五、電話，電報，及號誌等項設備費

(1)電話電報桿綫及設備，約需銀　六〇、〇〇〇元

(2)號誌及附屬設備，約需銀一〇〇、〇〇〇元

以上合計一六〇、〇〇〇元

六、車輛費

(甲)機關車項下

(1)貨車用大機車十輛，約銀　四五〇、〇〇〇元

(2)客車用大機車六輛，約銀　二一〇、〇〇〇元

(3)調車用小機車六輛，約銀　一二〇、〇〇〇元

以上三項共計需銀七八〇、〇〇〇元

(乙)客貨車項下

(1)頭二等混合車六輛，約銀　七〇、〇〇〇元

(2)二等客車四輛，約銀　一八、八〇〇元

(3)三等客車六十輛，約銀三七、〇〇〇元

(4)二等臥車四輛，約銀　四四、〇〇〇元

(5)飯車五輛，約銀　二〇、〇〇〇元

(6)荷重三十噸之敞車及平車，共六十輛，約銀　六〇、〇〇〇元

(7)荷重二十噸之敞車八十輛，約銀　一六〇、〇〇〇元

(8)荷重三十噸之棚車八十輛，約銀　二四〇、〇〇〇元

(9)守車十八輛，約銀　一〇八、〇〇〇元

(10)行李車六輛，約銀　四二、〇〇〇元

以上十項共計需銀七九九、八〇〇元

總計車輛費，共需銀一、五七九、八〇〇元、外加附件百分之五、共合銀　一、六五八、七九〇元

七、總務費

(1)開工以前籌備費，包括員工薪金，川旅等項，約需銀　二〇、〇〇〇元

(2)開工以後，至竣工，一切員工薪金，及辦公費等項，約需銀　三〇〇、〇〇〇元

以上合計三二〇、〇〇〇元

八、工程養護費，約需銀一四〇、〇〇〇元

總結

以上合計歸墊部款，工程費用及車輛總務等費，共需銀　九、七〇五、六九七元。

修築滄石鐵路工費估計表

項目	估計數目（以銀元計）
築堤及購地各費	一、七〇〇、〇〇〇
鋪路工料各費	二、九六三、三〇七
橋梁及涵洞各費	一、六五八、六〇〇

車站局所工廠及道工房各費	一、一〇五、〇〇〇
電話電報及號誌等項設備費	一六〇、〇〇〇
車輛費	一、六五八、七九〇
總務費	三三〇、〇〇〇
工程養護費	一四〇、〇〇〇
總結	以上合計歸墊部欵工程費用及車輛總務等需銀九、七〇五、六九七元

第六節 營業預算

查營業預算之估計方法甚多，其最詳細可靠者，爲根據沿路客貨運量之調查，以核算支出及收入。惟此項調查，須費時日，現尚未能作到，須俟將來再行着手。茲爲研究計，擬訂二種估計方法，(一)按約略相同之鐵路比較核算，(二)按本路行車能力核算。茲分論如左：

(一)按本路行車能力核算

客運收入　據前列預備車輛數目，每日預計可通客車六次，每次以五百人計，按行程一二〇公里，就每延公里收入爲一，六五分（平漢爲一，六二分津浦爲一，七八分正太爲一，五七分）計，每日平均客運收入爲

6×500×120×0.0165＝$5940

全年爲365×5940＝$2,168,100

貨運收入　據前列預算車輛數目，預備每日可通貨車十次，每次載重三百噸，按行程爲二〇〇公里，就每延噸公里收爲一，九〇分（津浦爲一，三八分正太爲二，四二分計，每日平均貨運收入爲

10×300×200×0.0190＝$11,400

全年爲365×11.400＝$4.161.000

(二)按約略相同之鐵路比較核算

查本路介於平漢津浦兩路之間，又爲正太鐵路之尾閭，其運輸狀況，與此三路大致相埒。茲將申報年鑑二十年統計，將津浦及正太之收支數目列後，並照列本路收支預算如左：

津浦鐵路

客運收入	一〇、五六八、二八八(元)
貨運收入	八、九五五、四三九
其他收入	八七一、三六〇
共計	二〇、三九五、〇八七(元)

正太鐵路

客運收入	一、三〇三、九四一(元)
貨運收入	三、九九二、九三〇
其他收入	一一六、四六一
共計	五、四一三、三三二(元)

(乙)支出

津浦鐵路

總務費	三、七三九、三二二(元)
車務費	二、〇〇〇、五一九
機務費	二、八八一、五六八
設備養護費	三、二八六、二〇三
工程養護費	二、五〇九、五六三
共計	一四、四一七、一七五(元)

正太鐵路

總務費	一、二二五、〇〇一(元)
車務費	三四一、六七一
機務費	四七九、四九一
設備養護費	七一五、四〇七
工程養護費	五九八、九六一
共計	三、三六〇、五三一(元)

茲根據以上各節擬訂滄石鐵路收支預算如左

(甲)收入項下

客運收入	二、一六八、一〇〇(元)
貨運收入	四、一六一、〇〇〇
其他收入	一〇七、〇〇〇

共計每年收入約為六、四三六、一〇〇(元)

(乙)支出項下

總務費	一、一二五、〇〇〇(元)
車務費	三一五、〇〇〇
機務費	四三五、〇〇〇
設備養護費	六五五、〇〇〇
工程養護費	五五五、〇〇〇

共　計每年支出約為　三、〇八五、〇〇〇(元)

收支相較統計每年約可盈餘　三百三十五萬一千一百元

第七節　籌款辦法

就現在吾國之政象，及經濟狀況而言，籌款困難，實建設事業一最大問題，然人定勝天，固未可因噎而廢食也。曠觀吾國已往之鐵路歷史，其籌款原源，以外債為最多，官款次之，商股又次之，此外且有所謂官商合辦，與官督商辦者焉。現在因事實關係，擬據下列兩種籌款辦法：

(一)借用外債

借外債，築鐵路，按之經濟原則，本無不合。無如以前所訂種種借款與承辦合同，喪權失利之處，更僕難數，以至現時舉辦外債，大有談虎色變之勢。然設使能銷除從前之積弊，則借債猶為最捷便之籌款辦法也。茲將以前之借款弊端，開列於後：

一、管理權　如建築管理權，行車管理權，工程管理權等之讓與債權人是。

二、稽核權　如債權人之代表，及總工程師有稽查出入款項，及行車運價等權是。

三、用人權　如總工程師，會計總管，行車總管，及養路總管多由債權人指派是。

四、購料權　如鐵路上一切應用材料，由債權人代為定購，或受債權人之限制是。

五、折　扣　如各路借款，多照九扣實收，而還本付利，則按虛數計算是。

六、經手費　如購料酬勞百分之五，還本付息用費百分之二五，及其他特別津貼等是。

七、餘　利　如滬寧，正太，汴洛等路，均以每年餘利十分之二，給付債權人是。

八、貼　水　如各路先期還款，每百元須另加二元五角是。

此外如借款用途之限制，存款銀行之限制，還款期限之限制(如吉長借款合同在三十年(?)之內，不許將債額全部還清，即便還清，亦與不還同)以及用全路產業作抵，種種條文，其所失權利，實不啻外人自辦者然。又若不幸而到期不能還本付息，彼即取而代之，則名實俱無矣，尚何鐵路建築之可言。

茲根據以上各節，擬訂借外債之標準如下：

一、借款合同，須無上列種種積弊、並須銷除有碍我國主權，與防害經濟發展之條文。

二、借款須有相當之保障，不允作原借債鐵路以外之用途。

（二）官商合辦

官商合辦鐵路之名，首先於清光緒十三年，李鴻章奏撥官款加入津沽公司，續辦閻莊至天津鐵路。官督商辦，則以光緒三十一年之粵漢湘綫為嚆矢，一時效法者甚盛，然旋改商辦，或歸國有。蓋久已為歷史之名詞矣。其失敗之最大原因，在辦理之不澈底。至純粹商辦之鐵路，則以光緒二十九年，創辦之潮汕線為先驅，直至有清末年，如風起潮湧，倡者迭起，然失敗者多，成功者無幾也。吾人懲前毖後，對於上述各端，均應審慎考慮，以免蹈其覆轍。

順上述二種辦法，就原則言，皆可實行，惟為進行便利計，仍以官商合辦，較為相宜。然須依下列綱要施設，以杜流弊也。

一、純粹公司性質，官股商股，權利義務相等。

二、一切均按公司之組織，及條例實行。

現官商合辦鐵路之成效卓著者，首推東省之呼海（呼蘭至海倫）及瀋海（瀋陽至海龍）兩路。茲依據瀋海組織條例，草擬滄石鐵路計劃線之官商合辦大綱如左：

一、訂名滄石鐵路公司。

二、本公司由官商合資，按照股份有限公司章程辦理。

三、本公司由河北省政府核准，咨部立案，並保障沿線永遠不准他人建築平行線，經營同一之事業。

四、本公司對於石家莊至滄縣之鐵路幹線，及延長線，有完全建築，及管轄之權，並因鐵路運輸需要之關係，得經營沿線附屬事業。

五、本公司股額，暫定為國幣一千萬元，分為十萬股，每股銀一百元，入股者以中華民國籍人民為限。

六、本公司股票為記名式，分左列三種：

甲、百股券　　元

乙、十股券　　元

丙、一股券　　元

七、本公司如稍修支線或延長線時，經股東會議議決，得將資金酌量增加。

八、本公司股票無論何時，不准轉讓或抵押於外國人，違者一律無效。

九、本公司設總理一員，由股東會推舉總司公司一切事務，並指揮監督進退所屬各職員，但因營業情形，得設協理一員襄助之。

十、本公司設理事長技術長各一員，由總理聘任，分任公司營業事務，及工程技術事務。

十一、本公司設董事九員，監察三員，執行董事及監察職務。

十二、本公司股東，年滿二十五歲以上者，具有鐵路學識，與經驗，而個人認股足五百股者，得被選為董事。足二百股者，得被選為監察。但官股得佔監察一人，由河北省政府委派之。其官股應佔董事人數，亦按人股數目分配之。

十三、董事任期三年，監察任期二年，但得連舉連任。

十四、本公司每年度終，總結營業所得純利，除每年提出百分之十，報銷政府外，須提出百分之五，作為法定公積金，（至資本總額四分之一為止）提存百分之十為固定資產銷裝補助金，以固公司根基。其餘純利，作為紅利，按成分給股東，職工，及發起創辦人等。

十五、其餘招股章程，公司編制，股東會，董事會，及監察職權等條文，另定之。

結論　總之滄石鐵路，實有早日實現之必要與可能。惟統觀上述之二種籌款辦法，各具相當之便利，亦各有若干之困難，須詳慎考慮，因時制宜，方能進行無阻。而為統一事權計，極宜由河北省政府，及民衆團體，合組一籌備機關，俾可通盤籌劃，協力進行也。（完）

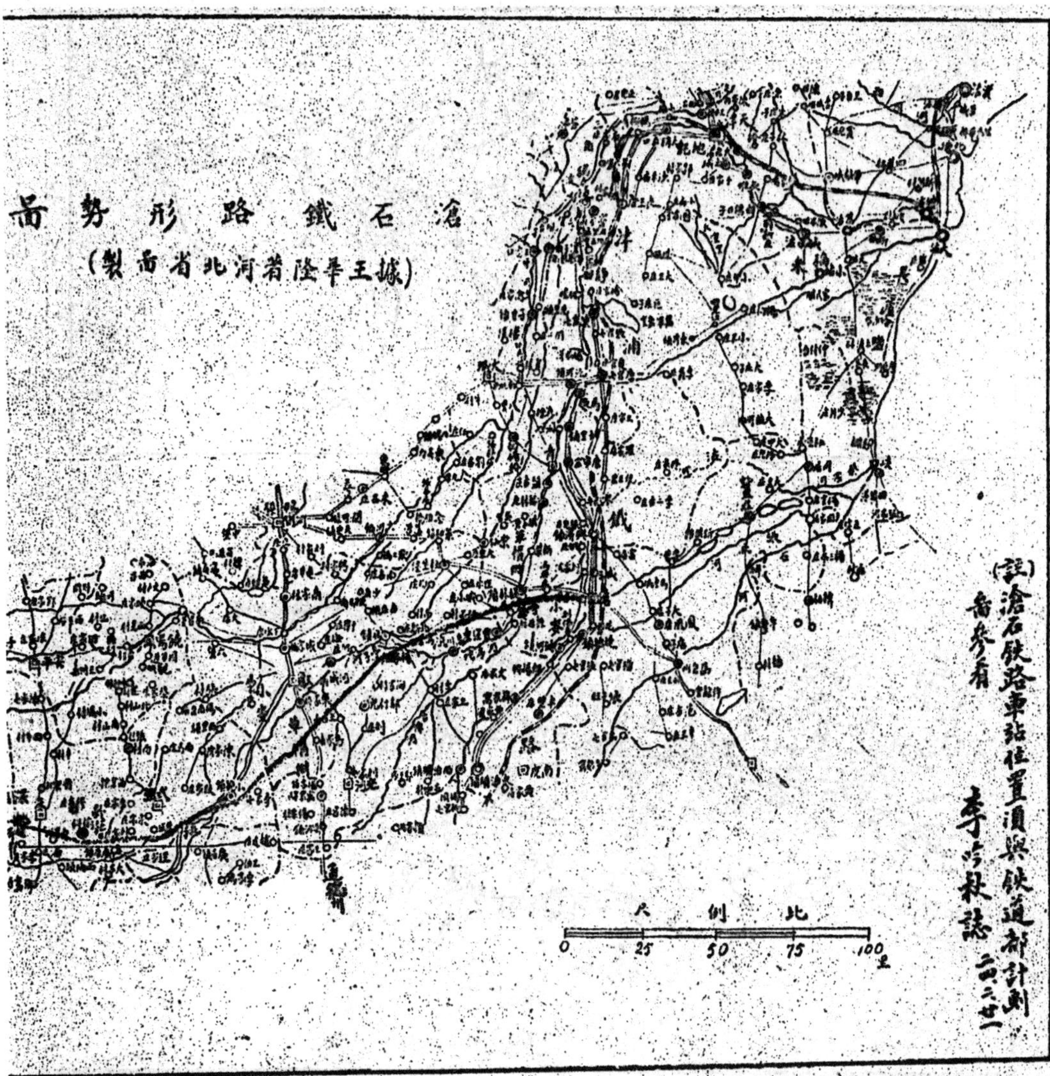
滄石鐵路形勢圖
(據王華隆著河北省圖製)
(註)滄石鐵路車站位置須與鐵道部計劃圖參看
李芳秋誌 二四、三、廿一
比例尺
0 25 50 75 100里

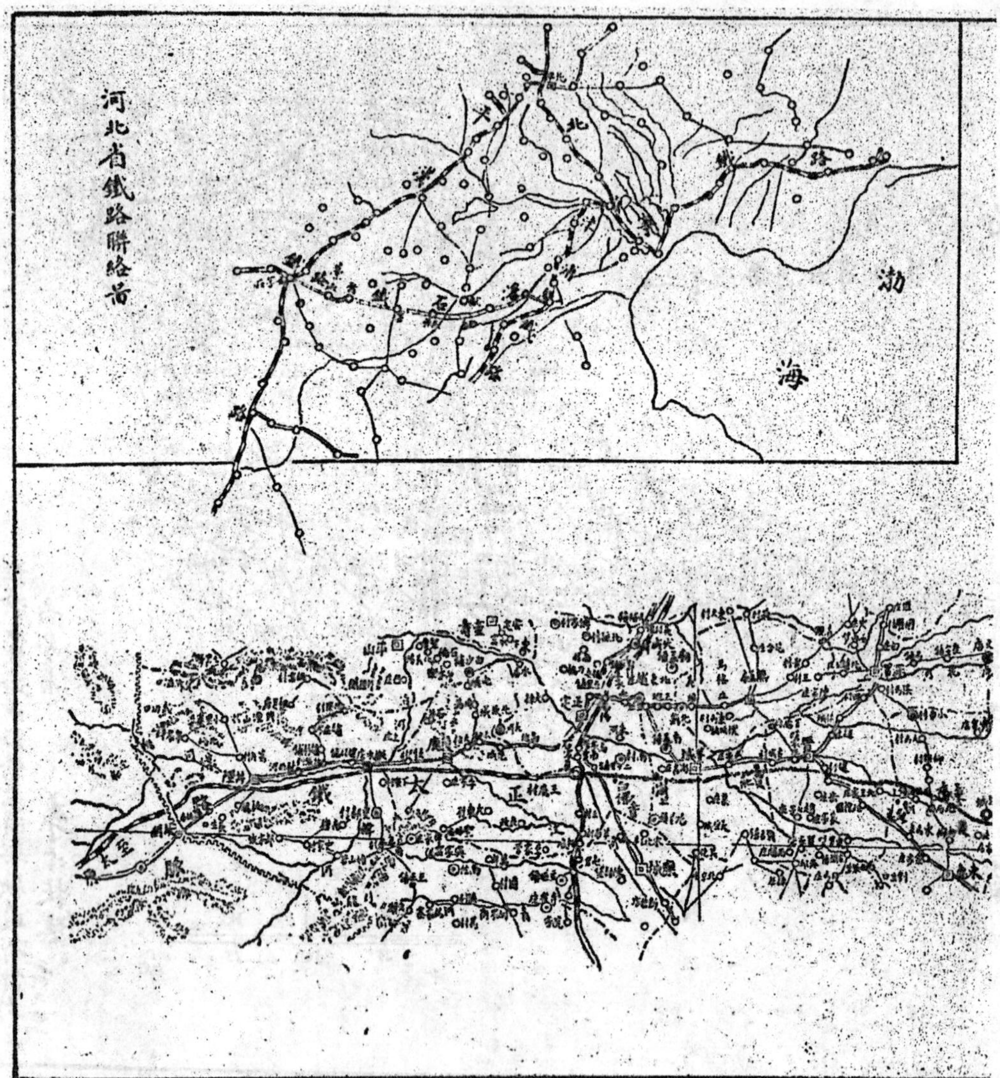
河北省鐵路聯絡圖
渤
海

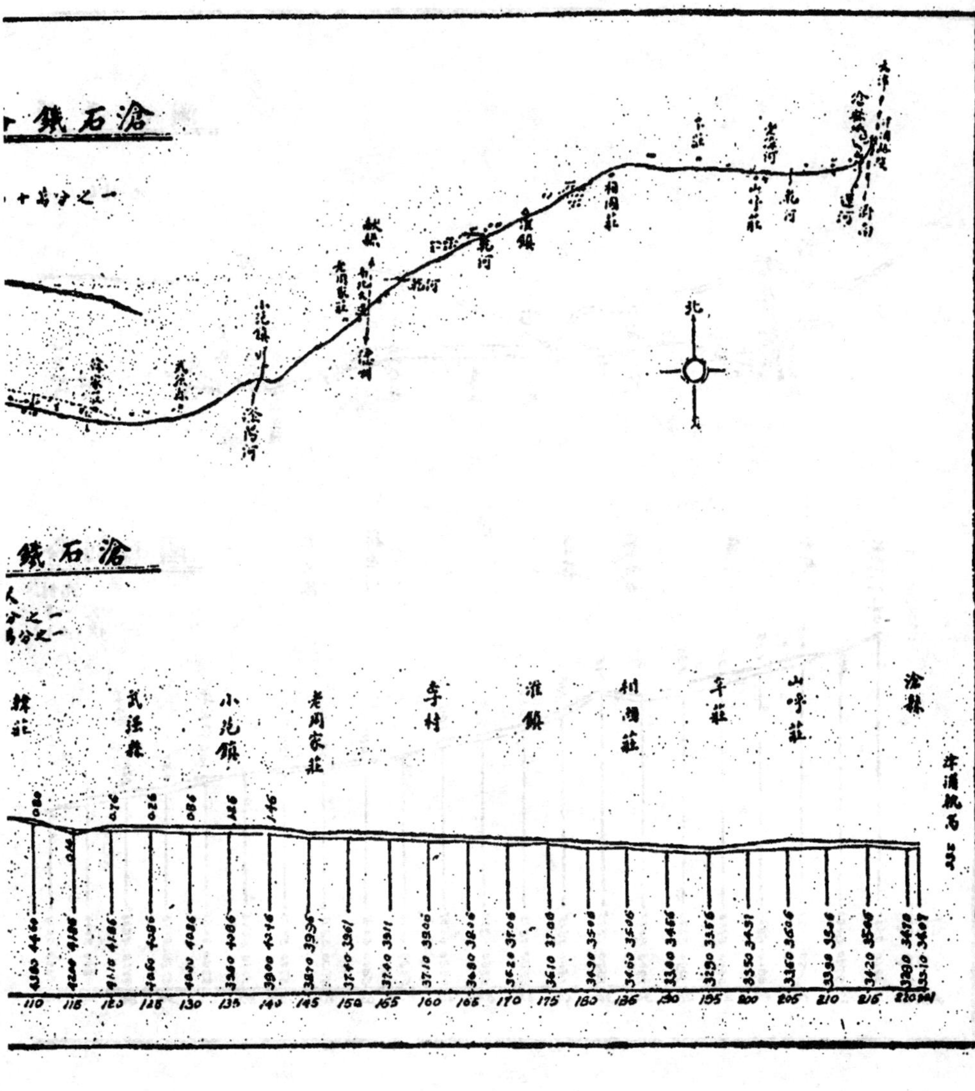
滄石鐵
北
滄石鐵
滄縣
辛莊
淮鎮
李村
老周家莊
小范鎮
武強縣
110 115 120 125 130 135 140 145 150 155 160 165 170 175 180 185 190 195 200 205 210 215 220

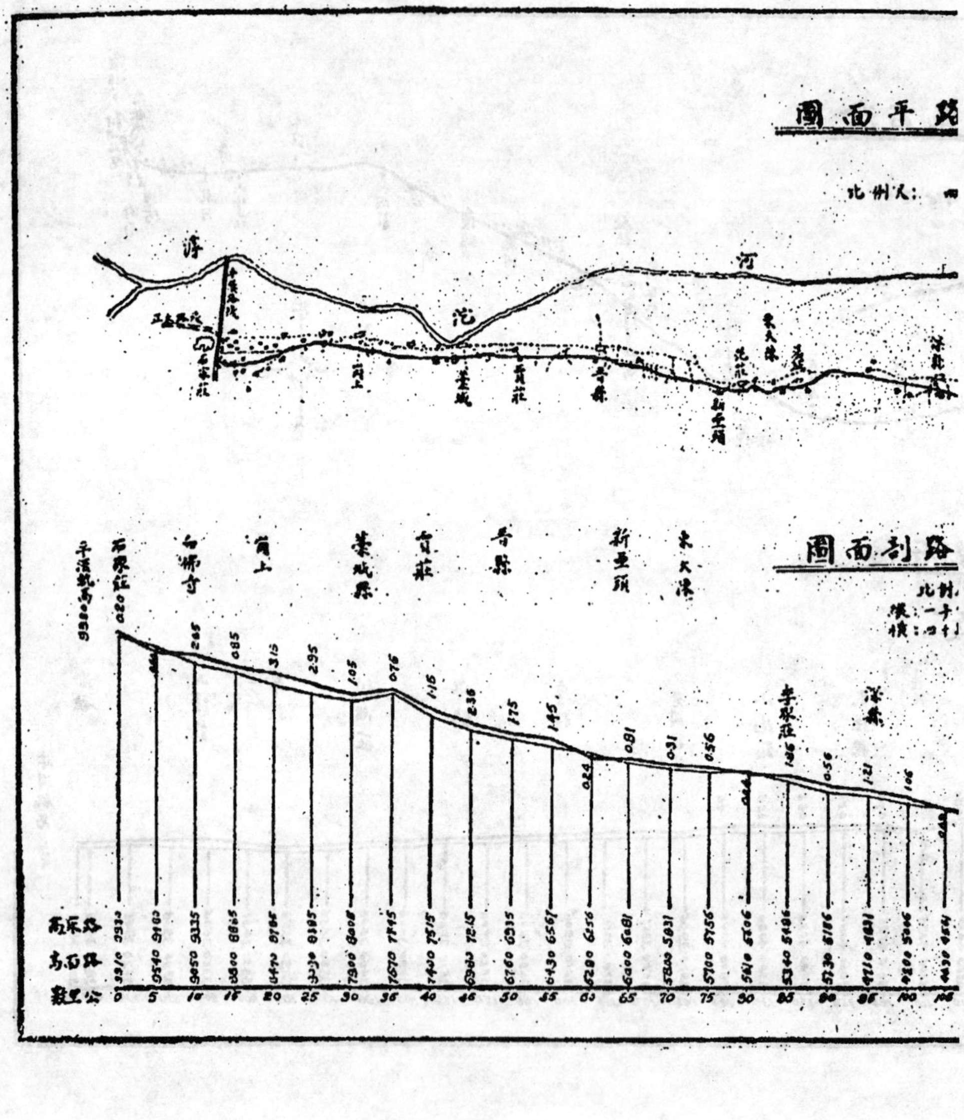
路平面圖
滹沱河
路剖面圖
公里數

會務報告

河北省工程師協會會務總報告

民國廿四年十月廿四日

(一)會員　本會會員人數在第二屆年會時，己達三七八人。現截至十月止，新加入者，計會員八人，仲會員二人，初級會員一四人，學生會員十人。

(二)開會　本會成立，己屆三載，計開執行委員會二十七次。今年會員聚餐八次，隨會討論會務進行事宜，並於歷次執委會時，邀請工程界聞人講述各項工程問題。

(三)會所　仍暫假天津義租界華北水利委員會內辦公。

(四)月刊　本會困於經費，致月刊未得按時出版，因之與會員消息，時有隔絕，頗爲憾事。現經多方補救，第二卷以後，又已刊印礦產專號及河北建設專號年會專號各一册，內容均尙豐贍。並已決定仍按期出刊。

(五)信約　本會信約業於第二屆年會報告在案。玆特重申，以資信守。

問學必勤，任職惟忠。清廉自恥，節約持躬。

同業互助，合作分工。儘用國貨，貫徹始終。

(六)會證　本會會證，早經製就。規定於每年度開始繳納會費時，由會務主任簽署發給，時間以一年爲限。

(七)永久會員　本會爲謀經濟充足，及發展各進行事業起見，決定徵求永久會員，至少二十五人，會費每人四十元，分四個月繳納，計可得銀一千元，由保管委員負責存儲銀行，作爲本會基金。並於第二十五次執委會議決「本會執委十五人，應全體參加爲永久會員，餘數由會員中勸徵」。

（八）會員近況之調查　本會會員因職務關係，住址時有變更。前已印就會員通訊紙兩種；一係近況自述，一係更改住址通告。現因本會寄發會員函件月刊等，退回甚多，至望會員隨時塡寫上項通訊紙，以便更正，藉聯情感，而通聲息。

（九）省有礦業之推進　井陘臨城磁縣三煤礦，均爲本省事業，以年來營業不振，外議紛紛。本會爲明瞭眞相起見，曾向省府提出質問，繼更與河北礦冶學會聯合共同進行，擬具方案向社會公開討論具體改進辦法。省府對此極爲注意，並已着手切實整理矣。

（十）經濟狀況　本會經濟來源，全賴會員所納會費，會員人數雖增加至四百餘人，而繳納會費者實甚寥寥。其原因或以服務遠地，未便與寄，而本會經濟及一切會務，實受莫大影響。故決定於各地機關學校團體內委託一人，負責催索，惟望會員踴躍繳納，以期收支相抵，而謀會務進展。實爲切盼！

（十一）省實業及資源之調查　本會對於本省之各項實業狀況、及物產情形，特別注意，故分由各會員担任調查，以備討論研究，而爲將來改進之依據。此項調查結果曾分批在本會月刊上發表，仍盼諸仝志努力項工作，繼續進行也。

（十二）職業介紹　來年國家多故，百業不振，各項工作均受極大影響。本會仝仁亦時感缺之工作與服務不定兩大困難。本會成立之職業介紹委員會，即努力於各級會員之工作介紹，在過去一年間，直接間接頗具相當成績。但仍盼諸會員勤通聲息，一致團結，以發揮本會「互助分工」之眞精神也。

河北省工程師協會會員通信錄

下列未知通信處各會員，即希來函通知註冊爲要，如承各該好友轉知本會更爲歡迎。又下列通信處如有更改者，請即通知本會會務主任或編輯主任爲荷。

編輯啓

河北省工程師協會職員（以姓氏筆畫多少爲序）

執行委員會

王華棠（會務主任）
呂金藻（主任委員）
李吟秋（編輯主任）
高鏡瑩
張潤田
雲成麟
劉子周
魏元光
石志仁
李書田
宋瑞瑩
張闌閣（會計主任）
張錫周
劉振華
劉家駿

職業介紹委員會

石志仁
李書田
張錫周
張仲元
魏元光
呂金藻（主席）
高鏡瑩
張萬里
張潤田

名譽會員（以姓氏筆畫多少爲序）

姓名	通訊處
王景春	英國倫敦中國公使館轉 Dr. C. C. Wang, c/o Chinese Legation, London, England.
王正黼	北平東城史家胡同七號冀北金礦公司
徐世大	天津義租界東馬路華北水利委員會
彭濟群	天津義租界東馬路華北水利委員會
張伯苓	天津南開大學

會友（以姓氏筆畫多少爲序）

姓名	通訊處
徐澤崑	天津北洋工學院
祖裕嵐	天津河北省建設廳
臧贊鼎	天津老車站郵政管理局
劉創洨	察哈爾陽原城內福德和轉三分灘村
韓殿楹	河南許昌縣新街三十六號縣立師範學校

會員（以姓氏筆畫多少爲序）

姓名	通訊處
丁運公	唐山市寶順德
么文鎣	北平南長街小橋北河沿乙三號
于以基	唐山鐵路工廠東扶輪中街七號
王華棠	天津華北水利委員會
王茂駿	河北省井陘縣井陘礦廠
王恒源	河南六和溝煤礦
王瑞剛	天津河北大街三條石塘子胡同五號
王振鏜	津浦路天津西站工務段
王學奎	天津西門內城廟南三十三號
王之翰	南京鐵道部設計科
王鎔	天津華北水利委員會
王金棵	天津河北五馬路濟仁里對過
王臣桀	華津田賦清理處
王宗魁	開封黃河水利委員會轉
王健	天津河北大王廟街華北製革公司
王銘	天津河東十字街東王宅
王翰宸	天津河北省立工業學院
王貽琛	大沽造船所
王恩澧	開平馬家溝開灤礦務局機械廠
王道昌	山東棗莊中興煤礦公司機務處
尹樂琨	山西山陰縣岱岳鎮桑乾河河務局
尹贊先	天津華北水利委員會
白汝璧	天津市工務局
石志仁	上海滬寧鐵路管理局
田志遜	昌黎縣元亘興
左廷序	平漢路長辛店工務段
朱延平	浙江省杭州建設廳
呂金藻	河北省建設廳

20386

安文瀾　兗州津浦工務段
杜聯凱　天津華北水利委員會
李書田　天津華北水利委員會
李吟秋　天津市政府
李鴻勳　開平馬家溝開灤礦機電部
李　蘊　天津華北水利委員會
李仲模　塘沽永利製鹼總廠
李應權　天津肉市口西二道街
李君受　天津河北公園後佑安里五號
李瑞芸　江西玉山縣西門外後田畈浙贛鐵路玉南段工務第一分段
宋瑞瑩　天津華北水利委員會
何之錤　樂山縣高灣鎮
吳翌綸　唐山大街同興合轉隆元棠
沈文翰　天津東車站電務段
袁葆申　長沙新河粵漢鐵路工務第五段
袁祥和　天津英界敦橋道華蔭西里三百號
周恩紱　北寧路局廠務處

胡源深　石家莊井陘礦務局
胡懋庠　開平馬家溝開灤礦務局
姚鳴山　英租界十九號路達生製線廠
姚文林　天津河北省立工業學院
侯德均　石家莊井陘礦務局
馬龍章　天津驢市口新大染廠
施鴻年　唐山啟新洋灰公司
高鏡瑩　天津華北水利委員會
孫紹宗　陝西涇陽渭北水利工程處
孫家璽　天津英租界達文波路廿四號
孫鵬海　保定電燈公司
孫家琦　秦皇島開灤礦務局
寇　顯　開平馬家溝開灤礦局井工處
耿述之　靈壽縣政府
耿瑞芝　天津華北水利委員會
梁錦萱　天津市工務局
徐邦棨　天津華北水利委員會
郝開田　天津西門內城隍廟街南口大胡同七號

焦增銘 北平西城關才胡同甲八十四號
張紹曾 天津英租界十號路同樂里九號
張有本 蚌埠轉洛河鎮淮南煤礦鐵工程處
張守訓 河北省建設廳
張萬里 河南鄭州紡紗廠
張闓開 天津法租界十一號路通成公司
張錫周 石家莊井陘礦務局
張潛孚 天津北開利和公司
張金鑅 天津華北水利委員會
張 鵬 天津北寧鐵路工務處 大經路尹公里廿三號
張松齡 湖北譚家磯六和溝煤公司煉鐵廠
張殿珍 陝西涇陽渭北水利工程處
張仲元 天津市商會
張恩第 天津南門西四條胡同五號或新河東站美孚行油棧
張朝璐 開封黃河水利委員會
張錫敏 開平馬家溝開灤礦務局
張滋疑 天津城西賀家樓後十四號
張伯平 河北井陘礦廠

張信 北平大學工學院
張潤田 北平清華大學
梅貽琦 北平清華大學
陳樹屏 井陘礦廠
陳靖宇 天津倪克紡毛廠
陳 哲 天津東馬路文學東箭道七號雲大夫轉
曹寶善 天津日租界須磨街義德里廿號
賈榮軒 杭州浙江水利局
華鳳翔 上海交通大學
羨書鳳 井陘正豐煤礦公司
雲成麟 天津東馬路文學東箭道七號
雲成麒 北平東四牌樓南前炒面胡同
楊顯桂 北平西四北受璧胡同十號
楊勵明 保定河北省建設廳
楊法權 山東省立模範窰業廠
楊本源 秦皇島開灤礦務局
滑德銘 河北省建設廳
解德鄰 北平西四北河北省建設廳測量處

靳範隅　上海泗涇路大陸實業公司
翟金書　天津北開利和公司
翟維澧　太原綏靖公署總工司辦公室
翟廷鎧　順德府城內崇禮街門牌八十三號德華造胰工廠
榮舜笙　天津總站東河北省工業試驗所
趙家榮　南京建康路三百二十五號
鄭翰西　上海寧波四十號華啟顧問工程師
鄭紹臯　山東棗莊中興煤礦機務處
叢廣文　天津北洋工學院
劉暢春　開平馬家溝開灤礦局六號
劉子周　天津河北宙緯路十七號
劉其修　天津新站外河北工業試驗所
劉鍾瑞　陝西涇陽陝西水利局
劉錫彤　天津華北水利委員會
劉　琪　天津河北昆緯路崚嶒里十四號
劉家駿　天津河北省立工業學院
劉朝弼　藁城縣南董鎮第二兩級女學校
劉偉明　天津裕元紡織公司
劉振華　北平清華大學
劉介塵　天津河北宙緯路南運河務局
劉耀魁　天津華北水利委員會
閻鴻勳　天津河北省建設廳
閻書通　天津英法交界路中間中國工程司
韓兆琦　河南焦作道清鐵路機務處
邊應棣　天津小劉莊裕元紗廠
魏元光　天津河北省立工業學院
蘇佑昌　天津特別二區糧店街孫家同胡十一號
耿秉瑋　房山縣長溝峪興寶煤礦公司礦務處
劉如松　全國經委會公路處甘肅西蘭公路工務所
劉寶善　北寧路唐山工廠
王毓銳　天津市政府
于桂馨　河北省立工業學院分院
喬辛瑛　保定河北省建設廳
趙銘新　河北省立工業學院分院

（不知通信處者）

王啟光

王廷綱	[illegible]
孔祥鵝	[illegible]
安士良	[illegible]
李振麟	[illegible]
李　璟	[illegible]
李慶善	[illegible]
沈增勞	[illegible]
崔　桐	[illegible]
崔炳廉	[illegible]
郭紹宗	[illegible]
黃金華	[illegible]
梁金林	[illegible]
劉興亞	[illegible]
劉煥林	[illegible]
劉濟哲	[illegible]

仲會員（以姓氏筆畫多少爲序）

姓　名	通　訊　處
王文景	包頭屯墾督辦辦事處技術組
王鼎文	天津北門內府署街三十號
毛灤清	北通縣轉蘇莊華北水利委員會水文站
白虹倚	昌黎縣第一工廠
申立體	河北井陘礦務局礦廠機務處
田亞英	太原東校尉營十七號汾河河務局
李潭溪	北平東四什錦花園市立職業學校
李至廣	北平中海國立北平研究院
吳沛恩	唐山北興城鎮永厚成轉
吳　丕	石家莊河北省實業廳工廠監察員石門辦公處
邢桐林	膠濟鐵路張店工務第五分段
厚廷棟	天津曲店街三義貨棧
寇振聲	河北井陘礦務局礦廠機務處
袁昶旭	太原綏靖公署總工程師辦公室
馬守麟	天津特別一區海河工程局
高喬雲	開封黃河水利委員會
秦永明	天津華新紡紗工廠
秦萬選	唐山北寧路工務處
陳宗憲	天津華北水利委員會

陳三奇　天津漢溝鎮華北水利委員會水文站
郭濟川　天津河北省立工業學院
張厚統　天津華新紡織有限公司
張　瓚　浙江義烏杭江鐵路蘇義分段工程處
張　度　開封黃河水利委員會
張沛霖　天津開灤礦務總局
張書田　天津河北省立工業學院
張　翌　天津西頭大夥巷北口民豐公司後
　　　　振華興記織布公司
張啟淼　濟南杆石橋山東工業試驗所
張季春　北平東城菜廠胡同華洋義賑會
楊金鐸　濟南桿石橋山東工業試驗所
馮德勤　平綏鐵路下花園車站工程處
馮紹嵩　天津北寧路局機務處
靳學書　楊柳青華北水利委員會水文站
董貽安　天津華北水利委員會
劉慶霖　豐潤縣建設局
劉增祺　陝西大荔縣涇洛工程處

劉光宸　太原同蒲路南段工程局
劉雲書　青島膠濟鐵路工務第一分段
劉杰然　天津裕元紡織公司
盧鴻業　無錫西門外振新紡織公司
盧宗藻　天津河北省立工業學院
崔佩英　天津華北水利委員會
閻恩鴻　天津河東復興莊私立復興小學校
閻玉麟　天津河東水梯子三義當東胡同
儲馴禮　平綏路下花園工務處
薛玉淮　天津城內城廟街東武學東箭道九號
錢寶興　山海關北寧路工務處
譚　琦　包頭平綏鐵路機務段

（不知通信處者）

由步賢
李秉良
李際昌
安茂華
孟廣立

郭浩銓　[illegible]
唐鳳圖　[illegible]
陳汝霖　[illegible]
張祖耀　[illegible]
逄　桐　[illegible]
楊蔭宇　[illegible]
趙毓森　[illegible]
鍾　英　[illegible]
劉承彥　[illegible]
聶國英　[illegible]

初級會員（以姓氏筆畫多少為序）

姓　名　通訊處

王榮科　開封黃河水利委員會
王旭瀛　陝西大荔縣涇洛工程局
王文驥　天津華北水利委員會
王翠廣　太原同蒲路南段工程局
王志鴻　天津東車站北寧路工程處
王家埠　塘沽永利製鹼工廠
王金鋒　新樂縣北青同鎮復泰恆轉交
王欽章　天津河北聶公祠新民棉織公司
王　鑫　天津總站外河北工業試驗所
王恩森　楊柳青恆通德福記油廠
王祖述　天津海河工程局
王燕季　天津總站外河北工業試驗所
孔昭陞　天津河北新開河河北省立天津師範學校
支源海　西安綏靖公署汽車廠
毛仁沛　天津河北大馬路善因里六號
石志廣　天津華北水利委員會
白尚玉　定縣留卓
白麟瑞　北平西四北建設廳測量處
左夢星　平綏路江岸三號房
田淑媛　天津華北水利委員會
朱文秀　北寧線唐山東于家店
朱玉祥　天津寶成紗廠
呂維宏　津浦路良王莊工務段
呂樹桐　唐山北喜峰口鎮

任際昌　灤縣車站華北水利委員會水文站
任鎮海　石家莊大興紡織公司
宋士珩　天津匯文中學校
朱侃如　高陽民衆教育館
辛灝洲　山西省山陰縣岱岳鎮桑乾河河務局
李炳蔚　天津河北新大路居安里五十號
李開城　新河北寧路號誌工務處
李樹凱　上海徐家匯車站滬杭路工務處
李　瑛　天津市工務局
李韻晟　蚌埠轉洛河鎮淮南礦務局機電股
李培祜　邯鄲張莊橋轉南堡第三完全小學校
李游源　天津河北省立工業學院分院
李士廉　西安陝西水利局
李尙彬　天津河北省立工業學院
何景山　定縣縣立鄉村師範學校
何震灝　北平東四什錦花園職業學校
郎光謨　天津北洋工學院
邵成仁　山東鉅野縣政府第四科

呼鳳池　饒陽政府建設局
門厚栽　天津西頭鈴鐺閣街魏家胡同內二盛號胡同五號
胡錫讓　淮南礦務局
胡雲龍　天津河北新大路居安里四十九號
紀清範　山東博山省立模範窰業廠
苗啓城　北寧路蘆台鎮中街苗壽蘅堂
孫至善　天津華北水利委員會
孫相霑　天津河北月緯路天津市土地辦事處
孫玉剛　天津東馬路孫恩吉鐵工廠
崔炳春　塘沽永利製鹼廠
耿天國　天津整理海河善後工程處
馬修文　天津河北工業學院內中國第一水工試驗所
郝藎臣　天津河東吉家胡同東口榮茂昌交
高福洪　天津華北水利委員會
徐敬修　邢台縣第二高等學校
徐蔭樸　遵化縣城內鼓樓西
張錫純　天津華北水利委員會

張繼榮　北平府右街鐵鋪房十五號
張珍玉　天津總站東河北工業試驗所
張士偉　北平香山慈幼院第五校
張慶澧　太原首義街二十八號
張用和　唐山華新紡織公司
張葆深　易縣城內縣立女子小學校
張子鍔　保定城內第二職業學校
張開臣　遷安縣建昌營西街福源局
陳玉權　天津河東大直沽田莊大街裕和棧酒店
曹之楫　天津河北五三工廠
揭育佑　天津華北水利委員會
賀錫宸　天津南市平安大街惠濟醫院
賈之綿　南皮縣城內南街
賈殿魁　天津華北水利委員會
楊弼宸　開封黃河水利委員會第二測量隊
楊九餘　保定第二職業學校
甄　琳　秦皇島英美煙公司
解承堪　上海楊樹浦龍江路上海圖書學校
董炳武　保定育德中學

葉榮年　天津東門內公議胡同後
雷永楨　唐山爽坨鎮郵局轉雷家狗莊
趙鴻佐　山西趙城同蒲鐵路南段工務第七分段
趙文欽　太原綏靖公署總工師辦事室
趙蔭棠　保定同仁中學
趙正權　天津華北水利委員會
趙培士　大名中學
趙國棟　陝西西安建設廳
齊樹棠　漢口航空委員會航空第四隊
齊成基　湖南衡陽粵漢鐵路株韶工程局第六總段第三分段
劉成美　遵化縣舊牛市仁義堂
劉　懋　英租界中街亞細亞火油公司工程處
劉國鈞　天津北寧路局技術室
劉潤身　天津河北省立工業學院
劉鴻賓　滄縣西門外缸市街恆鑫號轉
劉崇賢　天津河北工業學院內中國第一水工試驗所
劉家祺　豐台北寧路工程處
劉同鑫　寧河縣九如齋轉倒流村

劉肇豐　日本東京豐島區目白町三、三六三〇文虎社
劉裕文　北平西單興隆街四號
劉愷元　天津華北水利委員會
劉維熾　阜平縣南關劉宅
劉甄賞　天津大馬路津浦路機務第三總段
劉炳炎　臨淸小白布巷華北水利委員會水文站
鄭兆珍　天津華北水利委員會
歐陽寶銘　天津華北水利委員會
謝錫珍　天津華北水利委員會
燕樹萱　天津總站外河北工業試驗所
檀桂森　山海關北寧路工務段
閻祥麟　天津華北水利委員會
閻樹楠　天津華北水利委員會
薛謙　古冶唐家莊開灤礦局
戚鼎元　昌黎財務局
魏銘新　高陽縣同口中學校
魏壽崑　S. K. Wei Institut furtailenund Textilchemie DsordenA. 24 Bergsts. 66c Germang
顧敏　天津華北華利委員會

嚴元祉　天津東門外南斜街大豐二號
顧禮　天津東門外南斜街北口三十九號
蘇寶萬　高陽城內全和工廠
蘇韞穌　天津華北水利委員會
方愷　山東惠民縣政府第四科
于以城　天津市小松街五號
卞學曾　天津特二區三馬路六號
左學豐　天津南馬路德實里十八號
馬樹聲　天津特一區自來水廠
劉德利　北平黃化門內錐把胡同八號
李丕濟　天津華北水利委員會
舒文凱　保定河北省建設廳
周景唐　山東歷城縣政府第四科
徐連城　天津華北水利委員會
王恩海　保定河北省建設廳
范祖述　保定河北省建設廳
栗塔英　天津特一區芝罘路宋張胡同六號
吳毓才　天津北洋工學院

閻士祥　天津華北水利委員會

（不知通信處者）

白興黃

李發瑞

何延曾

吳怡之

周　潤

和春芳

孫振英

孫英崙

張蕃錫

張會洞

張維清

張繼鋁

陳宗善

梁崇德

趙進祿

劉樹昇

鄭　炳

謝毓賢

謝培珍

蘇書貴

學生會員

于澄世	天津河北省立工業學院
呂彥俊	青島山東大學土木系
范慶鴻	天津河北省立工業學院
徐連仲	天津河北省立工業學院
徐　琢	天津河北省立工業學院
孫松年	天津英租界十號路樹德里八號
楊蔭田	天津河北省立工業學院
趙家璞	天津河北省立工業學院
閻克禮	天津河北省立工業學院
陳玉鑫	天津特一區下東樓村袁家胡同九號
史熙謙	濟南察院司街一五三號
韓寶珍	青島甘肅路十五號
劉興宗	青島山東國立大學
趙如辰	青島山東國立大學
陳文魁	青島山東國立大學
李允言	青島山東國立大學
王東江	青島山東國立大學
徐家駿	青島山東國立大學
孫銳元	青島山東國立大學
張永錫	

中華民國二十四年十一月出版

河北省工程師協會月刊

發行者 河北省工程師協會 天津義租界東馬路六十五號

編輯者 河北省工程師協會編輯部

印刷者 天津寰球印務局 鍋店街金店胡同南口 電話二局三四八五

代售處 北平天津各大書局

本刊價目表

冊數／地方	國內	國外
一冊	二角	三角
半年	一元	一元五角
全年	一元八角	二元八角

廣告價目表

地位及面積	封面裏面	底頁外面	底頁裏面	加頁
	半面	全面	半面	全面
半年價目	八元	十四元	七元	十二元
全年價目	十四元	二十四元	十二元	二十元

20397

啓新洋灰公司

馬牌洋灰　　**塔牌水泥**

唐山出品　　大冶出品

總事務所 天津法租界海大道電掛（啟）
電話南一三〇九，一七四九，三四六二

老牌洋灰
完全國貨
質美價廉
行銷久遠

各支店
漢口 法租界寶華里四號電掛（西）
南部 上海愛多亞路卅八號電掛（灰）
東部 瀋陽商埠十一緯路電掛（支）
北平 前外打磨廠北大口

各分銷
青島 華新紗廠
烟台 義昌信
南京 順和號
廣州 通安昌記
汕頭 通安公司
厦門 林森公司
其餘分銷處 國內外各大商埠

中華民國二十五年二月出版

河北省工程師協會月刊

商震題

會員諸君注意

一、凡住址或通訊處有更動者請即通知天津總會

二、望將個人或其他會員工作狀況時時報告天津總會

三、望調查各地經濟及建設情形報告天津總會

四、望各地多設分會以期會務發展

本會啟事

本會初級會員徐君琢聲稱將本會第七十九號徽章遺失特此聲明作廢

編輯啟事

本刊發行以來多承諸會員協助現亦出版三卷十期以後仍希同志時賜鴻文以光篇幅又各地工商業情形及資源之蘊藏更望加以調查以為發展之張本此外我會員同志最近行止亦望函知以便互通聲氣聯絡感情

會計啟事

本會成立業經兩年有餘凡二十二三年度會費尚未繳納者統希即早繳納為荷

20401

天津

申泰興記木廠

承包建築土木工程

總廠 天津秋山街泰源里二號

有線電報掛號 四六三九

Shen Tai Hsing Chi Contractor,

TIENTSIN.

Address NO. 2. Tai Yuan Li, Akiyama Road

Telegraph No. 4639

20404

河北省工程師協會月刊目錄（第三卷十一十二期）

論壇

工業調查

會務報告

四、本會第二十八次執委會議紀錄

五、會員消息

論壇

工程學者所應樹志之標準

李書田

人生當先樹志，樹志要不外立德立言立功。一人之品，學，能，允許德，言，功，備立尙矣，否則亦宜樹志立其一二。

旣如是，然則一個工程學者所應樹志之標準，將何若耶？

余曰：一個工程學者最低限度應當：

一、辦一兩樁工程學術事業，以繼往開來，或辦一兩樁工程建設事業，以厚生利用；

二、著述一兩本工程書籍，以流傳現代工程學術至於將來，方不負前賢之以昔日工程學術由著述而傳之現輩；

三、貢獻一兩篇關於工程學術之創作論文，以增益人類之知識；

四、完成一兩件關於工程技術之創作發明，以裨益人類之福利；

五、促進人類相互間之道德，以期光大人之所以爲人。

斯五者果能兼善，則一個工程學者之立德立言立功備矣。夫復何求?!能不勉乎?

中國工程教育之縱橫觀

李書田

中國之工程教育，自縱的方面言，已有四十年之歷史，自橫的方面言，現有三十六校院設有工程科系。中國之急待建設與急需工業化，胥學識具備之工程人才是賴，而工程人才之造就，端恃中國之工程教育。爰將中國之工程教育，作縱橫槪觀。

中國士子最初在大學習現代工程學術，當始於前淸同治十一年（公歷一八七二年）夏，因容閎之條陳，首次派遣學生三十人赴美留學，其中曾有習工程學科者。是爲中國留學工程教育之始，而猶非中國國內工程教育之始也。

「中國之工程教育」與中國之現代大學教育，同年同月同日生，即中國起始有現代大學之日，就有工程科系，其時恰爲四十年前，即民國紀元前十七年（一八九五年）之十月二日。最早的大學，國立北洋大學，即於彼時經盛宣懷氏之奏請而創立，當時設有法科及工科，而工科又分爲土木工程，鑛冶工程，機械工程三學門。此首創之大學成立伊始，程度即與歐美各著名大學，不相上下，故其畢業生從彼時就能直接入美國東部各著名大學之研究院。當時主持校務者，爲美籍敎育家丁家立博士，各科敎授，亦多美籍學者。

盛宣懷氏既已奏請設立北洋大學於天津，聘美籍丁家立博士主其事，越二年又奏請設立南洋公學—即今之交通大學—於上海，聘福開森博士辦理之；故不惟中國之現代大學敎育，盛氏創其始，而且中國之工程敎育，亦係盛氏樹其基也。

繼北洋大學而設立之工程學府，爲北京大學之工科（但民國六年已歸併於北洋大學）。其次爲山西大學之工科，南洋公學及唐山路鑛專校（前者今稱交通大學，後者曾稱交通大學唐山土木工程學院，民國二十年經余恢復礦冶工程學系，而改稱唐山工程學院）。中國各大學依其基本工程科系設置之次第，土木，礦冶，機械，最早，電機次之。此實由於一國開發之始，建築鐵路，採鑛冶金，恒爲人所首先注意者，而一切工業之基礎，亦在於此。路礦從事以後，機械工程之需要，隨之日增。且路政之外，電政亦須相輔而行，所以電機工程敎育，亦繼爲前清郵傳部之所注意。証之英美兩國土木，鑛冶，機械，電機，四基本工程師學會組織成立之先後，殊爲自然之現象。

踵是而後，國立各大都市，相繼有工業專門之創設，北京工專（現改爲北平大學工學院），至今已有三十二年之歷史，其經費原由慈禧后之脂粉費餘欵項下撥充。此外如直隸工專，南京工專，蘇州工專，浙江工專等，均先後於前清光緒末年及宣統年間成立。除蘇州工專外，現都已擴充為獨立工學院或歸併成所在地之大學工學院矣。大抵當時計分機械，電機，應化，紡織等科。紡織及應化等科之設置，可謂由開發物質文明起始時所需要的土木鑛冶等學科而發展至於製造日用品所需要之學科矣。此類工業專門學校之制度及其設科，要均仿東京大阪等處工業專門學校之成規；且當時任教授者，曾不乏日本之工程技術學者。

四十年來之中國工程教育，余嘗區分為六個時期：由民國紀元前十七年至民元前十二年，即由甲午之次年以迄於庚子年，是為中國「大學工程教育萌芽時期。」北洋大學及從前北京大學之工科，均於是時設立。由庚子之次年以迄於民元以前，是為中國「工業專門教育萌芽時期。」南洋，唐山，直隸等工專，均於是時成立。民元以後以迄民國十三年，是為「工專增設及甲種工業擴充為工專時期」，江西，山西，廣東等工專均成立於是時。民國十年以迄民國十五年，許多工專曾有改為單科大學之運動，是為「工專改大時期，」與日本東京工專改為工業大學，如出同轍。唐山，南洋，焦作，北京工專等，曾於此時期改大。十五年後「，政府努力建設，工科專門人才，需要至殷，於是進而為「大學與大學工科增設時期。」中山，浙江，中央，清華，武漢等大學之工學院，均於是時先後成立。十八年以後，教育部銳意從事高等教育之調整，先由安定而及於整頓，再由整頓而進於充實，五六年來，中國之工程教育，已入於「完整時期」；在質的方面及量的方面，均有極顯著之進步。凡關於課程之釐定，設備之充實，教授人才之增進，學風之改善，著述研究之積極從事，大學與工業之聯絡，均於是時奠其基礎。

現時全國有工程科系之各大學工學院或理學院及各獨立學院與專科學校之校院名稱及其所設置之工程學系類別與數目，如左表所示：

所在都市	校院名稱	現設置系別	共設系數
南京	國立中央大學工學院	土木，機械，電機，化工，建築	五
	私立金陵大學理學院	電機，工業化學	二
上海	國立交通大學（工程分三院）	土木，機械，電機（每院尚各分門）	三
	國立同濟大學工學院	土木，機械，大地測量	三
	中法國立工學院	土木，鐵道，機械，電機	四
	私立震旦大學理學院	土木，電機，化學工業	三
	私立復旦大學理學院	土木	一
	私立大夏大學理學院	土木	一
	交通部立吳淞商船專科學校	輪機	一

杭州	國立浙江大學工學院	土木，機械，電機，化工	四
	私立之江文理學院理科	土木	一
北平	國立北平大學工學院	機械，電機，紡織，應用化學	四
	國立清華大學工學院	土木，機械，電機（土木機械均分組）	三
	國立東北大學理工學院	土木，電機	二
天津	國立北洋工學院	土木（普通土木水利衛生）鑛冶，機械（普通機械特別機械）電機	四
	河北省立工業學院	市政水利，機電，化學製造	三
	私立南開大學理學院	電機，化工	二
	私立工商學院	橋路，機械	二
太原	山西省立山西大學工學院	土木，採鑛，機械，電機	四
	山西省立山西工業專科學校	機械，電機，應用化學	三
廣州	國立中山大學工學院	土木，機械，電機，化工	四
	廣東省立勷勤大學工學院	土木，機械，化工，建築	四
	私立嶺南大學工學院	工程（未分）	一
	私立廣東國民大學工學院	土木	一

唐山	國立交通大學唐山工程學院	土木(分組)鑛冶	二
青島	國立山東大學工學院	土木，機械	二
焦作	私立焦作工學院	土木，鑛冶	二
南通	私立南通學院	紡織	一
武昌	國立武漢大學工學院	土木，機械，電機	三
長沙	湖南省立湖南大學工學院	土木，採鑛，機械，電機	四
重慶	四川省立重慶大學工學院	鑛冶，機械，應用化學	三
梧州	廣西省立廣西大學工學院	土木，採鑛，機械	三
昆明	雲南省立雲南大學理工學院	土木，鑛冶	二
武功	國立西北農林專科學校	水利	一
開封	河南水利工程專科學校	水利	一
南昌	江西省立江西工業專科學校	土木，鑛冶	二
十九都市	三十六學院	二十不同系別	九十一系

論及院校數目，現在全國各大學工學院及理學院之設有工程學系者，與獨立工學院及其他獨立學院之設有工程學系者暨工業專科學校及其他專科學校之設有工程學系者，總計共有

三十六院校。其中國立省立之大學工學院共有十七院，私立大學無設有工學院者，但於其理學院設有工程學系者，則有七校。獨立工學院凡四，國立者二，省立者一，私立者一。私立獨立學院之設有工科者凡三。省立工科專科學校凡三。國立其他專科學校之設有工程科系者凡二。

以言地域之分佈，此三十六處有工科之院校，分佈於國內十九個都市中，但其中之京，滬，杭，平，津，粵，并七都市中，竟佔二十四院校，已佔全國三分之一之工程教育機關。全國三十六院校之有工科者，共設有九十一個工程學系，二十個不同系別。其中土木系二十四，水利系二，市政水利系一，大地測量系一，工程系一，鐵道系一，橋路系一，機械系十八，機電系一，輪機系一，電機系十六，化工系九，應用化學系三，工業化學系一，化學工業系一，化學製造系一，礦冶系六，採礦系三，紡織系二，建築系二。如將水利，市政水利，大地測量，工程，鐵道，橋路等併入土木系；機電及輪機等併入機械系；應用化學，工業化學，化學工業，化學製造等併入化工系；採礦併入礦冶系計算；則得土木系三十一，機械系二十，電機系十六，化工系十一，礦冶系九，紡織及建築系各二。

嘗考各國工程學術發展之先後，莫不先土木，次礦冶，次機械，再次電機，最後化工，中國高等工程教育發展之順序，亦未離此天演之公例；在庚子前即已有土木，鑛冶，機械等科之設立，庚子後始陸續有電機，化工等科之設置，而化工尤較後起。蓋由路鑛而及於原動力機械修造，再及於電力與電氣交通，最後始及於化學製造也。

惟就社會上所需專門工程人才之趨勢言，卽首爲土木，次機械，次電機，次化工，再次始爲礦冶，中國工程教育機關現有各學系之數目，恰與此需要成正比例。

關於工科教育之方針，大抵國內有工科各院校所採取者，約不外注意以下五端：卽（一）培養深厚的科學基礎，（二）訓練實際的工程技術，（三）訓練組織與管理的能力，（四）培養創業與刻苦的志氣，（五）培養研究中國實際問題的興趣。

全國現在肄業之大學生，約有四萬五千，而工科大學生，祗有四千五百（內女生約佔百分之一）。恰當大學生總數十分之一，每十萬人口中，平均得一工科大學生，而每年畢業生人數，不過千人而已。以中國之有待建設及急需工業化，今後技術人才之需要，自日益加增，中國之工程教育，在今後半世紀中，當因需要而繼長增高。

全國現任之大學工科教員，約計五百人，平均每百學生中之教員數爲十一，以效率言，適介於英國每百學生平均有十位大學教員，與日本每百學生平均有十二位大學教員之間，較之中國全國大學文，法，商，教育，理，農，醫，等科平均每百學生即佔十六位教員之效率爲高。

大學工科研究所的設置，去年始正式創辦，現在祗有國立北洋工學院工科研究所之礦冶工程部，及國立武漢大學工科研究所之土木工程部。此兩處均已招收研究生，以從事繼續大學本科所已學者，而爲高深之研究，希於最近將來，教授及研究生各有所貢獻於工程學術。

四十年來之中國工程教育，殊有極顯著之進步。三十五年前，北洋北京等大學之工科教授，幾概屬歐美人，而現在則皆可由有成績及有經驗之留學生自爲之。二十五年前之工業專門學校，不乏日本教員，而今日則本國大學之優秀畢業生，亦能勝其任；十五年前之設備遠不如現在；十年前之課程不及現時之合理化；五年前之學風，以言教授不如現在之積極從事著述與研究，以言學生則不如現在之努力潛心學問；至大學與工業之聯絡，則更屬近年之進展矣。

中國之工程教育，今日雖已粗能自立，然教授人才之補充，學術研究之進求，國文教科書籍之編著，圖書儀器之充實，學生程度之提高，本國技術問題之探討，猶在在待吾人從事工程教育者之繼續努力，與實際從事工程技術者之督促。顧工程教育之臻於極度美備，與學校教育之能否適切社會需要，非僅院校長與教授等片面之職責，實我工程界全體應盡之義務，願協力促進，共期至效。

自來水衛生標準之商榷

李吟秋

(一)飲水衛生之重要

水之於人，關係至鉅，俗謂「人無水火不能生活」，然有缺水之鄉，不毛之地。(冀北山村苦不得井，往往於山下數十里外取水)幸而得水矣，或苦於鹹滷(近海處多鹹水)，或苦於堊質(近山處多如是)均非養生所宜。且堊質多者其水硬，服者易得癭頸之疾。又若通都大邑，或汲淺井，或飲河流，其水往往汙穢，含有病菌，最易致瀉痢等腸胃之病，及霍亂傷寒等傳染之症。都市人口稠密，水之衛生，亟應特別注重，非徒飲料供給，宜求清潔，而水質成分，尤須加以科學的分析，方可確定水源有無變化，而免發生疾病傳染之危險。

(二)飲水分析種類

關於飲水分析一事，計分生物學的分析，及化學與物理學的分析三種；

(甲)物理學的分析

(1)檢查溫度　天然水之溫度差別甚大，然對於衛生方面無顯着之關係，普通地下水溫，均在華氏四十至五十二度。過於此者，其來源極深，是爲溫泉，內多礦質。

(2)檢查清濁　此以一定之標準，而定清濁之度數。
(3)檢查固體物質　如有泥沙或有機物質等，則須定其比重。
(4)辨認顏色　水內顏色如何，恆表示其中所含物質之種類與狀態。
(5)辨察臭味　水味有淸，淡，苦，澀，鹹，甜之分。普通水臭不易察覺。如有惡臭，則其中恒含有腐化之有機物體，與硫鐵等礦質也。

(乙)化學的分析
(1)鑑定水之成份
(2)鑑定各種淡氣化合物　如游離之阿摩利亞，蛋白質之亞摩利亞，亞硝鹽，及硝酸鹽等，此足以表明水內有機物之狀況如何。
(3)養氣試驗　水淸則所耗之養氣少，水濁則所耗之養氣多。
(4)鑑定硬度　試驗所含之炭酸鈣(或鎂)硫酸鈣(或鎂)之多少，大抵水過硬者，不但不宜於飲用，抑且不宜於工業。
(5)鑑定綠氣化合物之多少　不潔之水，或曾受居宅穢水之浸混者，其中所含鹽鹹雜質恆多。
(6)鑑定有無礦質　此對於工業較爲重要。

(丙)生物學的分析　用顯微鏡察考水中所含有機物之種類及性質，並試驗水內微菌之多少，與作用活動，以定水之可否飲用。

(三)飲水分析之相對的標準

按飲水清潔之程度，原無絕對標準，要視地方情形及居民習慣而定。所謂分析標準，不過將各處水源之水質，加以分析比較，而擬出一種假定的相對的標準，以資比較參考而已。在通都大邑，公共給水之水源甚多而何者適於飲用，何者不適於飲用，往往發生問題。玆綜合各方水質分析結果，擬訂自來水之衛生標準如次，望我工界仝志，加以指政焉。

通常井水水質分析結果比較表

深井水水質分析項目	通常深井水[illegible]	例證一 上海	例證二 青島	例證三 旅順	例證四 沙河口	例證五 奉天	例證六 撫順	例證七 天津(A)	例證八 天津(B)			
(甲) 物理測驗 Physical examination												
1. 溫度 Temperature in Centigrade												
2. 渾濁 Turbidity 矽土標準 Silica standard	10		5									
3. 色 Color 白金鈷標準 Platinum cobalt standard	0 70											
4. 味 Taste	0											
5. 嗅 Odor	0											
6. 沉澱渣滓 Sediments	無害自然沉澱物											
(乙) 化學測驗 Chemical Analysis												
1. 氯(綠化物中綠氣) Chlorine in chlorides	100 500	106		26.777	117.616	30.171	93.066	274.95	241.128			
2. 弱鹽氣(亞硝酸鹽) N. as nitrites	無	無		0	0	0	0	無				
3. 強鹽氣(硝酸鹽) N. as nitrates	1.4 10	0.09		微	微	微	微		微			
4. 游離阿母尼亞 Free Ammonia	0.01 0.80	1.80	0.008	0	0	0	0	0.08	痕跡			
5. 蛋白質阿母尼亞 Albuminoid Ammonia	0.01 0.18	0.01						0.18				
6. 鐵 Iron	0.5	0.3							無			
7. 鉛 Lead	0.1	無										
8. 銅 Copper	0.2	無										
9. 鋅 Zinc	5.0	無										
10. 需要養氣 Required Oxygen	0.30 1.06	0.42						1. in acid med. 0.49 2. in alkaline med. 0.35				
11. 總硬度 Total Hardness	250 400	196	31	117	126	66	41	340	130			
12. 定質總數 Total Solid	400 1000	492	100	324	460	244	124	1. [illegible] 698 2. Dried at [illegible]	948			
(丙) 生物學測驗 Biological examination												
1. 細菌數 Bacteria number of colonies per cc	0 100		103	12	16	31	41					
2. 大腸菌 B. coli												
3. 病源菌種類 Pathogenical Bacteria												

附註：(1) 表內所列分析結果數量係以百萬分之分數(Analysis in parts per million)核算
表內所列例證(一)係根據"The Engineering Society of China"雜誌中上海自來水井概況文內 Route Delestre 水井 1933 調查
例證(二)—(六)係根據中國建設自來水專號所載材料，例證(七)天津(A)係天津英租界自來水廠1933年化驗報告(八)係
天津市特別第一區自來水廠廿四年十一月水質化驗報告

通常河水等水質分析結果比較表

河水等水質分析項目	通常河水等水質分析結果	例證一 廈門	例證二 漢口	例證三 上海	例證四 上海	例證五 鎮江	例證六 北平	例證七 吉林	例證八 上海	例證九 大連	例證十 本溪湖	例證十一 安東
(甲)物理測驗 Physical examination												
1. 溫度 Temperature in centigrade												
2. 渾濁 Turbidity 以矽藻土標準 silica standard	10	0	13	2	1	1	0	0				
3. 色 Color 鉑鈷標準 Platinum cobalt standard	0–70	2				0	0	10				
4. 味 Taste	無											
5. 臭 Odor	無											
6. 沉澱渣滓 Sediments	無藻質或動物											
(乙)化學測驗 Chemical analysis												
1. 氯([illegible]) chlorine in chlorides	40–250	8.0	4.0	46.0	26.0	13.0	22.0	5.6	91.0	2.353	3.711	6.286
2. 亞硝酸氮([illegible]) N. as Nitrites	無	0	0		0	0.002		0		0	0	0
3. 硝酸氮([illegible]) N. as nitrates	0.3–16	0	0.050	0.20	0.160	0.030	25.000	0.250	1.095	微	微	微
4. 游離阿摩尼亞 Free ammonia	.006–.18	.0008	0.03	0.12	0	0.014	0.200	0.020	0.390	0	0	0
5. 蛋白阿摩尼亞 Albuminoid ammonia	.007–.23	.0063	0.07	0.14	0							
6. 鐵 Iron	0.5	0				少許鐵		0.5				
7. 鉛 Lead	0.1	0										
8. 銅 Copper	0.2	0										
9. 鋅 Zinc	5.0	0										
10. 需要養氣 Required oxygen	1.50–3.00	0.700	2.00	0.800	0.130	1.200	3.00	1.200	0.687			
11. 總硬度 Total Hardness	50–100	23	91	60	3	110	18	60	110	41	64	20
12. 固體總數 Total solid	100–200	44	100	88	136	130		68				
(丙)生物學測驗 Biological examination												
1. 細菌數 Bacteria number of colonies per c.c.	0–100	1	82	96	17	2200	84	10		6	86	167
2. 大腸菌 B. coli				十公撮水(+)		一公撮水(+)						
3. 病原菌種類 Pathogenical Bacteria												

附註：(1)表內所列分析結果數量係以百萬分之分數(Analysis in parts per million)核算
(2)表內所列例證(1)—(11)係根據中國建設自來水專號雜誌所載材料

護岸板樁之簡明設計方法

李尙彬

第一章　緒論

板樁之計算方法，通常爲先求樁後填土之壓力，與因此所引起樁前泥土之抵抗力；嗣乃擬定板樁入土之深度，依此深度復計算樁前泥土之抵抗力，藉以斷定其避免搖動之安全度數。換言之，如先擬定一安全度數，由此亦可算出其入土之深度。此項計算方法，於泥土抵抗力之分佈情形，略而不顧，僅依各項近於事實之假定條件，以爲根據，其不合於理論也明矣。至於板樁之厚度，則按支於兩點之簡單桁梁計算。其一點爲板樁與拉桿之交點，他點爲下部泥土抵抗力分佈面積之重心。此種計算方法之不合理，甚屬明顯。蓋板樁入土愈深，則抵抗力重心愈下移。跨度加大，其厚度亦應隨之而增加；是板樁之負重未見增加，徒因入土深度之增加，而須加厚。其背於理論，不待識者而知也。

近年來關於板樁設計方法之著述至夥且鉅。總括言之，爲將樁後泥土之壓力及樁前之抵抗力一並加入。至其分佈情形，依經驗所得，係一曲線，故其各項應力之增加，咸依此曲線以進行。板樁厚度之計算方法，雖亦按普通簡單桁梁公式，但其兩支點，則一爲板樁與拉桿之交點，一爲『寡門』(Moment) 等於零處。此項計算方法，所計入之各項因數及其力之分佈情形，與理論較爲符合，結果當較可靠。但其分佈以曲線計，則甚爲複雜繁難，勢所難免也。

本文所論者，爲依上述之方法，略加改正。泥土之主動壓力，及反動壓力，與其他各項因數，一並加入。惟其分佈情形，則假設爲與該曲線相近似之一直線，因之其計算方法，則較簡單明易，於理論及實際，亦屬符合。下述各節，即依此推論者也。

第二章　計算根據

(一)假定條件

板樁之設計方法，其假定各條件如次：

1. 泥土及水壓力之分佈依直線而增加。
2. 板樁之露出水面上一部份只受後部填土之主動壓力。
3. 板樁之入於水面下之部份前後水之壓力相抵消，所受者亦後部填土之主動壓力。
4. 深入泥土之板樁，其前後之泥土主運壓力，適相抵消，所餘祇泥土之被動壓力而已。

(二)符號

P_e =乾土或濕土之平壓力，每平方呎磅數，

P_{ew}=水中泥土之平壓力，每平方呎磅數，

以上P_e與P_{ew}均假設其壓力之情態與水之壓力相等。

P_w=靜水壓力，每平方呎磅數，

$=W_w$水之重量，每立方呎磅數，

P_{comb}=水中泥土，與水之共同壓力，每平方呎磅數，

$=P_{ew}+P_w$

W_e =乾土或濕土之重量，每立方呎磅數，

W_{ew}=水中泥土之重量，每立方呎磅數，

λ=乾土或濕土之安息角(Angle of Repose)若干度，

φ＝水中泥土之安息角若干度，

P_e＝乾土或濕土之反動壓力，每平方呎磅數，

(三)公式

依哥倫布氏公式，泥土之重量可化爲相當於水之側壓力，如下：

$$P_e = W_e \tan^2\left(45^\circ - \tfrac{1}{2}\varphi\right) = W_e\left(\frac{1-\sin\varphi}{1+\sin\varphi}\right) \quad \cdots\cdots(1)$$

$$P_{ew} = W_{ew} \tan^2\left(45^\circ - \tfrac{1}{2}\varphi\right) = W_{ew}\left(\frac{1-\sin\varphi}{1+\sin\varphi}\right) \quad \cdots\cdots(2)$$

$$P'_e = W_e \tan^2\left(45^\circ + \tfrac{1}{2}\varphi\right) = W_e\left(\frac{1+\sin\varphi}{1-\sin\varphi}\right) \quad \cdots\cdots(3)$$

此處之P_e＝主動壓力（Active Pressure）

P'_e＝反動壓力(Passive Pressure)

第三章　力之分析。

(一)力之分佈

其各部力之分佈如第一圖所示

設板樁AD。AB係上部之埋土，BC爲入於水中者，CD爲深入泥土中者。其各部所受之力，皆詳示於第一圖內。由樁頂A點起始，其壓力之增加沿AK線，上部埋土之合力爲P_1，力距爲$\frac{2}{3}$HD，迨至K點則沿KJ而增加，KJ線之坡度較AK線爲尤，其合力爲P_2與P_3，力距爲HD ＋ $\frac{H_w}{2}$與HD＋$\frac{2}{3}H_w$至J後，樁即深入泥土中，其前後之主

動壓力適相抵消，其反動壓力應沿CE線而增加，但椿後尚有一部主動壓力，故移C至J，D至G及E至E'，則其實際有效反動壓力爲ODE'三角形，其合力爲Pe，力距爲 $\frac{2}{3}H_D+(H-H_o)$。理論上之主動壓力爲AJC三角形與CJGD四邊形，但J點以下，深入泥土中之部份，與一部反動壓力相抵消，已如上述，故其實際有效主動壓力爲AJC及CJO兩三角形矣。

依第二章所述之公式，其各部應力如下：

$$P_1=P_eH_D=W_eH_D\left(\frac{1-\sin\varphi}{1+\sin\varphi}\right)\cdots\cdots(4)$$

$$P_2=P_1+P_{ew}H_w=W_eH_D\left(\frac{1-\sin\varphi}{1+\sin\varphi}\right)+W_{ew}H_w\left(\frac{1-\sin\varphi}{1+\sin\varphi}\right)$$

$$=\left(W_eH_D+W_{ew}H_w\right)\left(\frac{1-\sin\varphi}{1+\sin\varphi}\right)\cdots\cdots(5)$$

$$P'_{ew}=\text{反動壓力}=W_{ew}H_s\left(\frac{1+\sin\varphi}{1-\sin\varphi}\right)\cdots\cdots(6)$$

(三)平衡狀態

依力學中之通用公式，於此平衡狀態時，則有下列情形：

1. 圍繞任何點之『幕門』(moment)等於零，

2. 全部平行力之總和等於零，

應用第一式，以A爲中心，則 $\Sigma M_A=0$

應用第二式，則 $T+P_e=P_1+P_2+P_3+P_4$

此方程式中 P'_e, P_1, P_2, P_3, 及 P_4，皆爲已知數，故 T_1 即拉桿之應力，可由此式求得。

(三)板樁入土之深度

B_o=假設『慕門』(moment)爲零處抵抗力。

依賓諾爾公式，則板樁入土之深度(Hs)

$$H_s=K\left(A_o+\sqrt{\frac{6B_o}{2P'_p-P_a}}\right)$$

P_p=理論上泥土之反動壓力。

$=P'_{ew}$

P_a=地面下之主動壓力=P_e或P_{ew}

K=常數，與泥土之情形及B_o之大小無關

=一，一至一，二任何土質皆可應用。

所以 $$H_s=1.2\left(A_o\sqrt{\frac{6B_o}{2P'_{ew}-P_e}}\right)\cdots\cdots(7)$$

由此求Hs，板樁入土之深度，即可求出矣。

(四)板樁上最大撓力處

如第一圖所示，A至D一段之板樁，可假設爲一簡單桁梁，其前截如圖，則其慕門(moment)可用圖解或計算法以求得之，此甚易爲，無待贅言。

第四章 錨梁與擋梁

如第三圖所示，其位於板樁前部之橫梁曰擋梁 (Waling Beam) 位於後部拉桿之他端者曰錨梁 (Anchor Beam)

設N＝M距離內板樁之數目

M＝拉桿上之拉力，

則 T＝TrN

此 Tr＝擋梁上所受 板樁之抗力

擋梁可依普通簡單桁梁公式，以設計之，其前載爲平均分佈於全體者，其前載總和即T拉桿之拉力也。

錨梁之形狀甚多，下列三種乃簡單而常用者。

a.連續桁梁，

b.拉樁，

c.拉樁加支柱，

茲分述於後：

(一)連續桁梁

連續桁梁，通常所用者係混凝土桁梁，如第四圖。如所用者爲窄狹桁梁時，則其阻力f，可略而不計。此外桁梁所受之力則爲T與反動壓力abcB''而已。置AB''線於AB''線上，則實際反動壓力如下：

$$ab = x'(P'e - Pe)$$

$$CB'' = (x' + x)(P'e - Pe)$$

若該桁梁長度與護岸相等，並具有充分之抵抗力時，則由x深度所決定之泥土反動壓力，必可阻止由擋梁所生之側

壓力T或

$$T=\frac{(ab+CB'')x}{2}$$

$$=\frac{x}{2}[(x+x')+x'](P'_e-P_e)$$

$$=\frac{x}{2}(x+2x')(P'_e-P_e)$$

命$d=(x+x')$,d之值通常祇爲假設，但其與實際數值則相差甚少也。d之數值既知之後，則x可由下列公式求之：

$$x=d-\sqrt{b^2-\frac{2T}{(P'_e-P_e)}}\quad\cdots\cdots(8)$$

拉桿須通過梯形力解圖之重心。設y＝自桿至梁底之距離。

則　$$y=\frac{3x'x+x^2}{6x'+3x}\quad\cdots\cdots(9)$$

(二)拉椿

AB爲拉椿其頂端可位於AC之間，低於A而高於C。TC爲拉桿，其位置並非穿過泥土壓力之中心，故有使拉椿旋轉之傾向。

因拉椿有旋轉之傾向，故拉桿須具充分之長度，並須堅實而有胝桿之力，藉以防止之。下述求拉椿長度與大小之方法，雖理論上不甚精確，然依前假設之土壓情形，則常屬相差無幾也。

如第五圖所示：

P'_e＝泥土壓力之合力

P''_e＝反動壓力之合力，即防止拉樁旋轉之力

T＝拉桿上之總前載，

b＝拉樁之有効寬度，或每一拉桿所需之樁，藉以承受土壓者。

(P'_e-P_e)所增加之淨反動壓力。

由以上之定義及圖內所示者，則全部平行力之總和爲

$$T-b(P'_e-P_e)\left(\frac{x^2}{2}\right)+b(P'_e-P_e)\,x\cdot x'=0$$

其圍繞B點之『幕門』爲

$$Td-b(P'_e-P_e)\left(\frac{x^3}{6}\right)+b(P'_e-P_e)\,x\left(\frac{x'^2}{3}\right)=0$$

自第一方程式內，求得x'之值，代入第二方程式內，並化簡之，則得下列之方程式：

$$x^4+\frac{4Tx^2}{b(P'_e-P_e)}-\frac{12Tdx}{b(P'_e-P_e)}-\frac{4T^2}{b(P'_e-P_e)^2}=0 \quad\cdots\cdots(10)$$

x＝樁之長度，可先假設d'之值而試驗之。

d之值則可由x之值而求得之。

拉樁之撓曲力幕門(Bending Moment)之近似値，可由下列公式求之：

$$M=T(d''-d')-(P'_e-P_e)\frac{d''^3}{6}$$

欲求d''之値及最大撓曲力幕門(Bending Moment)之位置，則先求上列方程式之微分：

$$\frac{dM}{dd''}=T-(P'_e-P_e)\frac{d''^2}{2}=0,\quad d''=\sqrt{\frac{2T}{P'_e-P_e}}$$

代入，最大撓曲力幕門

$$M_{max.}=T\left(\sqrt{\frac{8T}{9(P'_e-P_e)}}-d'\right)\cdots\cdots(II)$$

此公式內，T為磅；Pe及Pe為每平方呎磅數；d'為呎，撓曲力幕門M為呎磅。

(三)拉樁加支柱

通常Θ=30°，拉樁加支柱間之角度，蓋因打樁時較易也。

拉樁與支柱之長度及大小與下列各項有關：

1. 推入及拔出之阻力；該力之方向如第六圖，B所示。

2. 以○為支點，拉樁有旋轉之傾向，其防止之力，唯Pe是賴。

設Θ=支柱與拉樁間之角度，

AD=拉樁上之拔出力=T/tanΘ

AC＝支柱上之推入力＝$T/\sin\theta$

如椿上部所受之泥土壓力，略而不計，並使其抵抗拔出(或推入)之力，等於所假設之椿之承受量 (Bearing capacity)(此假設實爲安全)，則椿之長度及大小可由下列公式求之：

設 Pb＝椿之承受量，依所在地下層之地質情形及椿之性質而定。至其表面阻力，於打入相當時間後，即漸次增加，此爲人所共知，無庸贅述也。

Pb之値可由『工程新聞』公式，以估計之

用汽錘 $P_b=\frac{2wh}{s+0.1}$

用人力錘 $P_b=\frac{2wh}{s+1}$

此處之 Pb＝椿之承受量，磅，

w＝錘重，磅，

h＝錘落之高度，呎

s＝最後一擊，椿陷落之吋數(以用最後五次或六次之平均數値較確)

若 m＝椿之直徑，

l＝椿之長度，

則單位表面阻力＝$Y=\frac{P_b}{\pi ml}$

由此式即可估算或校核樁之長度與大小。

繼則以O為中心，而求其冪門。

$Th-P'ey=O$

y之值與樁之長度及d'有關，(如第六圖所示)

拉樁須具有充分之長度，蓋如此則其在泥土內所生之反抗力，方可抵禦樁之旋轉傾向也。

第五章 填土

樁後之填土須十分小心，因斯時為板樁拉樁所受壓力之最高時也。填土完畢後，泥土之側壓力，漸次降低，此乃由於填土之沉陷與其最後所成較直之安息角所致也。下列各條，乃填土時所最宜注意者：

1. 板樁與拉樁間之填土，須分層築打，每層以平面為宜。
2. 近鋼鐵處，黏土為最宜材料，因其非酸類，不含養氣，以鋼鐵銹蝕，且可防止地上雨水之侵入（此雨水可增長養化作用）。煤渣最不宜置於鋼鐵旁。
3. 板樁須具充分之長度，以能透入河底下層，而不受冲涮為宜，並須發展其應具之能力。
4. 水中填土，安息角愈大愈佳。故河底之泥，不堪應用，安息角自零度至十五度，乾而帶砂性之黏土，安息角為三十六度五十三分，如潮濕時則為十八度二十六分，碎卵石或碎磚塊，乾燥者或半浸入水者，其安息角為由四十二度至四十五度；故後者乃最適宜之材料也。
5. 黃土與石灰之混合物（4：6或3：7 並錘打堅固，則可為第一層之擋墻，中國北部黃土甚多，用此填於板樁之後，實爲最經濟者。其宜注意者爲此填土之底，須位於泥土所生反抗力平面之下，以求安全。天津及其附近常用黏土與石灰之混合物，以爲護岸之用，現已經若干年並多次大水尚未毀壞，其功効甚爲顯著，可值工程家之注意。

附圖二張

參考書籍

(1) Proceeding, A. S. C. E. march. 1934,

(A) "Analysis of Sheet-Pile Bulkhead" By Paul Baumaun.

(B) Discussion on same subject by Messrs. R. H. Vanglm, M. A, Erucker, & Raymond P. Pennoyer.

(2) "American Civil Engineering Hanbook" —— Meniman & Wiggin P.P. 1806—1809.

(3) "Civil Engineering" —— vol. & No. 6. 1934,

"Gravity Bulkheads and Cellular Cofferdams" —— By R. P. Pennoyer.

(4) "Civil Engineering" vol, & No. 4. 193'.

"Details of Stee Piling Bulk head" —— By R. P. Pennoyer.

(5) "Civil Engineering vol. 4. No. 12. 1934.

"Embedment of Poles. Sheeting & Anchor Piles" —— By M. A. Drucker.

(6) "Earth Pressure. Retaining Walls & Bins" ——By Willam Coin.

第一圖 板樁所受各力之分佈情形

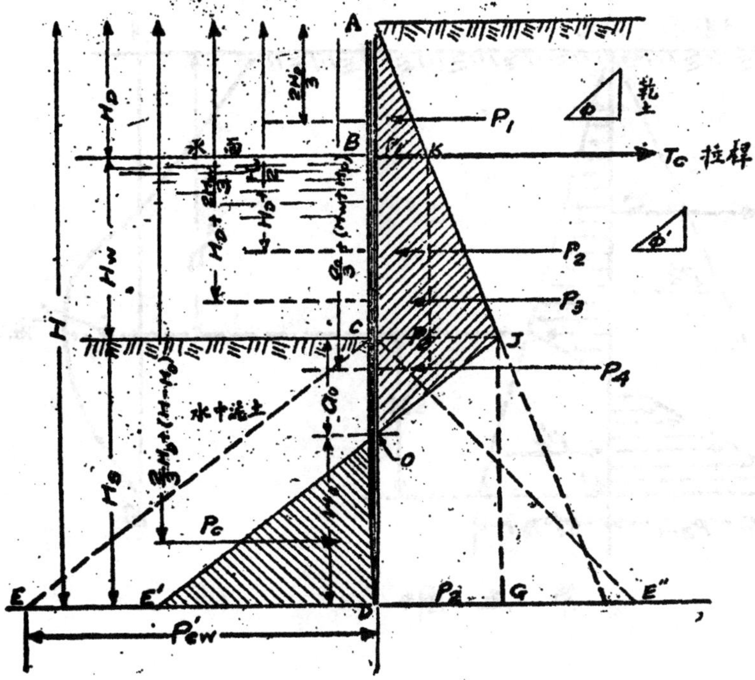

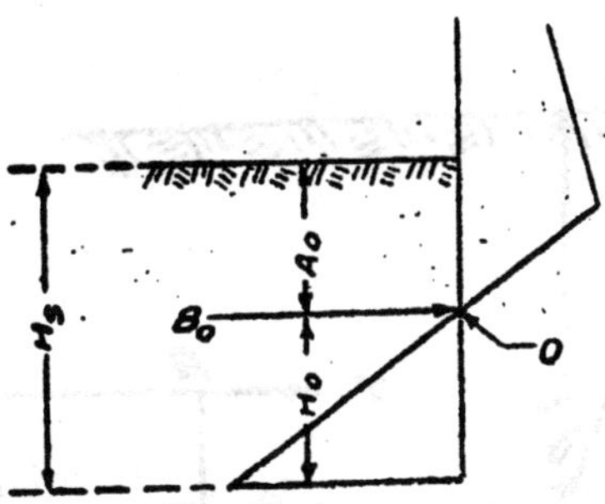

第二圖

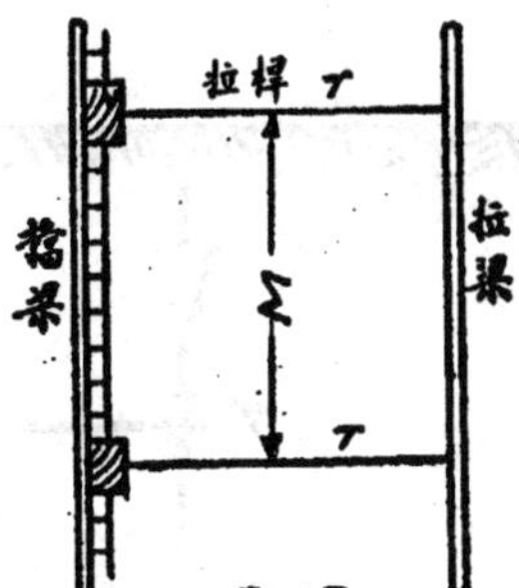

第三圖

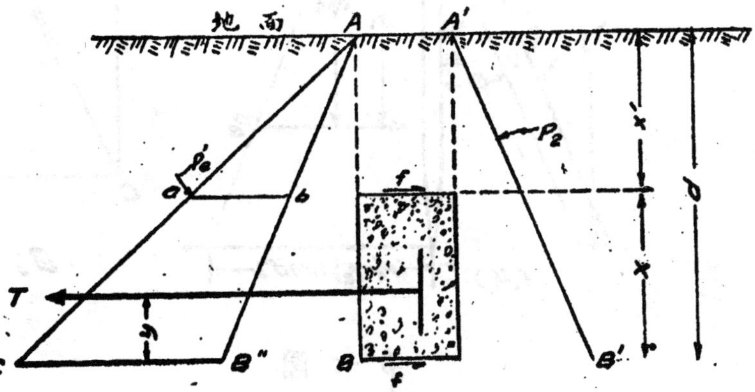

第四圖

20437

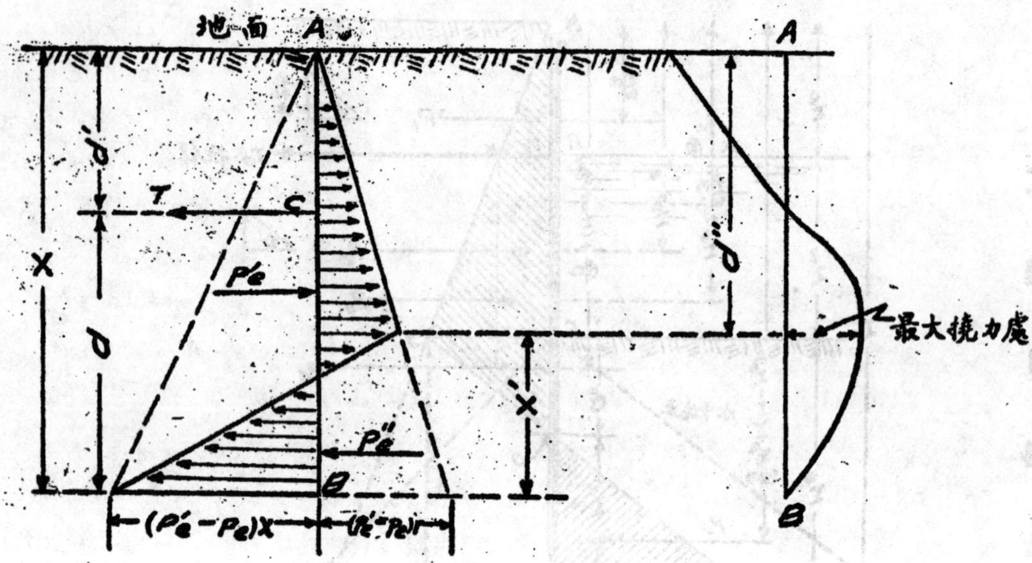

第五圖

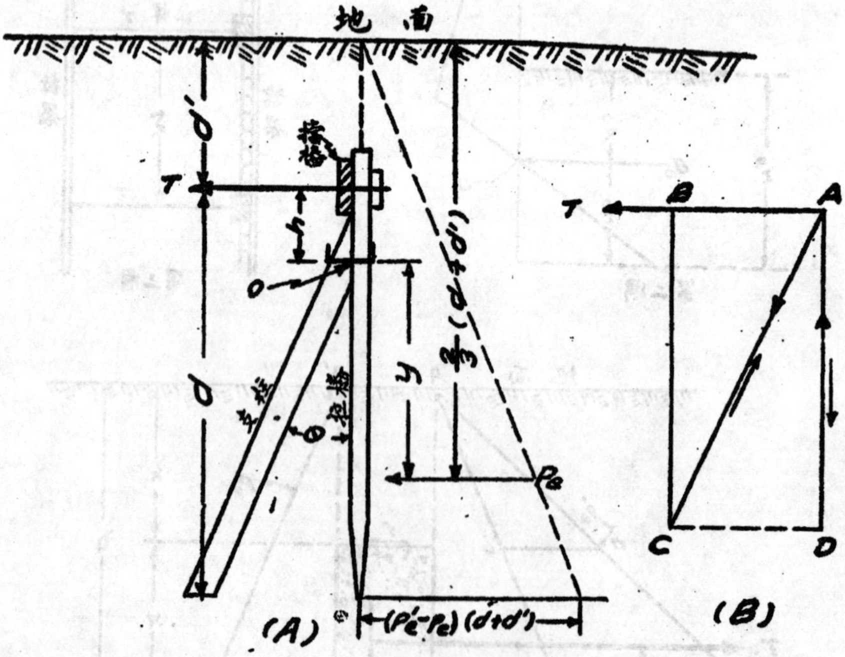

第六圖

20438

工業調查

介紹久大與永利

鄭統九

（一）前言

按基本化學工業共有三類：一是酸類工業，二是鹼類工業，三是氮氣工業。這三類是一切化學工業的基礎。國內工廠，之需要「酸」，「鹼」，「氮」作原料者，在過去概購自外國；本國工廠並不能自行製造供給，不過近幾年來，我國化學工業，漸樹基礎，漸漸的要可以自給了。據民國二十二年海關報告：酸類輸入爲一五三六零五担，值三百餘萬兩，其中以日本貨佔大宗，約當全值的百分之四十三；鹼類輸入八五九一五三擔，值六百五六十萬元，其中以英國貨佔大宗，佔全值的百分之六十，日貨次之，佔百分之十四，蘇俄再次之，佔百分之十三，其餘美國德國，便都不到百分之十了：氮類進口共一六七四二零零擔，價值約值一千四百萬元，其中以英國貨居大宗，當全値的百分之五十一，德貨次之當全値的百分之三十九，其餘荷蘭美國及其他各國之和約共當全値的百分之十。我們看上面這三類化學工業基本原料的進口，使我們知道中國的化學工業，現在還未能達到獨立的境界。數千萬元的漏巵，已足令國人悲痛了！更足使人痛心的，是我們的化學工業，離了人家還不能獨自站立起來！

不過，有一件令人可喜的，是我們對於這三種化學工業基本原料，業已漸漸的能以自行製造了，現在雖尙不完全脫離外貨的束縛，倘若沒有外力的特殊摧殘，依現勢的開展看來，再有相當時期的發展，我們是可以獨立了的。你不見鹼類的輸入，在民國二十年以前，每年輸入都在一百萬担以上（民十九輸入最高，共一百五十四萬担），到二十一，二十二兩年便只八十餘萬担了嗎？所怕的是外力的無理壓迫！否則，我們化學工業的前途是樂觀的。

上述三種基本化學工業中，在過去輸入最多，現今國人經營最有成績的，要算鹼類工業；我國的鹼類工廠雖有七家之多，其中以永利製鹼公司，資本最爲雄厚，組織最爲龐大，其出品非止能與向來獨霸中國鹼類市場的英商卜內門洋城有限公司平分天下，而且漸漸的能以向外輸出，這就有些令人喜氣盈眉了。而且永利近又建築硫酸錏廠於浦口，爲中國最大的氮氣工廠。所以談中國的化學工業離不了永利。因永利在中國化學工業上地位之重要，所以我們特來介紹牠一下。

永利在組織上，業務上，和久大精鹽公司有不能分開的關係。就是在經濟上也難以分開。所以介紹「永利」時，也應該介紹「久大」。不過，我們只能作表面的介紹，不能作進一步的分析研究，因爲（一）各方關涉極廣，社會關係，尤極複雜，營業運銷，種種數目字，尤難詳盡無遺；（二）更有許多事項，因業務上的關係，不能公開發表。所以祇能做粗糙的簡單介紹。

（二）兩廠的環境

「久大」，「永利」廠址在津東塘沽，傍靠白河與北寗鐵路。不過，塘沽雖是水陸碼頭，因爲距天津太近，火車固用不着在那裏起卸，輪船也用不着起卸，縱使有時因爲白河水淺，巨輪難駛，倒一下小型輪船便可以到天津的。所以塘沽並不是什麼了不得大碼頭。現在我們到塘沽，除了久大永利的大煙突，高樓大房之外，也有不少的建築，也有街道，也有市廛，這就全是爲久大永利所預備的了。所以現在的塘沽，去了久大永利便空無所有。

不過，我們萬分傷心的，這樣一個小小的塘沽，便有兩所外國兵營，一個是法國兵營，一個是日本兵營，屯駐的軍隊都不在少數。最不起快感的，是塘沽的街道，有幾條是從外人手裏出錢租來的；因有經外人劃定的區域通過，是要出租的！噫，我們的地方，經人家强行圈定了，我們再用，就須付租！

圍繞於「久大」「永利」東北方面的，盡是晒鹽灘場，雪白一片，一望無際，靠近鐵路，鹽坨累累，堆如山丘，煞是威風！所以作原料用的鹽，很是豐足，由水道，可以直接通渤海；由旱路可以經北寧，以達國內各重要都市；燃料取諸開灤，石灰石來自唐山，雖覺稍遠，但亦無何不便。

總之，「久大」「永利」在塘沽設廠，實是一個極度適宜的地區，如果國際間沒有無理的糾紛。

(三)久大精鹽工廠

久大精鹽公司，成立於民國四年，這是中國鹽業史上值得紀念的一個新紀元。精鹽這件東西，以及「精鹽」這個名詞，都是久大對中國的創作和供獻。甚至政府所頒布關於精鹽一切法令，也都是專為久大而設。就是在目下，中國的鹽業公司，也都和久大有相當的瓜葛，譬如青島的永裕鹽業公司，便是和久大在同一的組織系統下面，聽說最近又有在海州開廠，利用淮鹽的計劃，不知能否成為事實。總之，久大現正在積極擴充，前途發展未可限量，我們很希望這與國民健康有直接關係的精鹽事業，能向理想的境界極力發展。這就不能不竭誠祝久大同人的奮勉與努力了！

久大有新廠舊廠兩部，舊廠亦稱西廠，新廠亦稱東廠，舊廠建於民國四年，與黃海化學工業研究社相鄰，新廠建於民國五年，與永利製鹼工廠相連，共佔地二百餘畝。

久大的創辦資本，僅五萬元，其後因業務開展，屢有增加，不到十年的工夫，居然增加了四十二倍，現在的資本總額共計二百數十萬元。直接間接經手的鹽，業已超過三百萬担以上。

在新廠附近，有鹽田二百餘畝。用以製精鹽的粗鹽，係以人造水溝，引至鹽田，鹽田區隔成多少部畦，先引水至第一鹽田，經日光照晒，水分蒸去，濃度稍增，則轉導至第二鹽田，經過相當之蒸發，再引至第三鹽田，此第三鹽田，即普通之所謂鹽池，再經過適當之日光蒸晒，便結成粗粒結晶，是為粗鹽。我們平常吃的鹽，就是如此製成的粗鹽，所謂「精鹽」是由粗鹽再經過幾次手續製成的鹽。

久大自己鹽田所晒的粗鹽，尚不夠該廠作原料之用；有一部份係購自蘆台晒鹽灘戶。

製精鹽的程續，是先將粗鹽溶解於洋灰大池中，再將此溶液，引入濾槽之中，此濾槽中實以砂石炭質，溶液經過其中，便將不潔的雜質除去，如是往復濾過，共凡四次，所有雜質，就全被濾淨了，把此已經淨的鹽汁，引至儲蓄池中，然鹽汁雖已經過四次濾過作用，但鹽中所含的「鎂」「鈣」等質，並不能因濾過而除去；故將鹽汁引至儲蓄池之後，加以少量之「炭酸鈉」，使與「鎂」「鈣」等質起化學作用而沉澱。則所餘的鹽汁便更純潔了。此時的鹽汁中，沒有什麼雜質，便使之流入大蒸發鍋內，以煤炭燒之使沸，等水分全都蒸發出去之後，在鍋底便成了雪白的大粒結精，再將此送至平底鍋上，在乾燥室烤乾。這便是我們平常見的「久大精鹽」。不過，所成鹽粒，大小並不一致，於是再經過一次篩整的工作，顆粒大的和顆粒小的，分別裝入麻袋中，便運輸出口了。每一麻袋共裝一百斤。但是在津平一帶市面通行的，是用紙袋裝的細末，每袋約十四兩。此乃將粒送至「碾細室」，由小發動機，使轆轉機轉動機碾，碾成碎末者，成分上和大粒者並沒有什麼不同。

按久大出產精鹽的數量，依市面需要情形之不同，而不一致，大致每日產量自七八十噸至一百三四十噸之間。據云：現在市面情況，因種種關係，並不見佳，現在傭雇工人數，約為一百五十人，每人每日工作八小時。（其他有永利情況相同者，以後再一同說明。）

就管業情況說，久大現在也感受一種苦悶，蓋受捐稅的阻碍，不能達到社會普遍的程度，很難開闢新的銷售市場，以致營業狀況極難邁進。所用原鹽，雖享免稅待遇；然成品向消費者出售時，並無優待之可言；因其經過若干的人工改造，成本業已提高甚多。若與鹽商所售之粗鹽，同居相同稅捐之下，則精鹽利薄，粗鹽利厚；所以該廠某君謂：「粗鹽能得利四元，則精鹽僅可獲利一元；故有時不能與鹽商競爭。」所以現在久大正製造一種比較稍粗「精鹽」，僅將「粗鹽」經一次洗淨，便令其結精出售，就是為的要減輕成本的原故。

國人習慣上習於用食「粗鹽」，尚未養成食用「精鹽」的習慣，許多人都認為「粗鹽」比「精鹽」鹹；因有此錯誤觀念，是以久大欲開發新市場，除捐稅問題外，尙須改變人們的吃鹽習慣，那就非經過一個比較長的時間和適當的宣傳不爲功了。

按「鹽質」是人生理上必需的東西，沒有他便不能完成血球的新陳代謝作用。因爲人們普遍的都須吃他，所以各政治已上軌道的國家，對於鹽都有適當的管理，大概由政府經營的多，其着眼之點，非在於營利，乃在於國民的健康，可是中國自若干年以來，即歸鹽商經營，除徵稅以外，完全取放任主義，這是多麼危險的事情！年來政府沒有可靠的財源，於是便只有向食鹽上打算盤，稅捐源源而來。現在鹽的售價，超過了原鹽價格的五十倍，都是稅捐作祟！國人既出了昂價，又吃不着好鹽，於是國民健康受了影響，經濟能力也擔負不了，乃羣趨於刮製私鹽之一途，品質雖然壞，但總廉賤的很多。霍六丁在定縣任實驗縣長的時候，對於勤辦土鹽不很利害，便受到居民的歌功頌德。也可見這問題性質的一般，冀南因土鹽曾惹起極大糾紛。土鹽雖足以影響政府的稅收，但人民的擔負實在沒有辦法的呀！政府只知用緝私隊以高壓手段對待，而不想根本解救的方法，將來人們或者不以食鹽爲目標，而擴大其爭鬥的目的，和政府作總清算也未可知！這是當局很應注意的一點！這就不止是久大因受稅捐阻撓，不能發達的問題了。

又，中國鹽產的分布，沿海各地，北起遼寧，南至閩粵，到處都有鹽場。至於內地，四州有自流鹽井，山西，青海等西北一帶，有天然的鹽池。不過論起品質來，長蘆鹽向來著名一，這也是原於氣候天時的關係。久大所用的，正是這純好的產鹽地帶，如果能有恰當的經營，前途正未可限量。久大之在中國，可算是惟一無二，天之驕子！前途所負責任之重大，也實不容忽視，「精鹽」事業的前途，國民健康的前途，都有直接關係的。這就不能不希望久大同人努力奮勉，克任堅鉅，以符社會之所期了。

(四)永利製鹼公司

(甲)概況

永利製鹼公司於民國五年由范旭東，王小徐，李賓四，張岱彬，陳調甫等所發起，民國六年鹽務署批准免納鹽稅，民國九年開始建築，十一年工竣，至民國十三年內部裝置完成，開始工作，惟以技術方面，各國皆嚴守秘密，既無經驗又無參攷，故產品不良，直至民國十四年方有純鹼問世，賡續研究，多方改良，得有今日。

按「永利」初成立時，資本僅五十萬元，繼以成績日進，市場需要與日俱增，年年擴充，現今資本總額已達六百萬元之譜。

除其他附屬部份不計外，全廠共佔地七十餘畝，有大樓兩所，高達十一層，號稱「望海樓」登其巔，東望大海，巨輪如豆，往返行駛，煞是好看，「永利」主要的生產設備，便都在這樓裏面。

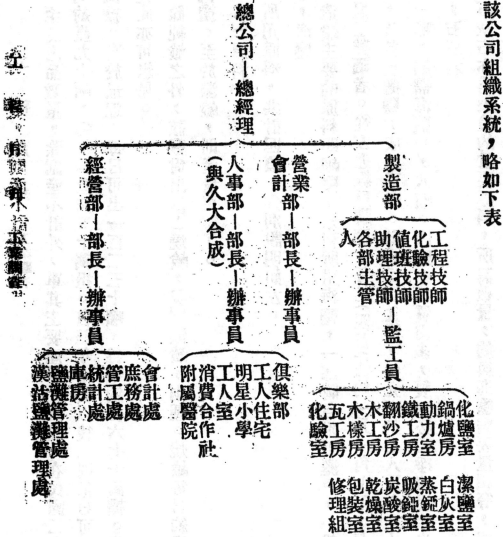

該公司組織系統，略如下表

總公司—總經理
- 製造部
  - 工程技師
  - 化驗技師
  - 值班技師
  - 助理技師—監工員
    - 化鹽室
    - 鍋爐房
    - 動力室
    - 鐵工房
    - 翻沙房
    - 木工房
    - 木樣房
    - 瓦工房
    - 化驗室
    - 潔鹽室
    - 白灰室
    - 蒸錏室
    - 吸錏室
    - 炭酸室
    - 乾燥室
    - 包裝室
    - 修理組
  - 各部主管
  - 人
- 營業會計部—部長—辦事員
- 人事部（與久大合成）—部長—辦事員
  - 俱樂部
  - 工人住宅
  - 明星小學
  - 工人室
  - 消費合作社
  - 附屬醫院
- 經營部—部長—辦事員
  - 會計處
  - 庶務處
  - 管工處
  - 統計處
  - 庫房
  - 鹽灘管理處
  - 漢沽鹽灘管理處

20447

至於出品數量，除副產不計外，單其主要產品的純鹼，在民國二十二年十月以前，每日平均約產九十噸，每年約產四五十萬担。自該年十月以後，則每日可出百噸以上，年約五十四萬擔。迄於最近，每日可出一百二三十噸，每年約合六七十萬擔。其力求發展擴充之實況，從此亦可想見。

除純鹼之外，該廠尚出（甲）燒鹼，（乙）潔鹼，兩種。燒鹼每日約產六至十噸，每年約產四萬擔。至於潔鹼，則產量更微了。

（乙）原料

所用原料，共計四項，分別說明如左。

（A），海鹽

造鹼主要的原料即鹹鹽。永利所用海鹽，一部購自附近灘戶，一部則係自來自有鹽出，雇工攤曬者。從左近攤戶購鹽，每包（四百斤）約一元一角上下，每擔約合二角五分稍強，若自己攤曬，成本更廉。以視民間食鹽，每元僅購七八斤者，不啻天淵之別。每製鹼一噸，約需海鹽一，八噸。因鹽中雜質尚多，製時必須淨濾提除也。

（B），石灰石

石灰石亦為製鹼的重要原料，所需數量，約與海鹽需要量相等，即每製鹼一噸，約需石灰石一·八噸。此項石灰石的來源，仰給唐山。永利近在唐山購一山頭，專供採運石灰石之用，若依目下需要量推計，聞該山所有石灰石可足該廠五百年之用云。塘沽與唐山相距僅一百四十里，有北寧鐵路貫穿其間，運輸極稱方便。

(C)，阿母尼亞

製造阿母尼亞，其先取之於英商卜內門公司所出之肥田粉(硫酸錏)，近因肥田粉究係外貨，於是乃捨肥田粉而採購井陘出產之「飽和錏液」，有時不足，仍恃卜內門公司之肥田粉以爲補充。這是「永利」所需原料中之惟一外貨。浦口的硫酸錏廠，不久即將有出品問世，該時永利自可完全擺脫外人的勢力了。

(D)，燃料

永利燃料，概取給於開灤煤礦，取其便也。惟自民國二十一年安裝海因式(Hain type)鍋爐後，因開灤煤火燄過短，不適於用。於是不得不用大同煤；現時燒此鍋爐，大致以開灤煤及大同煤混合應用，焦炭則用井陘礦之所提煉者。所需數額，每月需煤約八十噸，焦炭約十五噸至二十噸之間。

(丙)機械

除普通機械，無須在此贅述外，茲將其重要機件，述明如左：

(A)，鍋爐房共有鍋爐五個，可分兩類：

(一)斯塔林式鍋爐（Stirling Boiler）兩個，俱係美國出品，一個五百馬力，一個一千馬力。

(二)維克式鍋爐（Wickes Vertical Water Tube Boiler）三個，均係二百五十馬力。

(三)通風機兩個

(B)，發電機三座。

(C)，炭酸機三架。

(D)，冷風機三架。

(E)，眞空機二架。

以上是該廠所用機器之主要者，此外尚有預暖器及其他零雜機器，不在此一一贅敘了。

(丁) 製造過程

製鹼過程，完全是化學變化，即令各種原料互相混合，發生化學反應。按化學反應方式，也甚簡單。茲將其各種製造過程，擇要述明如左：

(A)化鹽室

第一步，先將海鹽溶化，加以澄清，以備應用。該廠有直徑六尺，長約三十餘尺之化鹽桶二個，用機器轉動，將鹽粒放入，再放入清水，將鹽溶解。然後使之流入澄清池，把不溶解之雜質沉澱，將此純淨溶液，抽送至樓頂之儲存桶，以便應用，該廠之兩個化鹽桶，每日約能化鹽三千担。

(b)石灰窰

海鹽之外，最重要的原料就是石灰了。關於石灰的製造步驟，在石灰窰將石灰石加之分解，分解成爲石灰及炭酸氣，炭酸氣由窰頂出，經洗氣塔，由炭酸機壓入石炭酸塔以作鹼，至於石灰則放入化灰桶（形狀與化鹽桶相似），攙以水，則成石灰乳，將此乳液放入存乳桶，經拌攪器之激動，則不純潔之雜質，即行沉澱，於是以唧筒壓入蒸錏室。

(C)蒸錏塔

錏氣爲造鹼之媒介，有錏氣之媒導，方能促成化學變化之發生也。因錏氣之成本甚貴，所以錏氣是循環使用的。製鹼事業成本之鉅細，即視錏氣之有無浪費以爲衡。如錏氣之吸收不當，以致走漏太多，則鹼的成本必因以增高，與事業前途之成功失敗關係非輕。

(D)吸錏

由鹽液吸收錏氣，其目的有二：(甲)使鹽液之溶錏氣增大，(乙)除去鹽液中之鎂，鈣等雜質。

該廠有吸錏塔二個（與蒸錏塔相彷）。鹽液自塔上流入塔下，便經過了種種不同的吸錏階段，鹽液中便充分的含着錏氣了，然後再由塔底輸送至塔頂，使其再充分的吸收一次，然後以眞空機抽出。

（E）炭酸塔

吸錏室即在十一層高樓上，吸錏工作旣畢，即將此鹼液沿橋輸送至炭酸室，內有高七十尺，直徑六尺之塔四個，上有帽形蓋及倒漏斗，專備液體及氣體之上下交流。液體從此塔再壓入製鹼塔，與由乾燥鍋引來之濃炭酸氣混合遂成鹼。

（F）濾淸

至（E）階段雖已成鹼液，但其中雜質尙多。再經一次濾淸過程，把所含雜質完全除去。

該廠濾淸作用係以濾淸機完成之。機長三尺半，直徑四尺，每一晝夜（二十四小時）可濾鹽一百五十噸。

（C）乾燥

液汁經濾淸之後，則送入乾燥鍋。鍋凡三具，長六十尺，直徑六尺，藉布帶旋轉。鍋內之溫度在攝氏一百八十度至二百一十度。則鹹液便成了我們平常所用的洋堿粉末了。此類鹼末，經過一次篩的手續，便裝入布袋中，每袋重二百磅，分發各處，這就是我們平常所用的永利鹼。

在此乾燥鍋內，仍發生一種炭酸氣及水份，亦經壓縮機送入炭酸塔，以備再用。一氣之微，亦不肯妄事耗費，往復應用，機構甚妙。

(五)中國鹽鹼的供需情形

「久大」「永利」的大致情形，已如上述。茲略述中國「鹽」和「鹼」的供需情形，做一個整個的認識。

(甲)鹽

鹽是人生必須的一種原質，時時刻刻不能離開它，因爲它是人生之所必需，所以嘗有特殊的法令來管理它。中國自管仲「鹽鐵論」以來，總是把鹽視做官營的事業，不意近世以來，由鹽商承包，瞞上欺下，鹽政日非。雖不乏鹽政專家，縷論其弊，然鹽商神通廣大，多財善賈，能支配政府政策，左右官吏言行，是以雖言改革者，大有人在。然能見諸實行者，却寥寥無幾，此中背境大非吾輩局外人所能瞭然者也。

中國鹽產分佈極廣，凡沿海諸省，如遼寧，河北，山東，江蘇，浙江，福建，廣東都有豐富的海鹽的。不過長江以南，雨量太多，不宜晒鹽，所以沒有大鹽場，就是「淮岸」鹽，

20453

雖以潔白著稱國內，但因氣候關係，品質仍不及「長蘆鹽」，塘沽漢沽一帶號稱世界三大鹽場之一，數量固有可觀，品質實亦上等，然無論鹽的品質如何差異，我沿海各省的鹽產確屬充裕。至於內地，四川有自流鹽井，品質更屬優良，山西解縣，在萬山環抱之中有鹽池一片，用陽光蒸晒，與海鹽無殊，除晋南賴食外，豫北陝東，也完全仰賴。新疆，青海，甘肅，蒙古一帶，隨處都是鹽池，結成棵粒，沉積池中，隨手取用，並無涸缺。吾國鹽產可算得天獨厚了。以視東鄰日本，雖是四面環海，鹽產並不足用（日本每年消鹽一百萬噸，本國只產六十萬噸，其不足之數，由台灣移入十餘萬噸，由大連輸入十餘萬噸，其餘概取諸青島），不但曹達工業受不可避免的限制，卽民食也不能不仰賴國外。印度也因爲煎熬食鹽常起不安。可是中國雖有這樣好的食鹽供給，然而人民因鹽的問題大感煩悶，對鹽的需要，不能充分滿足。售價越過原產價格的五十倍以上，品質則因攙泥混水，壞到莫可言狀，更且不按正當的分量出售，人民的經濟力量擔負不起，於是該吃的不吃，該用的不用，淡食者有的是，民族的健康，從此感受壓迫了。中華民族雖然生存在富於良好鹽產的環境裏面，可是竟因爲食鹽問題感到憂鬱和煩悶，謂非人謀之不臧，其孰肯信！這個問題很普遍，我是鄉村出身，農人對食鹽問題的怨聲載道，是詳知其隱的。若無完善的處置辦法，或者能以惹出大漏子來。冀南因爲土鹽問題發生了數縣的騷動，而且所謂「官軍」，或「緝私」隊者對若干村莊給以不能容受的迫害，這類情事恐怕要越來越擴大的。這就是我除對久大極希其奮力發展，供給人們以優良的食鹽外，對官府極願供獻的幾句實話了。

(乙)鹼

鹼對人生的用處，雖不似鹽那末普遍，可是也有他的重要功用。向來中國人的用鹼，一大部份仗恃「口堿」，一小部份依賴就地煎熬。從地下刮起「堿土」，用水溶過，再加煎熬，便出白色結晶，即可應用。惟此土鹼，品質既劣，產量也微。故仍不能不仰賴於「口堿」。「口堿」是從西北口外來的鹼，出張家口往北，有不少的鹼池，在池底有很厚的白色結晶，附近的鹼戶把此固體結晶加以溶化，稍加煎熬，用木型鑄成鹼塊，便輸售內地各省。中國一向用堿，是這樣來的。惟自洋鹼進口以來，洋堿既受關稅之優待，成本復輕；口堿既受層層稅捐的剝削，又因運輸困難，成本提高；致洋鹼勢力愈演愈大，口堿便一天不如一天了。

近十年來，洋堿輸入的情形，有如下表：

年次	數量(擔)	價值(關平兩)
十三年	一，〇六六，二三七	三，七〇七，一一七
十四年	一，二〇三，〇一二	四，〇二一，一四七
十五年	一，二五九，五五八	四，五八三，四四一

十六年	一，三一六，三三七	五，一一〇，七六六
十七年	一，三九八，二五一	五，三六四，〇二二
十八年	一，四二四，三七八	五，七〇四，八四八
十九年	一，五三七，八七九	七，七九六，六六一
二十年	一，二〇三，四三〇	八，九二六，九一六
廿一年	八三三，二六九	四，五九七，〇三九
廿二年	八五九，一五三	四，一六一，五八九

上列近十年鹼類進口的數量，其中雖有「鹼製品」少許，然大部乃是純鹼和燒鹼。

這些鹼類輸入，英國貨（卜內門）居大宗，以民國二十二輸入總值而論，百分之六十是英國貨。華北鹼類市場，在以前幾由卜內門一家獨營；自永利蒸蒸日上之後，華北範圍之內，已能與卜內門平分春色，若能繼續開展，未嘗沒有獨佔鹼類市場的可能。因永利之崛起，所以外貨輸入，有逐漸減少的傾向。現中國之鹼類市場，已成「永利」與「卜內門」角逐之天下，是不能不盼「永利」於百尺竿頭再進一步，以收回此項利源。

其實，中國的堿類工廠，並非只「永利」一家，尙有「興華泡花堿廠（漢沽），渤海化學工廠（漢沽），天原電化廠（上海），開元公司（上海），同益曹達廠（四川），嘉裕堿廠（四川）等六家，不過以「永利」組織最爲完備，規模最爲龐大，產量最多罷了。

日前永利的產品，除在本國市場已有不可磨滅之基礎外，尚能輸入日本，香港，朝鮮等地不少。

現在「永利」同人仍在慘淡經營，力謀發展，將來在世界自會有相當地位；至將國內外貨全部驅出，完全以國貨供給國人，尚係小焉者。因盼望之殷，不免言之過繁，順筆所及，拉雜寫出吾人的希望如上。

（六）黃海化學工業研究社

「黃海化學工業研究社」是一個純粹的學術研究機關，社址與「久大」西廠相鄰，建設宏敞，布置雅潔，確是一個很好的研究所在，這是塘沽化學工業的「神經中樞」，等於軍隊之有參謀部，舉凡「久大」「永利」產品的如何改進，全取決於該社，它的日常工作，是分析研究「永利」「久大」每日的出品，每日都有報告送給「永利」「久大」的負責人，該兩廠即根據此項報告，以爲改善之所本，這是該社每日工作的一部。

除了上述的日常工作外，他還特別研究，好比近半年來，十分致力於海草的研究，海草的成分，如何利用，及其利弊，一步一步的仔細研究，以求將來在工業上有新的效用。

此外「永利」「久大」所用的諸種材料，在未使用之先，也嘗先經過該社的分析研究。

黃海化學工業研究社，附設有圖書館，不僅供該社人員的利用，「永利」「久大」諸工作同人，也隨時隨便取用。則該社不止是塘沽工業製造的「神經中樞」，也是塘沽諸工作人員知識取得的中心了。

該社的經費來源，除每年由「文化敎育基金董事會」津貼一部份外，餘數完全由「久大」與「永利」兩廠攤撥。在現時中國私立學術研究機關中，「黃海化學工業研究社」是最爲較著者。

（七）雜事數則

甲，工人

工人傭雇的情况，兩廠彷彿，分爲長工，月工，日工三種。長工是廠內雇用的長期工人，除了按時發薪之外，年終還有酬勞可分，月工以月爲單位，日工以日爲單位，月工日工，作優良時也可升爲長工。除此三種工人外，尚有包工，就是某件工作，做一個單位包出去，譬如「永利」的翻沙工作，便是包了出去的。每日工作八小時，每日分成三班，晝夜輪流工作。至於工資。全視工人能力之大小，及工作時期的久暫以爲定，彼此各不相同。現今兩廠工人數，久大約共一百五十名：永利共一千餘人。

乙、職員及工人的居住

凡不帶家眷的職員和工人，都由廠方供給宿舍，自由居住，此外還有蓋好的一所一所的房舍，以備攜帶家眷的職員和工人居住，每月須出租少許。惟因攜帶家眷，負擔輕重，廠方尙有少許津貼，幷按家內人數之多少，每月每人發給乾鹽一斤。

丙，附設組織

兩廠的附設組織，重要者計有四端，

（一），俱樂部

（二），消費合作社

（三），明星小學

員工的子女，均得免費入學。

（四），附屬醫院

丁，刊物

除聯合發行特刊（如塘沽之化學工業鹼及鹼的用途等等）而外，尙發行週刊（或半月刊）一種，名曰「海王」。於刊載兩廠及黃海化學工業研究社的消息而外，猶刊專門論述不少。

（八）尾語

以上這是對於「久大」「永利」的一個簡單介紹，雖有些簡略，也未嘗不可給國人一個

20459

概括的認識。一方希望國人在可能的範圍內，與以可能的聲助，一方希望該兩廠工作人員，奮發前進，在萬難的環境中，努力支撐。

現今華北的消息，一日危於一日瞬息數變；在一日中都要聽到幾次險惡的消息：一切的一切，都在不可預測之中，那還談得到什麼民族工業！國家工業！我們在此等局勢之下，除了長嘘短嘆之外，能有什麼自慰的辦法！

化學工業有關國防，最爲人所注意；在此波濤險惡的環境中，「久大」「永利」能否撐持過去，決非「久大」「永利」的單獨問題，與民族的命運是有直接關聯的！因此，我除了希望兩廠同人在惡劣環境中抵死努力外，也沒有什麼話可說了。噫！（完）

十二月二日於「愁苦齋」

貴廠鍋爐應用之耐火缸磚欲用國貨經濟耐度大的嗎

寶號建築工程需購缸磚缸管欲用經濟堅實的嗎

各界需要各種細瓷器皿必欲用完全國貨價廉物美的嗎

德盛窰業廠

河北省實業廳國貨展覽會獎狀第三號

河北省工業試驗所證明書第十七號

實業部國貨證明書國字第七十八至八十號

商標局商標註冊証第二〇一二〇號

註冊商標

得勝牌

出品要目

各種細瓷　耐火缸磚　衛生器皿　耐火火泥

電力瓷件　雙釉缸管　各項坩堝　石英長石

總事務所　天津娘娘宮東口河沿　電話二局三〇一　五局八八八號

總批發處　電報掛號有線無線四五二三

老廠　唐山北東缸窰　舊陶成局原址

唐廠　唐山市北雹神廟旁　電話二百四十四號

津廠　天津陳家溝鐵道旁　電話六局九十二號

20462

會務報告

本會與中國水利工程學會舉行聯合年會紀事

本會第三屆年會自經第二十六次執行委員會議決與中國水利工程學會年會聯合舉行後當卽推定籌備委員積極籌備進行於二十四年十一月十日上午九時在國立北洋工學院舉行開幕典禮到兩會會員李儀祉等五十餘人及全國經濟委員會及黃河水利委員會代表張含英導淮委員會代表林啟庸永定河務局代表吳樹聲交大唐山工程學院代表范治綸山東建設廳代表曹瑞芝等一時西沽道上車水馬龍頗極一時之盛開會如儀後首由年會委員長彭濟羣致詞略述兩會聯合舉行年會之經過次由北洋工學院教務長方頤樸代表該院致歡迎詞次由中國水利工程學會會長李儀祉演說以兩會聯合舉行年會爲志同道合並對水利工程學會會員如以勗勉之詞希望加倍努力再次爲本會代理主席委員李書田致詞略謂河北省工程師協會屬於地方事業中國水利工程學會屬

於全國性質河北省工程師協會能與全國水利工程專家一同舉行年會得益必多繼由山東建設廳代表曹瑞芝致詞敘述山東虹吸管灌田工程之歷史及計畫頗爲詳盡

下午二時至五時兩會會員分別舉行會務會議關於本會者首先改選二年任期執行委員五人結果仍由原人當選聯任嗣即開始討論議案計共五件（一）本會應籌辦一固定業務及永久會所案決議交執行委員會積極籌備（二）本會應籌辦互助儲蓄並充實職業介紹工作案決議籌辦互助儲蓄交提案人擬具詳細辦法提出執委會充實職業介紹工作送職業介紹委員會注意（三）擬請呈請河北省政府所有省屬技術機關儘量錄用河北省籍工程人員並提高技術人員待遇案決議通過（四）積極增進學員研究學術興趣及交換知識案決議交執委會妥擬辦法（五）設立基金保管委員會由大會選任會員三人爲委員以專責成案決議推閻書通姚文林杜聯凱三人爲保管委員兩會會務會議散會後由中國水利工程學會會長李儀祉作公開講演講題爲「黃河之最近問題」北洋工學院學生參加傍聽者極爲踴躍至六時許始畢七時中國水利工程學會天津分會在南市登瀛樓設筵歡宴

十一日上午兩會會員在河北省立工業學院分組宣讀論文計分水利工程及普通工程兩組普通工程組論文計六篇皆本會會員所著（一）工程學者所應樹立標準（二）中國工程教育之縱橫觀著者李書田（三）精研格致以啟發明與應用著者雲成麟（四）護岸板樁之簡明設計著者李

尙彬（五）自來水之衞生標準（六）加固拱橋之設計原則著者李吟秋參加者約二十餘人均極感與趣十二時華北水利委員會在寧園歡宴兩會會員

下午二時至五時原定在寧園分別舉行中國水利工程學會董事會會議及河北工程師協會執行委員會會議嗣因爲時間所限本會執行委員會議遂决定延期舉行五時華北水利委員會委員長彭濟羣在河北省立工業學院作公開演講講題爲「民族復興運動中工程師應負之責任」適應需要極爲透澈演講畢復映演華北水利委員會經辦之滹沱河灌溉工程龍鳳河節制閘工程等各項幻燈影片六時半國立北洋工學院及河北省立工業學院在六國飯店聯合歡宴

十二日上午十時中國第一水工試驗所舉行開幕典禮兩會會員全體參加十二時水工試驗所在工業學院校友樓設宴歡迎下午二時兩會會員赴芥園自來水場英租界及特一區自來水廠參觀晚七時兩會會員在豐澤園聯合公宴至原定十三日參觀海河放淤工程因日來微雨道途泥濘作罷遂即宣告閉會

第二十七次執委會議

時間　二十四年十月二十五日下午七時

地點　法租界蜀通飯莊

出席　李書田　李吟秋　雲成麟　王華棠　宋瑞瑩　張蘭格　尹贊先

20465

決議事項

(一)審查新會員資格通過

張致隆　劉樹桐　顧元禮　張玉崑　朱玉崙　馮熙敏爲會員

李洮恩　劉之祥爲仲會員

張鳳岡　常錫厚　黃秉鑑爲初級會員

張俊德　張秉鑑　李鴻藻　趙承建　張毓珍　劉文翰　劉文斌爲學生會員

(二)初級會員朱文秀升爲仲會員

(三)就會員所在地或所在機關劃分區域由執委會指定代表負責辦理介紹會員催繳會費報告會務徵集文稿組織分會等一切事宜

指定各區負責代表如左即由執委會抄發各區會員名單請即負責進行

北洋區　李書田

工院區　魏元光

津市區　張蘭格

華北區　王華棠

省會區	喬辛瑛
北平區	么文荃
井石區	朱玉崙
開灤區	王恩澧
塘大區	李仲模
唐山區	于以基
青島區	劉雲書
齊魯區	張啟泰
黃河區	張度
太原區	袁昶旭
晉北區	尹榮琨
秦隴區	劉鍾瑞
武漢區	張松齡
首都區	王之翰
松滬區	石志仁

會務會議記錄

杭浙區　朱延平

十日下午三時半本會舉行會務會議由李委員書田主席討論決議事項如左：

（一）按照會章執委李吟秋魏元光石志仁張蘭格宋瑞瑩五人應行改選曾先期發票選舉茲收到一二九張經開票結果五君連任票數如下：

魏元光76　宋瑞瑩53　石志仁60　張蘭格59　李吟秋72

次多數：　王翰宸8　姚文林8　于桂馨7　喬辛瑛7

（二）本會應籌辦一固定業務及永久會所案（雲成麟提）

決議：交執行委員會積極籌辦

（三）本會應籌辦互助儲蓄並充實職業介紹工作案（李吟秋提）

決議：籌辦互助儲蓄交原提案人擬具詳細辦法提出執委會充實職業介紹送職業介紹委員會注意

（四）擬請呈請河北省府令所有省屬技術機關儘量錄用河北省籍工程人員並提高技術人員待遇案（王華棠提）

決議：通過

（五）積極按照本會宗旨增進會員研究學術興趣及交換知識案（雲成麟提）

決議：交執委會妥擬辦法

（六）設立基金保管委員會由大會選任會員三人爲委員以專責成案（高鏡瑩提）

決議：推定閻書通姚南枝杜聯凱三人爲基金保管委員

（七）應設法維持工業界人案（徐誠齋提）

（八）中國人才失業如何解決案（王恩澧提）

決議：兩案意義相同其辦法可照（四）案決議且本會已設有職業介紹委員會自當竭誠幇忙

（九）棉業爲現在我國最大問題本會月刊應廣登載案（張厚統提）

決議：請編輯主任注意

（十）修改滹沱河在深澤安平水道以免逐年灘塌案（趙培士提）

決議：應由原提案人詳具說明以憑研究辦理

（十一）利用軍隊防汛案（石志廣提）

決議：此項問題過于重大中央業已屢　辦法迄未見諸實行本會對此恐亦難努力惟關

於此種主張自可發表論文在月刊發表冀促當局注意

（十二）二十三度會計賬目經主席指定鞏廣文杜聯凱二會員負責審查

第二十八次執行委員會議紀錄

地點　法租界老北安利

時間　十一月二十九日正午

出席委員　呂金藻　姚文林　張蘭格　于桂馨　魏元光　劉家駿
高鏡瑩　李吟秋　宋瑞瑩　王華棠　閻書通　雲成麟

決議事項：

（一）互選本屆職員結果：

主席委員　魏元光

會務主任　王華棠

編輯主任　李吟秋

會計主任　張蘭格

（二）由執委會函聘尹贊先宋瑞瑩兩會員襄助編輯事宜

(三)通過劉汝恂爲初級會員

(四)學生會員徐琢函請照章升級准予照辦

(五)即速徵求永久會員其會費限於十二月底收淸

(六)淸理會費所有舊會員除入會費必須補繳外其會費二十四年度以前者可以不再追繳

(七)從新選舉職業介紹委員會積極進行結果：李書田（委員長）董貽安（秘書）石志仁魏元光閻書通五君當選

(八)本會舊日决議案件甚多有待澈底整理推王華棠宋瑞瑩李吟秋三委員負責於下次執委會議時報告

(九)新年時舉行同樂會邀集天津會員全體參加

會員消息

會員盧鴻業前在濟南魯豐紗廠現任天津恒源紗廠營業部經理

會員劉子周現任滹沱河仁壽灌溉管理局局長

會員王鎔現由華北水利委員會調任滹沱河仁壽灌溉管理局工程師

會員王恒源前在河南六和溝煤礦現在河北省井陘煤礦廠供職

20471

會員徐琢前畢業於河北省立工業學院現服務青島市工務局自來水廠

文興洋紙行

新到大批價廉

繪圖測量

物品

三稜尺　測量儀器
三角版　塔尺標杆
比例尺　晒圖藍紙
鋼帶尺　臘紙臘布
皮帶尺　曬圖大鏡

其他各種華洋文具名目繁多不及備載倘蒙
惠顧無任歡迎外埠函購郵寄迅速

繪圖建設工程教育家請大注意!!!!

天津　東馬路東門南路西
電話二局二三二五

20473

德盛成美記建築公司

修築整理海河委員會進水閘工程攝影

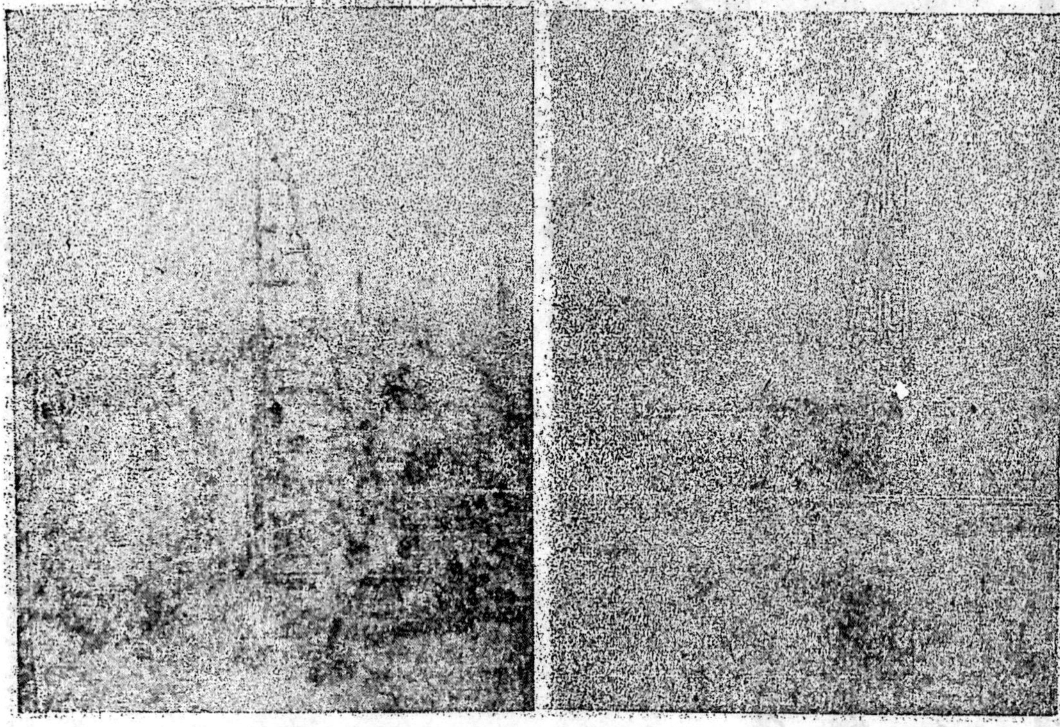

啓者，敝公司自經營建築事業以來，迄已數十餘載，圖樣新奇，工料堅美，早已馳名中外，而於市政建設，溝渠路政，橋樑河工，以及河壩碼頭，各項偉大工程，歷年承辦，更有特別經驗，諸如前包華蒙冷汽房，及特別第三區河沿洋灰碼頭，並近年東馬路瀝青道，及整理海河委員會常家莊附近之進水閘工，均爲本埠有一無二之偉大建築，頗蒙中外工程專家所贊許，餘如各區馬路溝渠歷年承包各項偉大建築，指不勝屈，俱有過去事實可考，茲敝公司爲求工作完善起見，不惜鉅資，並特購備新式打洋灰椿大小汽挖二架，及大小水火電磅，大小煤油電磅，大小起動機，大小撬練，以及做溝渠用大小各樣鐵管皮約數十餘種，凡屬工作應用各項傢俱，無一不備，絕無因傢俱不完，中途發生障碍，延無期限之虞，如蒙委辦各項工程，尤爲歡迎之至，謹啓

天津德盛美記建築公司謹啓

坐落特別第三分局大王莊
八緯路門牌一號電話三局
二五三八號經理住宅電話
四局一七一號

20476

河北省工程師協會職員

執行委員

魏元光（主席委員）
張蘭閣（會計主任）
王華棠（會務主任）
李吟秋（編輯主任）
呂金藻　高鏡瑩　姚文林
于桂馨　劉家駿　高鏡瑩
宋瑞瑩　閻書通　雲成麟

中華民國二十五年二月出版

河北省工程師協會月刊

三卷十一十二期合刊

發行者　河北省工程師協會　天津義租界東馬路六十五號

編輯者　河北省工程師協會編輯部

印刷者　天津寰球印務局　鍋店街金店胡同南口　電話二局三四八五

代售處　北平天津各大書局

本刊價目表

冊數＼地方	國內	國外
一冊	二角	三角
半年	一元	一元五角
全年	一元八角	二元八角

廣告價目表

地位及面積		半年價目	全年價目
封面裏面	半面	八元	十四元
底頁外面	全面	十四元	二十四元
底頁裏面	半面	七元	十二元
加頁	全面	十二元	二十元

啓新洋灰公司

馬牌洋灰　　塔牌水泥

唐山出品　　大冶出品

總事務所 天津法租界海大道電掛（啟）
電話南一三〇九、一七四九，三四六二

老牌洋灰
完全國貨
質美價廉
行銷久遠

各分銷
青島　華新紗廠
烟台　義昌信
南京　順和號
廣州　通安昌記
汕頭　通安公司
厦門　林淼公司
其餘分銷處　國內外各大商埠

各支店
漢口　法租界寶華里四號電掛（西）
南部　上海愛多亞路卅八號電掛（灰）
東部　瀋陽商埠十一緯路電掛（支）
北平　前外打磨廠北大口

原刊缺第一至七期